汉译世界学术名著丛书

恋地情结

〔美〕段义孚 著

志丞 刘苏 译

TOPOPHILIA

A Study of Environmental Perception, Attitudes and Values

by Yi-Fu Tuan

汉译世界学术名著丛书
出 版 说 明

我馆历来重视移译世界各国学术名著。从 20 世纪 50 年代起，更致力于翻译出版马克思主义诞生以前的古典学术著作，同时适当介绍当代具有定评的各派代表作品。我们确信只有用人类创造的全部知识财富来丰富自己的头脑，才能够建成现代化的社会主义社会。这些书籍所蕴藏的思想财富和学术价值，为学人所熟悉，毋需赘述。这些译本过去以单行本印行，难见系统，汇编为丛书，才能相得益彰，蔚为大观，既便于研读查考，又利于文化积累。为此，我们从 1981 年着手分辑刊行，至 2016 年底已先后分十五辑印行名著 650 种。现继续编印第十六辑，到 2017 年底出版至 700 种。今后在积累单本著作的基础上仍将陆续以名著版印行。希望海内外读书界、著译界给我们批评、建议，帮助我们把这套丛书出得更好。

商务印书馆编辑部

2017 年 3 月

中文版序

两位译者是我的学生，他们合译了段义孚先生的《恋地情结》，并邀请我写序。他们深知我对段义孚先生的崇敬，故以这种形式，送给我一份厚礼。他们对翻译工作的认真，以及不计名利的学术态度，是如今年轻人身上难得的品质。我要衷心感谢他们，让我们师生能用这种形式，延续我们的学术交流。

本书作者段义孚先生，现为美国威斯康星-麦迪逊大学地理系的荣退教授，也是北京师范大学聘任的客座教授。虽然他未从北京师范大学领过一分钱的薪金，却一直为北京师范大学默默地奉献。这些年来，他一直给北师大与威斯康星-麦迪逊大学合作的研究生工作坊开讲座。2017年年初，我为段先生办理北师大客座教授第三个聘期的手续。申请表中必填的一项是：受聘者的学术影响，以及近期的学术发表。填表前，学校里有老师担心：段先生高龄，是否还能胜任这份工作？从他的学术发表就可以知道，他的敬业，令我等中年学者自愧弗如。这位年逾86岁的学者，笔耕不辍，近几年来，几乎年出一书。段先生是美国科学院和英国科学院的双料院士，这应足以证明他的学术贡献和学术影响。但是内心清醒的学者，通常不以院士头衔作为学术贡献的标尺。诚如我们在意清人留下的《红楼梦》《阅微草堂笔记》等作品的学术价值，而不在意曹雪芹、纪晓岚等作者谁做过官，谁得到皇帝的赏赐。段义孚先生还有一个比院士名头更合适的头衔——人文主义地理学的奠基人。这个头衔可以清晰定义段义孚先生的学术贡献。每位获得学术殊荣的学者，一定有几部重头的著作，作为留给人类的知识瑰宝。在段义孚先生众多著作中，《恋地情结》是重要的一本。

《恋地情结》常被地理学者和其他学科的学者作为经典引用，其重要性不亚于他之后出版的人文主义地理学专著——《空间和地方》（Tuan，1977）。《恋地情结》主要讲述地理学的研究主题——不同地方的人地关系。但是，在中外地理学本科教材中，涉及人地关系的章节或不提“恋地情结”，或轻描淡写地带过。因此目前只修完大学地理学专业本科阶段的学生，几乎都不太了解这个概念，以及这个概念背后的人文主义地理学认识论。对于外专业的人士，他们就更无法通过地理学本科教材，了解“恋地情结”的精要。因此，这本书的翻译和出版，可以弥补大学教材，甚至是研究生教材的知识空缺。一日，我与北师大的一位同事闲谈，他说教科书中没有讲到的内容，基本上不是成熟的、达成共识的知识。这话有一定道理，但我也不完全同意。那么下面就要谈谈，“恋地情结”是否成熟到可以收入教科书。

“恋地情结”是人与地之间的情感纽带。它是人文主义地理学的主要概念之一，甚至可以说是一种研究范式。国外人文地理学的研究生教材都会介绍几个主要的地理学流派和学派，人文主义地理学是其中之一。人文主义地理学的研究范式以《恋地情结》为范本。该书给出了人文主义是如何分析不同地区人地关系的框架。段义孚指出，以往有很多人地关系的研究，其中涉及人与自然之间的物质和能量的关系。但是此书的重点为,论述人类对于大自然的积极态度和价值观是如何形成的,以及人类对自然的态度和价值观之本质(原书第 4 页)。段义孚先生侧重分析人的态度和价值观。按照英国著名人类学家泰勒(Edward Burnett Tylor,1832—1917)的说法,一个地方人们共享的价值观的综合体就是文化(Tylor, 1920:1)。因此,段义孚先生研究的是地域文化,他也被业内归为文化地理学者(Peet, 1998:10;Norton,2013)。

目前,在文化地理学中,最为成熟的研究范式就是段先生在此书中提出的分析体系,该研究范式包括库恩定义的范式所包括的几个要素:概念(标准)、理论、方法和范例。因此"恋地情结"适合放入教科书中。《恋地情结》一书框架清晰、逻辑性强。我们可以将从第二章开始的各章,看作理解任何一个地方人地观的步骤。这个分析框架的逻辑是:感知(perception)——态度(attitude)、价值观(value)——世界观(world view)(原书第 4 页)。具体步骤是:第一,了解人们通过身体感知的世界(包括自然世界和人文世界);第二,了解受心理模式影响感知的世界;第三,了解民族文化对心理模式的建构;第四,了解个体差异对世界感知的影响;第五,了解地域之间文化交流和碰撞对世界感知的影响;第六,从四类情感、价值观刻画研究对象的恋地情结,即人们对身体需求的态度、美学欣赏趣向、地方依附/地方情感、对城—乡/人工—荒野的态度;第七,得出体现为空间结构的世界观。有人误解人文主义地理学是唯心主义的,那么从"恋地情结"的分析步骤,我们可以看到段义孚先生并非强调脱离人感受外界的空想。

本序写到这里,我想用一个例子简单地说明,如何运用"恋地情结”的七个步骤进行分析。我酝酿写这篇中文版序时，刚刚看了美国电影《地心引力》，所以就用这个故事作为例子。影片的故事梗概是，俄罗斯击毁自己的一颗军事卫星，形成太空垃圾雨。垃圾雨撞毁了美国的一个太空站，数名宇航员牺牲，只有一男一女两名宇航员幸存。男宇航员是经验丰富的麦特·科沃斯基，女宇航员是初次到太空站工作的医生瑞安·斯通博士。因为返回舱被毁，所以他们必须漂移到中国的太空工作站——天宫，利用天宫的返回舱回到地面。这是一个展示人与自然关系的故事，只不过这个故事讨论的自然，已经不仅仅是我们在地表所接触的大地景观。

按照“恋地情结”的分析步骤，第一步，我们要了解宇航员借助身体所感知的世界。在太空中漂移的宇航员，需要在球型坐标中定位，个人总是处于球形坐标的原点。在电影中，我们听到的宇航员相互定位的表达就像这样——“瑞安，我在你左上方11点的位置”。他们感受到的日出日落方向和节律，与他们在地面上感觉到的迥异，他们的身体须臾不能离开宇航服的生命支撑系统，连身体的移动都要借助喷发推进器。第二步，了解两位宇航员的心理模式对他们感知世界的影响，乐观的麦特将工作视为一种享受，甚至将遇到的种种挑战都当作一种享受；而事事认真的瑞安，面对挑战，显现出惊慌，因为原来的秩序被打乱。在两种心理状态下，他们对人地关系的感知显然不同。第三步可以略去，因为两个人的民族文化建构差别不大。第四步，了解麦特和瑞安两人性别、健康状态、个人经历等方面的差异对他们世界感知结果的影响。瑞安为女性，身体力量弱，且处于生病的状态，因此她对危险的感知、判断比麦特差。麦特理解瑞安的身体和心理状态，就能理解瑞安的恐惧，并引导她建立战胜困难的信心。第五步，了解地域之间文化交流和碰撞对世界感知的影响。在这个故事中，因为只有两个演员，所以没有充分表现地域文化的交流和碰撞。唯一体现地域文化差异的是一个很短的片段，在麦特牺牲后，瑞安自己进入天宫太空站，看到了天宫逃生舱操作面板的分布与美国返回舱内操作面板的布局大致相似，因此可以比较容易地掌握操作方法，唯一的困难是，她看不懂各个按键上的中文。这个情节透露了编剧和导演的暗指，即人类在征服太空时，既使用了不同的文化符号，也需要一些共享的文化符号。第六步，通过麦特和瑞安，我们可以看到编剧和导演所倡导的恋地情结——在身体层面，珍惜生命与挑战身体极限各有积极的价值观；在自然审美层面是开放的、创新的；在对地方的依附和依恋的层面上是有空间尺度层次的，瑞安既有对自己女儿的怀念，也有对人类共同情感的渴望。当瑞安模糊地听到民间无线电爱好者家里传来的歌声和小狗的叫声，她希望能在这样的声音中离开人世；在对人工—荒野景观的态度层面，这个故事更强调自然的重要性。导演设计瑞安落到地面后，呈现在她面前的不是前来迎接的人群，也没有显示出是哪个国家，而是一片自然荒野，大地母亲的拥抱让她获得无比的亲切感。最后一步，描述出瑞安在执行这次太空任务后所形成的、阶段性的世界观，即在人地空间格局中，国家之间的对立不能破坏人类共有的太空，人类在开发太空时，应和平地携手展开，等等。

通过这个故事，我们可以看到人文主义地理学的主张：处于不同地域的人们，只有不断反思自己的人地观，不断了解他人的人地观，才能提升人类的人地观。如果读者能够对比自然科学研究人地关系的范式，就能看出《恋地情结》给出的分析范式，具有直抵人心的启迪作用。由于学识的局限，我对段先生作品的理解可能有误，还请读者自己细细体会大师的智慧和人心吧。

周尚意

2017年2月于北京

目　　录

1. 前　　言

对于自然与人力共同塑造而成的物质环境，我们有着怎样的认识？我们又如何感知、构建和评价它？我们过去曾对环境抱有怎样的期待，而现在又有怎样的期待？经济、生活方式，还有自然禀赋本身，是如何影响人们的环境态度和价值的？环境与世界观之间又有怎样的联系？

以上是我想探索的一些问题。它们的内容很宽泛，但也并不是包罗万象的。像环境污染、生态保护这样的重要问题，全世界都在关注，但不在本书讨论的范围之内。这里列举的主题——感知(perception)、态度和价值观——的第一目的是让我们能够了解自己。环境问题从根本上讲是人文问题，我们首先要认识自己，如果没有实现自我认识，就不可能提出长久有效的解决方案。人文问题，无论是经济的、政治的还是社会的，都受到心理动机、价值观与态度的深刻影响，它们直接导向最终目的。生态环境运动从20世纪60年代中期兴起以来，已经分化出两个方向——一部分人致力于如何处理被老鼠污染的房子和水体这样的具体问题，而另一部分人则更富有理论性和科学性，试图理解维系自然世界的复杂驱动力。不过，双方都没有直接论及态度和价值观的形成。受到威胁的、恶劣到足以危害身体健康的环境，需要我们马上行动起来，而态度和价值观的问题似乎不应在讨论之列。站在科学工作者和理论工作者的立场来看，他们倾向于忽略人类的差异性与主观性，因为研究自然世界中各种事物相互联系已经相当复杂了。然而我们知道，从更广阔的视野来看，态度与信仰的问题即使是在应用研究当中都不能被排除，因为任何环境计量过程都需要对情感的因素进行测量；同时，该问题在理论研究当中也是不能排除的，因为事实上人类是生态环境的主导者，所以需要对其行动进行深层次的解读，而不仅仅是在地图上标记出来。

目前还没有对环境态度与价值观的综合性研究。现有的研究工作专门化很强，视野也很窄。既然此研究领域的最终服务对象不同，那么所得出的结论无论从内容上还是表达上都存在很大差异。这些研究归于五个主要的种类：(1)人类如何感知和构建他们的世界。论及人类的普遍属性。(2)把环境感知和态度当作文化的一部分，或文化与环境互动的一部分来研究。可以从细节和整体框架出发来研究无文字居民和小型社区。(3)试图用访谈、问卷和心理测试等方法来抽象出环境态度和价值观。(4)把环境评价的变迁作为思想史或文化史研究的一部分。(5)研究环境要素的意义和历史，例如城市、郊区、乡村和荒野。

这些研究在目标、方法、哲学基础、时间和空间尺度上千差万别，让人感到毫无头绪。对爱荷华州埃姆斯县的一个家庭主妇购物活动的细致分析和针对基督教徒对自然界的理解的大型调查，它们的共同点在哪里？研究普遍存在的色彩象征主义，或研究风景画的历史，其共同点又在哪里？一个可能的答案是，它们都或多或少地基于人们对其所在的物质环境的响应，即他们对环境的感知和他们为环境赋予的价值。这个答案听起来没什么说服力，因为它没有细致的例证。如果需要对这个领域做一个整体的研究，有人会怂恿我们从这些不同的枝节中精挑细选然后出一本合集。当新的、迫切的兴趣产生的时候，这样的合集就会充斥于市场，可我们不知道这些兴趣到底是什么，它们将把我们引向何方。草率地赶出这样的合集就像吃大杂烩，弄不好会消化不良。最好是能由一个人来把这个大杂烩拣选一番，得出一个统一的观点。由于为大家公认的、提纲挈领性的概念实在太少，所以这种努力几乎注定是会失败的。不过它还值得一试，因为如果不做，我们就不能发现这个领域在结构上的很多欠缺。乐观地说，众多知识之花在渊博的头脑里会结出硕果；相反的极端却是，不同的知识仅仅只是被机械地拼凑在了一起。就本书所立足的学术基础而言，说到最好，也还没能找到拼凑与整合之间的调和点。我希望它能够激励其他人来做得更好——哪怕只是因为有这个明显的不足。

我的工作没有一个包罗万象的概念来统领，我所能做的只是用一套有限的概念来构建恋地情结的主题。我做的工作包括：(1)从不同层次来理解环境的感知和价值，包括种族、团体和个人。(2)把文化与环境、恋地情结与环境区分开来，以分析它们彼此对价值观形成的贡献。(3)简述欧洲17世纪出现的科学模型如何代替了中世纪的宇宙图景，从而反映人类思想的变化，以及这种变化对环境态度的影响。(4)以辩证的观点来检验把环境分为城市、郊区、乡村和荒野几个层次这样的做法。(5)区别不同类型的环境经验并描述其特征。

刚才我们还没谈到研究方法。在绝大多数论及环境和行为的出版物中都会出现关于研究步骤的技术性探讨。作为社会科学家我们有很多手段，可是面对最紧要的（而不是社会上最亟待解决的）那些问题时却经常束手无策，因为我们缺乏精妙的概念来统领它们。在自然科学领域，即便是最简单的定理也可以推翻人们的常识；而在社会科学领域，常识笼罩在学术的权威之下，被反复地强化。因此，我们为达到目的所用的方法经常比结果本身给人留下更深的印象。不过，系统化了的成果仍然具有极高的价值，因为它们让由常理发出的推论变得精确，而且它们经常能挑战甚至是推翻纯粹的主观判断[①]。

人类对自然灾害的响应是一个活跃的研究前沿，对地理学家来说尤其是这样[②]。这类研究工作应该让我们基本上了解人们对自然事件的不确定性有怎样的反应。这项工作对环境心理学贡献颇多，对规划学也大有裨益。我十分遗憾地略去了灾害学的研究成果，不过它们对恋地情结并无直接的影响。出于相似的原因，我在第 12 章到第 14 章里对遭到破坏的环境这一问题浅尝辄止，因为我的重点在于论述积极的态度和价值观的形成以及它们的本质。

感知（perception）、态度（attitude）、价值观（value）和世界观（world view）是本书的一些关键概念，它们的含义是有重叠的。

---

① 就目前环境感知研究中所遇到的困难，请参见 David Lowenthal, Research in Environmental Perception and Behavier: Perspectives on Current Problems, *Environment and Behavier*, 4, No. 3, (September 1972), pp. 333-342。

② Kenneth Hewitt and Ian Burton, *The Hazzardness of a Place: A Regional Ecology of Damaging Events*, University of Toronto Department of Geography Research Publication, No. 6 (1971)；从其参考书目中可以看到更多的环境灾害学研究成果。

每个词的意思在特定的上下文之中应该是明确的。这里预先给出一些定义:感知,既是对外界刺激在感觉上的反应,也是把特定现象主动而明确地镌刻在脑海中,而其他现象则被忽略或被排斥。绝大多数被我们感知到的事物对我们都是有价值的,或为了生存的需要,或提供某种从文化中衍生出的满足感。态度首先是个文化的范畴,是一个人与世界面对面的方式。它的稳定性比感知要强得多,也是从很长一个阶段的感知或者说经验中形成的。儿童可以感知,不过除了从生理上感受到的内容以外,他们的态度还没有成型。态度隐含着经验,以及对兴趣和价值的某种牢固的看法[①]。儿童生活在环境中,但它们刚刚拥有世界,还没形成世界观。世界观是概念化的经验,它一小部分是个性化的,更多的是社会化的。它是一个态度或信仰的系统。"系统"这个词说明这些态度和信仰是由结构联系起来的,尽管从客观的立场看这些联系似乎有些臆断的成分[②]。

恋地情结是人与地之间的情感纽带。恋地情结,作为概念来讲具有发散性,作为个体经验来讲又是生动而形象的,它是本书一以贯之的主题。

---

① Myra R. Schiff, Some Theoretical Aspects of Attitudes and Perception, *Natural Hazard Research*, University of Toronto, Working Paper No. 15, 1970.

② W. T. Jones, World Views: Their Nature and Their Function, *Current Anthropology*, 13, No. 1 (February 1972), pp. 79-109.

2. 感知的一般性质:感觉

005 地表的性质是高度差异化的。就算是一个为我们所熟知的地方,它的自然地理状况和多样的生命形式也会告诉我们很多东西。不过,人们对地表的感知和评价方式还存在着更大的分异。没有两个人会看到一个相同的现实,没有两个社会团体会对环境做出别无二致的评价。科学的观点本身也是文化的范畴,它是众多视角中的一个。当我们的研究向前推进的时候,个人层面上和群体层面上的众多让人眼花缭乱的视角会逐渐清晰起来,而且我们冒着忽略掉一个重要事实的风险:即无论我们观察环境的视角有多么庞杂,作为同一个物种里面的一部分个体,我们也只能以某一种特定的方式来观察世界。拜相似的身体器官所赐,所有的人都有类似的感知方式,有类似的世界。但如果我们问,人类所拥有的现实世界与其他动物的世界有哪些区别,人类感知的特性就凸现出来了。从表面看,人可以和狗很亲近,但是人不能从思维上体验狗的生活。犬科动物的感觉器官与我们的差异太大了,使我们不能进入它们的世界来领略它们感受到的气味、声音和画面。不过如果你真的愿意,一个人也是可以进入他人的世界里的,哪怕在年龄、性格和文化上存在着差异。在本章里,我要论述人类的感觉在006 范围上和敏锐度上与其他动物有怎样的不同,从而描绘出源自人类感官的人类世界的独特性。

视　　觉

视觉、听觉、嗅觉、味觉和触觉从亚里士多德时代就为人类所知,但除了通过这五种感觉以外,人还有更多的方式来感受世界。比如说,有些人对湿度或气压的微小变化非常敏感;还有一些人似乎天生对方向有着异常准确的感知能力,尽管这种天赋是否属实还存在疑问。就传统的五种感觉而言,人类会有意识地更多依赖于视觉在世间生存。人是一种视觉优先的动物。通过眼睛,更广阔的世界会展现在人的面前,更多详细而特别的空间信息会更加接近他,而听觉、嗅觉、味觉和触觉就没有这么大的能力。绝大多数人都把视觉作为其最珍贵的本领,他们宁愿断肢或是聋哑也不肯牺牲视觉。

像其他的灵长类动物一样,人类的视觉也是在树林间的生活中进化的。在密集而复杂的热带雨林里,好视力比敏锐的嗅觉重要得多。在灵长目动物漫长的进化历史中,其成员们眼睛变大,而口鼻部分则缩短了,让视野更为开阔。在哺乳动物中,只有人和部分灵长目动物能分辨颜色。人眼里的红旗对牛来讲只是黑色的,马则生活在一个单色的世界里。不过,人类可见的光线也只占整个光谱很小的一部分。人眼不能分辨紫外光,但是蚂蚁和蜜蜂对它很敏感。人也不能直接感知到红外线,不像响尾蛇一样能把自己接收器的波长调到大于0.7微米的地步。如果能看到红外线,那么人眼中的世界会和现在的大不一样。所以相比于黑夜,我们更容易在明亮的世界里行动,能观察到那些色彩各异的物体。

实际上人眼对色阶有着极强的辨识力。据说,一个正常人分辨色度的能力就连分光光度计都很难超越[①]。

人类拥有立体的视觉。人的眼睛长在正前方,这是一个视野受限的位置。人不像兔子那样能看到头后的事物,不过两只长在007前面的眼睛能给我们获得的信息加上双保险,双目视觉使我们对目标产生清晰的立体感。这是一种与生俱来的能力,新生儿很快就能学会用隐含的信息例如透视和视差来认识人的脸型是近圆的。八周大的婴儿就能辨别景深和视平线,会利用物体形状和大小的稳定性。这样的发育比经验主义者所预想的更加完备[②]。不过,三维视觉发育完全还是要靠时间和经验的累积。我们已经习惯于立体地看事物、深度地看世界,然而却想不到这些能力的发展都依赖于后天的学习。那些因患先天性白内障一出生就失明的人通过手术可以重见光明,可是他们只能勉强识别物体,离拥有三维的视觉还差得很远。他们必须通过辨识实心体、曲面和浮雕这样的训练才能认识明暗分布对立体感的重要性。

手与触觉

灵长目动物获得静止物体信息的能力要强于其他哺乳动物。他们在森林里的食物大都是静止的,所以通过形状、颜色、结构等

① Committee on Colorimetry, The Science of Color (Washington D. C.: Optical Science of America, 1996), p. 219.

② T. G. R. Bower, The Visual World of Infants, *Scientific American*, 215, No. 6, (1966), p. 90.

信息而非运动信息来识别像果子、种子、嫩芽这样的食物。同人一样,猿类与猴类也可能会把环境看作物体的集合而非一种形式。想要获取这种能力,强壮而灵巧的手与三维视觉同等重要。可能只有猴类、猿类和人类会用手摆弄东西,把它们拣起来,翻来覆去地看。爪子与手相比要逊色得多,在灵长目动物中,只有人类的手结合了力量与无与伦比的精确感[①]。

触觉为人类的感知世界提供了大量的信息。人不需要特别的训练,就能轻易将一块光滑的玻璃与布满10微米深细纹的玻璃区分开来。即便是遮住眼睛、堵住耳朵,人还是能用指甲的轻触就能分辨出塑料、金属、纸张和木材。纺织厂里的专业检验人员能发现织品质地的细微差别,其精确度令人咋舌;他们甚至可以不用手,只要一根小棍轻轻划过布匹就行了[②]。

008

离开视觉,人还可以顺利行动,若离开触觉,人可能就无法生存。明白了这一点,我们便认识触觉的重要性了。我们总是在"保持接触"。比方说,我们现在正感受到椅子抵着我们的臀部和铅笔抵着我们的手。触觉是对阻力的直接经验,它告诉我们世界是一个压力和抗拒组成的系统,也让我们能够认清独立于我们想象的现实存在。看见还不足以令人信服,所以耶稣才让那些不信的门徒去触摸他自己。触觉对感知的重要性从俗语里就可见一斑,"保

---

① Bernard Campbell, *Human Evolution: An Introduction to Man's Adaptations* (Chicago: Aldine-Atherton, 1996), pp. 161-162.

② Lorus J. Milne and Margery Milne, *The Sense of Animals and Men* (New York: Atheneum, 1962), pp. 18-20; Owen Lowenstein, *The Senses* (Baltimore: Penguin, 1966).

持接触”(to keep in touch)或者“不再接触”(to be out of touch)不只用于待人接物,也用在学习知识的领域里。

听觉

人的听觉并不是特别敏锐。对灵长目动物包括人来说,听觉都不是特别重要。但对于猎食动物来说则更重要一些。与猎食动物的耳朵不同,灵长目动物的耳朵长得更小,而且不会旋转。年轻人听觉频率的平均范围大致为16—20000赫兹。如果一个人能听到频率低于16赫兹的声音,则总会因听见自己的心跳而不胜其烦。人类听觉频率的上限远不及猫和蝙蝠,后两种动物能听到的声音频率上限分别是50000赫兹和120000赫兹。让人类最为敏感的声音或许是像小孩儿或妇女的高声尖叫。人类的听力是为种族延续与融入世界而适应的结果。

眼睛比耳朵能从环境中带给我们更加精确与细致的信息,但我们却经常被听到的东西所打动。雨打枝叶的噼啪声、雷电交加的轰鸣声、疾风掠草的呼啸声,还有痛苦万分的叫喊声,它们带给我们的刺激是视觉难以企及的。对于多数人来讲,音乐比绘画或风景更能激发出强烈的情感。这是为什么?部分原因可能是因为我们无法像闭合眼睛那样闭合耳朵。我们更容易为声音所打

009

动①。“听”蕴含着被动与接受的意义,而“看”则无此意。另一个原

① G. M. Wyburn, R. W. Pickford and R. J. Hirst, *Human Senses and Perception* (Edinburge: Oliver and Boyd, 1964), p. 66.

因,可能是人在婴儿或胎儿期,最能感知到的是母亲的心跳声。例如,戴斯蒙德·莫里斯(Desmond Morris)认为这一点可以解释为何母亲在抱婴儿的时候,通常将其头枕在自己的左胸部,即使是左撇子母亲也如此①。很可能在婴儿能识别视觉的细微差异之前,很早就对听觉极为敏感了,能区分愉快、舒畅和令人讨厌的各种声响。

听觉对于人类的重要性在突然失聪者那里表现得最为明显。与研究者预计的情况相反,突然失聪者在心理上承受的打击与突然失明者几乎一样。一些人可能会产生深度抑郁、孤独和偏执狂倾向。由于失聪,生活仿佛凝固了,时间也似乎静止了。因我们平常对空间的体验是被听觉延展开的,听觉较视觉能提供更广阔世界的信息,所以失聪会导致空间感的收缩。失聪的最初体验是,世界仿佛停止了躁动,不再那么苛刻和紧张,这使得一种超脱与平静的心情出现,好比城市的嘈杂被模糊在细雨或积雪里所产生的愉悦感一样。不过很快,这种沉静伴随信息缺失的状态,就会产生出焦虑、孤寂与离群索居的感受②。

嗅　　觉

人无法进入狗的世界,因为这两个物种单就嗅觉来说就存在着巨大的差异。狗的嗅觉灵敏度至少是人的一百倍。尽管食肉动

---

① Desmond Morris, *The Naked Ape* (London: Transworld Publishers, Corgi Edition, 1968), pp. 95-96.

② P. H. Knapp, Emotional Aspects of Hearing Loss, *Psychomatic Medicine*, 10 (July/August 1948), pp. 203-222.

物和部分有蹄类动物拥有敏锐的视觉，但它们更多依赖嗅觉而生存，相反，灵长目动物却不这样。当然，嗅觉对灵长目动物也很重要，在觅食和交配等基本问题上也起着很大的作用。然而，现代人往往忽略嗅觉，理想的环境似乎应该没有任何“味儿”。“臭”字在古代是气味的总称，而在今天则特指不好的气味。这实在有点可惜，因为人类的鼻子其实是非常精密的器官，可以探知环境里的 010 各种信息。通过训练，一个人可以把世间万物归成许多“散着味儿”的类型，比如说蒜臭味儿的、香喷喷的、薄荷味儿的、芳香味儿的、乙醚味儿的、腐臭味儿的、馥郁的、腥膻的、令人作呕的，等等。

气味能够唤起人们对过去事件或场景的丰富情感与生动记忆。一缕艾香便能唤起如此情感：起起伏伏的原野上长满了青草，其间点缀着丛丛艾蒿；阳光灿烂、暖意融融，还有那崎岖的小路。这种力量是如何产生的？有几个因素可能起了作用。首先，气味能唤起我们回忆的力量可能与大脑皮层有关。大脑皮层储存了大量记忆信息，而它是由专管嗅觉的机体演化而来的。其次，在人的童年时期，鼻子不仅更为灵敏，而且与大地、花坛、高草、湿土这些散发各种气味的事物离得更近。这样，当进入成年以后，一丛草的清香就能激起我们的怀旧情绪。此外，“看”是一个带选择性和反思性的体验。当我们回到儿时的场景时，会发现，不仅是景物变了，就连我们的视角也变了。如果没有一种历久不变的感官体验的帮助，比如说海藻的咸腥味，我们就不能完全重温长大之前对世界的感受了。

感官的综合作用

我们从眼中看到的世界与通过其他感官认识到的世界是不同的,这是出于几个重要的原因。比如,看是“客观的”,就像俗语所说,眼见为实;而我们往往不太相信听见的东西,即所谓耳听为虚。看并不包含深刻的情感体验。当我们从空调大巴的窗户向外望去,看到贫民窟肮脏丑陋、令人厌恶;但其令人厌恶的程度,只有当我们打开窗户闻见下水道散发的恶臭时才能深刻体会到。去“看”的人只是旁观者、目击者,与当时的场景并无瓜葛。从眼中看到的世界比用其他感官感知到的世界更抽象。眼睛会观察可视区域,从中抽象出一些特定的目标、焦点和视角。可是,柠檬的味道、皮肤上的暖意,还有树叶的沙沙响声,给予我们的却是感觉本身。视觉要比其他感觉的空间范围更广阔。“远”的东西只能被看见,所以我们说能看见的东西离我们有多“远”,即使它们可能离我们很近,这也就无法唤起强烈的情感体验。

当一个人认识世界的时候,全部的感官都在同步起作用。哪怕只是一瞬间,他所能得到的信息量都是巨大的。不过对于人们的日常活动来说,感觉的天赋却只被开发了很小的一部分。哪种感觉器官能得到特殊训练取决于个体差异和文化背景。在现代社会,人对视觉越来越依赖。对他来说,空间是静态的、有边界的,是物品的组合或者搭接。没有物体和边界,空间就是空的。它是空的原因在于看不见什么东西,哪怕里面到处有风在吹。我们把这种观点与南安普敦岛的埃维里克族(Aivilik)爱斯基摩人的观点做个比较。对于爱斯基摩人来说,空间不是被框住或是封装起来的,而总是在流动,每时每刻都在创造它自身的维度。他们学着让自己的所有感官都保持警惕。他们在冬天的一些时候必须如此,那时天与地似乎合为一体,仿佛是同一物质构成的。那时候“没有中景、没有远景、没有轮廓,目光所及之处只有风驱赶着的鹅毛大雪——那是一片无垠的大地”。在这种情况下,爱斯基摩人不能依赖永久性的地标作为参照点,而只能依靠积雪轮廓的改变状况,依靠雪的类型、风、带咸味的空气还有冰裂缝。风的方向和气味是他们的向导,再加上双脚对冰雪的感受,使他们不至于迷路。看不见的风对爱斯基摩人的生活十分重要。他们的语言里至少有十二个意思不相重叠的词来代表各种风。他们能让自己适应这些事物。在看不到地平线的日子里,他们生活在一个听觉和嗅觉所组成的空间里。

中世纪教堂令现代游客如醉如痴的原因有很多,而其中的一个很少引发争议:教堂能营造出一种环境,激发起人们的三种或四种感官同时工作。有些人说使用钢架结构和玻璃幕墙的摩天大楼是现代版的中世纪大教堂。其实,除了在竖直方向上的追求以外,这两种建筑相去甚远。它们体现着不同的建筑原理,具有不同的用途,象征意义也截然不同。此外,除了垂直耸立的外观以外,两种建筑带给人感官上的美学体验也是相反的。尽管不同风格的装修提供了不同的触觉刺激,但摩天大楼总体上还是为视觉服务的。如果说,这些高楼里也有声音元素的话,那么也仅仅是背景音乐而已,只是让人听见,但并不让人从听觉上感受其实存性。相反,大教堂里的体验就融合视觉、听觉、触觉和嗅觉于一体[①]。各种感觉彼此烘托,能将整栋建筑的结构与实质呈现出来,向人们揭示了教堂的本质特征。

感知与行动

感知是接触外部世界的一种行动。感觉器官在不被使用的时候处于最低效的状态。我们的触觉是很敏锐的,但若想辨别物体表面不同的纹理和硬度,光放一根手指上去是没用的,需要去抚摸才行。视而不见、听而不闻并不难做到。 012

幼年的哺乳动物,尤其是儿童的玩耍过程经常被研究者们观察。对于年龄很小的孩子,玩耍并没有持续的目的。一个球被掷出去,积木搭好后又被推倒,这在很大程度上是一种动物性的情绪反映。孩子们在这种无目的的玩耍中认识世界,发展了身体的协调性。通过身体的移动、触碰与操纵物件,他们认识了事物的性质与空间结构。然而,与其他灵长目动物不同,在人类儿童成长的早期(三岁或四岁),其玩耍过程就逐渐出现了主题。这一情况发生在儿童能为自己玩耍过程提供某些故事背景的时候。这些故事是若干事物的改良版本,这些事物包括儿童在成人统治世界里的经历,包括大人们讲给他们听的故事,还有一些偶然听到的只言片语。这样,他们的行动和探知过程逐渐被文化价值观所引导。尽

① Richard Neutra, *Survival Through Design* (New York: Oxford University Press, 1969), pp. 139-140.

管人都拥有相似的感官，但在年幼的时候，其开发和应用就逐渐差异化。因此，人们不但对环境的态度存在差异，其感官的接受能力也不一样。于是，生活在某种文化里的人具有灵敏的嗅觉，而另一种文化里的人发展出了敏锐的三维视觉。它们各自的世界都具有显著的特征：一个拥有丰富的气味，另一个拥有维度精准的物体和空间。

3. 一般的心理结构和反应

013

人类拥有体积异常庞大的脑，也有意识。哲学家们就身体和意识的关系已经讨论了几千年。神经生理学家和心理学家努力地探明人和其他灵长目动物大脑运作方式的差异。最近的研究结果表明，人类与动物意识活动过程的差距没有我们想象的大。不过，因为人类拥有高度发达的符号思维能力，所以差距是存在的。符号和标志所组成的抽象语言为人类所独有。人类用语言建立了精神世界，来把自己和外部的客观实在联系起来。人造环境也是精神过程的产物之一，就像神话、传奇、分类学和自然科学一样。所有这些成就好像人类自己织成的茧，令我们在大自然中有归属感，觉得自在。我们已确切知道，人类处于不同时空当中，其塑造世界的方法差异很大，文化的多样性始终是社会科学的主题。这里，如同上一章，我们主要关注它们潜在的相似之处。

理　性　化

014

如果我们认为理性是指有意识地遵循逻辑规则的话，那么对于大多数人来说，他们的生活只有一小部分是理性的。已经有人指出人类是一种处于理性化过程中的动物，而不是一种理性的动物。这种似是而非的说法是有启发性的,它强调了一个事实:我们能用复杂的脑去感知信息,这把我们与其他动物区分开,它不是浑然一体的。人脑由三个基本单元所组成,它们在结构和生化性质上各不相同,需要相互联系、共同作用。人脑继承的最古老遗产基本上是很低等的。它在我们出于本能的行动中扮演了重要角色,例如开辟领地、寻找庇护所、狩猎、筑巢、哺育后代、形成社会层次,等等。后来,哺乳动物原始的脑边缘系统得到了发展。脑的这种结构在情感、内分泌、脏器功能方面有重要意义。最后,在进化的晚期,出现了高度分化的脑皮层,这是高等哺乳动物所独有的,到人类这里达到顶峰,形成了可以进行计算和形象思维的理性的脑。人类的基本需求、情感的驱动,还有冲动,都与理性相去甚远;不过大脑的新皮质似乎有无限大的承载力,来为我们受进化过程中较低级的脑组织驱使而产生的行动提供"理由"①。我们全部的思想里都充斥着愿望和幻觉,既有政治上的,也有环境方面的。它们都被囊括在十分复杂的概念和计划里,产生足够的情感动机,来指导行动。理性的脑是人类掌握的最重要的力量,它把我们的欲求转换成现实的形象。

人类可感知的尺度

我们可以感知到的对象与我们身体的大小、感觉器官的灵敏度、可感知范围,以及我们的主观意图都是相匹配的。南加州的沙

---

① Paul D. MacLean, Constrasing Functions of Limbic and Neocortical Systems of the Brain and Their Relenvance to Psychophysiological Aspects of Medicine, *American Journal of Medicine*, 25, No. 4 (1958), pp. 611-626.

漠对于西班牙人来说是穷山恶水，但对于印第安人来说则是衣食富足的家乡。布须曼人①能认出动物在沙地上留下的细微痕迹，能在卡拉哈里沙漠光秃秃的原野上认出很多特殊植物所生长的地方。尽管拥有不同文化的人们所感知到的东西大大小小、千差万别，但它们都可以纳入一个共同的范围。在我们的日常生活中，我们所在意的东西既不会太巨大，也不会太微小，比如说，我们会留心于灌丛、树林和草地，但不太会注意每一片树叶和每一棵小草；我们会看到一堆沙子，但不会看到其中的每一颗沙粒。人与动物之间会有情感，但是当动物小到一定程度，这种情感就很难建立起来了，例如鱼缸里的金鱼和孩子们玩的小乌龟。细菌和昆虫一般不会为我们所察觉，也就谈不上感同身受了。另一方面，我们能看见星星，但仅仅像看适当距离天花板上点点的灯光一样。作为抽象的理解，我们的思维能计算出星际间的距离，但是我们无法具体去想象 100 万千米到底有多远，甚至连想象 1000 千米有多远都很吃力。所以，无论一个人曾经多少次往返于美国东西海岸之间，他内心也无法对这段距离建立起感性的概念，他所能看到的不过是画在地图上的那条航线而已。

分　　段

立体视觉和灵巧的双手让人感受到周围的环境是由具体的物体所组成，它们从茫茫的背景中凸显出来，而不是一些色块或图案。大自然的一部分由相互分开的物体所组成，例如果实、树木、

① Bushman。生活在非洲南部地区的一个民族，目前还保持着较为原始的狩猎和采集的生活方式。——译者注

动物、人、岩石、山峰、星斗等等；另一部分则由封闭或连续的背景所组成，例如空气、光线、温度、空间等。人们倾向于将连续的自然界划分成段。比如说，人们把可见光分成了红、橙、黄、绿、蓝、靛、紫各种颜色。在中纬度地区，一年的气温是连续变化的，但人们通常把一年分成四个或五个季节，并设定了节日或节气来标记季节性的过渡。一个点向周围辐射的方向有无数个，但是在众多文化中，只设定了四个、五个或六个基本方向。地球的表面存在明显的界线，它们位于陆地和水域、山地与平原、森林和草原之间；但即使在这些界线不存在的地方，人类还是会因为某种优越感把自身的地域凸显出来，例如，划分出神圣的与凡俗的地域、中土与边疆、家园与周边，等等。而且，世界各地的人们还习惯用相对位置来区分地域。在中国，很多省是用它相对于某条河、某个湖或某座山的位置来命名的。又如在英国，Norfolk、Suffolk、Wessex 和 Essex 这几个地名也包含了相对位置。有些地方，如德国南部的法兰克尼亚(Franconia)，是用"上""中""下"这样的字眼来划分地域。美国的加利福尼亚也是分成"上""下"两部分而没有用"南""北"这样的词。即使在科学界，划分地域的方法也不外于此。地理学家划分出来的区域多如牛毛而且千差万别，但是分类方法多数是简单的二分法，例如湿润带和干燥带之分，以及钙质土与铁铝土之分。柯本[1]的气候分类法尽管把全球分为五个气候带，但是主要根据还是气温的两极，即"热带"和"寒带"。

---

① Wladimir Peter Köppen(1846—1940)，德国气象学家、气候学家、地理学家、植物学家。——译者注

组　　对

人类在认知自然现象的时候不仅采用分割的手段，还喜欢把它们组成性质相反的对子。我们把可见光谱分成各种颜色，从而看到了一端是"红色"，另一端是"绿色"。红色是危险的预警，而绿色是安全的信号。我们就是利用这两种颜色来辨识交通灯的指示是停还是行[①]。在其他一些文化中，这两种颜色另有一些其他的情感含义，但其共同点是确切的，即人类的意识有一种倾向：将连续的自然界切分开来，从中挑选出一些事物结成对子，并把相反的含义赋予对子的每一方。这种倾向或许反映出人类意识的结构特征，但其中一些呈现两极分化的配对包含着强烈的情感力量，影响着人类在所有层次上的经验。人类有一些最重要的矛盾体验，例如生命和死亡、男性和女性、"我们"（或者"我"）和"他们"，从这些对子里我们就能揣摩出这种力量。而后这些生理性和社会性的体验又会体现在现实生活中。

一些基本的两极分化型的对子包括：

生理性的和社会性的	有地理学意义的	有宇宙学或天文学意义的
生命—死亡	陆地—水域	苍天—大地
男性—女性	山岭—峡谷	高处—低处
我们—他们	北方—南方	光明—黑暗
	中央—边缘	

① Edmund R. Leach, *Claude Lévi-Strauss* (New York: Viking, 1970), pp. 16-20.

矛盾的调和

对立双方时常因为第三股力量的介入而被调和。比如说，相对于交通灯上两极分化的红色和绿色，我们就挑选了黄色来提示人们“注意”，而不表示“止步”或者“通过”。我们其实并没有主观地随意选择了黄色，而是因为黄色光的波长介于红色和绿色之间。在占星学的图示里，大地就处于天堂和地狱之间。“中央”这个概念也作为明晰的四面八方的概念的调和者而存在。

017 人类试图调和生活中所遇到的矛盾，神话和有象征意义的几何图案也可以被视为这样做的手段。为人类最深刻和最有切肤之痛的矛盾体验莫过于生与死。为了调和这对矛盾，神话就诞生了。比如说，在神话中，人们可以设计一种状态，使一个人既死又活，或者在死后能够重新活过来[①]。世界各地的神话、传说和民间故事都反映出人们在做一种努力，使得死亡容易被理解和接受。其中一类神话甚至比较切合后来的马尔萨斯理论的框架。人类很早以前就意识到在世间建立秩序和均衡的重要性，因为资源是有限的而人类繁衍的能力是巨大的。神话中的思想则把人类起先所认识到的无可逃避、万分恐怖的死亡转化为上天的恩赐和通往极乐世界的旅程[②]。

---

① Edmund R. Leach, Genesis as Myth, in John Middleton (ed.), *Myth and Cosmos* (Garden City, N. Y.: Natural History Press, 1967), p. 3.

② H. Schwarzbaum, The Overcrowded Earth, *Numen*, 4 (1957), pp. 59-74.

神话传说经常可以调和生命中的矛盾，几何形状也会起到同样的功效，其中最重要的就是圆形或者曼陀罗（mandala）[①]。圆形代表了圆满与和谐，广泛出现于古代东方艺术、古希腊思想、基督教艺术、中世纪炼金术和尚无语言文字的人们的治疗仪式中。持荣格[②]理论的精神分析学家认为，圆形是人类普遍用来调和矛盾的原型意象。曼陀罗的形式千差万别，使用的场合也各不相同。它可能演化成莲花瓣、太阳的光晕、纳瓦霍人[③]的疗伤圈、教堂里的玫瑰窗以及基督教圣徒头顶上的光环。作为完美的象征，圆形对西方的世界观产生了极为深刻的影响。行星的运行体现着天国里的和谐，所以其轨道必然是圆形。因此，人们后来并不甘愿承认其真实的轨道是椭圆形。与之类似的还有地球的形状，实际地表状况的不规则也被视为一种缺陷而鲜被提及。从建筑学上讲，曼陀罗的形式出现在了印度和中国的寺庙中，也体现在了古代理想城市的设计理念中。作为全世界城镇化运动的最早中心，城市的兴起不仅是为了响应经济和贸易的力量，也是为了迎合该理念去建造一个神圣空间。这类城市一般都有规则的形状，展开方向与基本方向一致，或与东南、西北这样的方向一致，或与日出的方向一致。荣格派的精神分析学家也许会说，每一个建筑物，无论是神

018

---

① Aniele Jaffé, Symbolism in the Visual Arts, in C. G. Jung (ed.), *Man snd His Symbols* (New York: Dell, 1968), pp. 266-285; José and Miriam Argüelles, *Mandala* (Berkeley and London: Shambala, 1972).

② Carl G. Jung(1875—1961)，瑞士心理学家和精神分析医师，分析心理学的创立者。——译者注

③ Navaho，美国最大的印第安部落。——译者注

圣的还是世俗的，只要有曼陀罗或等轴的设计，就是人类潜意识里的原型意象在外部世界的具象化表达。城市、寺庙乃至于民居都可能成为心灵追求圆满理念的小宇宙，让人类能够对其进入或生存的地方施加有益的影响。

物质和宇宙模式[①]

自然界中的事物纷繁芜杂、千变万化。不同文化族群都有自己的一套命名体系来解读这种多样性。然而，虽然人们生活在世界上不同的地方，他们都在这种多样性中找出了少数的基本物质或元素，例如金、木、水、火、土、气。每一种物质或元素都被认为带有一种特质。比如说土带有土质，金则具有冰冷、坚硬的特质。每种元素也代表了一种运动方式。例如，水代表了滋润、向下的运动，而火则代表了多变、发热和向上的运动。在复杂科学的包裹之下，现代人依然还在使用这些元素种类来理解自然，只不过其感悟更加个体化。比如说树木代表了温暖和亲切，而金属则代表了冷酷。

世界各地的人们都渴望把自然界和人类世界融合成统一的系统。在不同地方，大自然通常会被分成四到六种物质或者元素，每一种都代表了一个方位、一种颜色、一类动物、一项制度或一种人格。有些宇宙模式是相当复杂的，而另一些则相对简单。就我们

① Schema（复数 Schemata），在康德哲学中具有"先验"的意义。——译者注

知道的文化来说,宇宙模式内部的每种联系都是很自然、很恰切的。但当我们面对不了解的文化时,就会觉得其中的联系显得极具主观性。显然,对于当地人来说,尽管他未能整全地把握宇宙的框架,但他所知道的那一部分总是有意义、符合常理的。人们一旦需要建立秩序、需要在日常所见的万千事物中建立起易于识别的联系,这张庞大的关系网的编织过程就开始了。以下列举四种宇宙的模式:

1. 中国

木	春	东	少阳	青	怒
火	夏	南	太阳	红	喜
土		中	均衡	黄	思
金	秋	西	少阴	白	伤
水	冬	北	太阴	黑	恐

2. 印度尼西亚

火	北	黑	意志坚定的
土	中	杂色或灰色	
酒(或金属)	西	黄	奢华的
山	南	红	贪得无厌的
水、风	东	白	兼容并包的

3. Keresan 村居印第安人[1]

北	黄	Shakak(冬与雪之神)	美洲狮
东	白	Shruwisigyama(似鸟的神)	狼
南	红	Maiyochina (似地鼠的神,帮助农作物生长)	山猫
西	蓝	Shruwitira(似人的神)	熊
顶点(中)	棕	似狐狸的神	美洲獾
底点(中)	黑	似鼹鼠的神	

4. Oglala Sioux 族印第安人[2]

北	白	伟大,纯白,扫荡污物的风
西	黑	带来大雨的雷电
世界中心		
南	黄	夏天,万物生长
东	红	光明,晨星,智慧

首先,大自然里连续的事物,例如色谱、季节更替和从原点出发的各个方向,被主观分割成了若干类集合。第二,上述四种模式都把方位和颜色联系了起来。第三,每种模式都或明示或隐喻地

① Keresan Pueblo Indians,美国原住民中的一支,生活于美国西南部。Pueblo 是西班牙语"小镇"的意思,源于西班牙殖民者最初接触到这些原住民时,发现他们都结成一个个小村落而居住。Keresan 指的是这些原住民所说的语音。——译者注

② Oglala Sioux Indians,居住在美国西部,Lakota 族原住民中的一支。——译者注

为某种行动或行为方式制定了原则。中国人给毫无生气的元素赋予了愤怒、欣喜等意义，印尼人则给它们赋予了决绝、贪婪、开明的意义，村居印第安人则联想到了拥有动物外形的神明和动物本身，Oglala Sioux 族印第安人则把它们与自然现象诸如“扫荡污物的风”、“带来大雨的雷电”联系在一起。第四，这四种世界观里都有“中央”的概念。如果各种元素与各个方位和中心点都有相对应的关系，那么我们就能进一步读懂以上表格内容的深意，即一种“闭合式的”或者圆形的世界图景——宇宙中的各种元素都从中央发散出去，并被调和[①]。 020

和谐整体、两极分化和宇宙模式

包含了物质、方位、颜色等事物的宇宙模式，与两极分化式的简单分类法，以及最原始的“物质”和力学概念，它们相互之间有怎样的关系？要弄清这个问题，我们就要尝试看见一个不断演进的过程，其中，基于两极对立与第三要素调和而组成的简单分类法，进化成为了更为复杂的框架模式；同时也需要注意到，在努力把零碎的世界万物结构化的背后，是原初的统一、和谐理念在提供支持。我们要找的这个过程很可能存在于对世界进行结构化的某一个阶段里，话说回来，简单的二分法也可能是人们后来要为早先不完善的构建工作提供一种哲学上的解释。在中国，世界分阴阳的

---

① Emile Durkheim and Marcel Mayss, *Primitive Classification*, trans. Rodney Needham (Chicago: University of Chicago Press, Phoenix Books, 1963), and Marcel Granet, *La Pensée Chinoise* (Paris: Albin Michel, 1934).

理念就出现在五行学说之前。在古代埃及、巴比伦和希腊，人们认为世界的本源只有一个，那就是水，大地最初就是从水中升起来的。原初的物质一分为二，并按照这个规则不断细分，生命便从各个部分的结合之间产生出来。这种规律经常被表述为"天为父、地为母"之间的结合。希腊文化中四种元素"土、火、气、水"的概念，是在公元前5世纪左右出现的，几乎在同时，中国的五行观念也诞生了。

印尼文化中也存在二元和五重这样的观念。范·德·克鲁伊夫曾经试图说明这二者之间的关系[①]。首先，他提到，在印尼群岛的各个地方，无论其风土如何各异，都有一种不变的现象——呈现出功能性的对偶群体。这种对偶现象不仅反映在社会关系中，也反映在艺术、宗教和大自然里。例如，安汶岛(属南摩鹿加群岛)的村庄被分为两部分，每个部分不仅是一个社会单元，而且就村民身边的事物来说，每个部分的事物都有自己在世界观层面的独特类型。我们可以用与这两部分相关的各类事物列出一个对比表：

021

左边的	右边的
雌性的	雄性的
靠海边的	内陆的或靠近山的
低的	高的
大地	苍穹

① Justus M. van der Kroef, Dualism and Symbolic Autithesis in Indonesian Society, *American Anthropologist*, 56 (1954), pp. 847-862.

续表

精神上的	世俗的
向下的	朝上的
扁平的	有深度的
外表	内涵
靠后的	靠前的
西边的	东边的
小弟	兄长
新的	旧的

在印尼的二元观里，有三点值得注意。第一，当地人未必明确地意识到这种现象。比如安汶岛的居民或许觉得自己的世界是三元的而不是二元的。对于他们来说，二元的事物中间肯定隐含着一个过渡性的第三元。第二，尽管二元的双方看似互补，但显然是不平等的，因此，社会才具有了神圣（领导者）与世俗（随从者）的区分。第三，神话传说和宗教仪式暗示出一个观点，即二元性是多元性的萌芽状态。例如在爪哇岛和苏门答腊岛，人们认为现实中的婚礼再现了远古时期上天（为新郎、为“王”）与大地（为新娘、为“后”）的神秘结合，它们两者的结合产生了万物。

我们可以用如下的一幅示意图来描述爪哇岛和巴厘岛人的世界观里面关于一元、两仪、三才、五重这样的自然和社会秩序划分法。

爪哇岛:

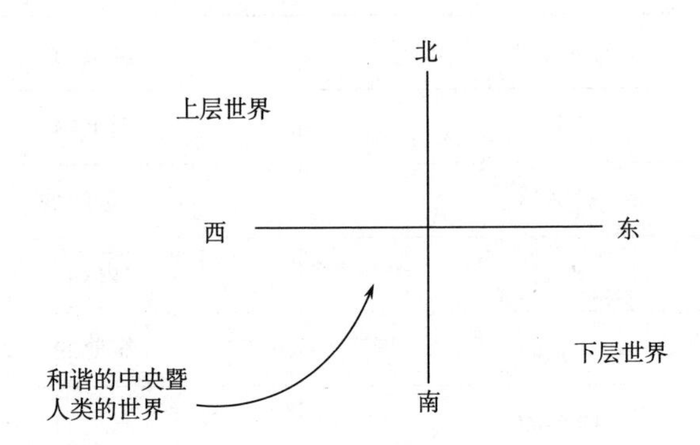

巴厘岛:

山脉:上层世界——水,生命的象征;

人界(Madiapa):人类所在的中层世界;

海洋:下层世界——灾祸、疾病、死亡;

山与海之间的对立转化为相反方向的对立:

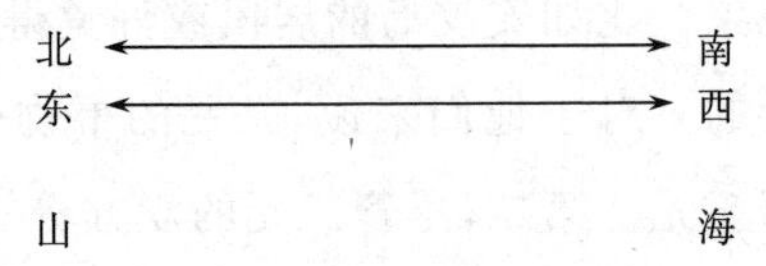

巴厘岛中部:

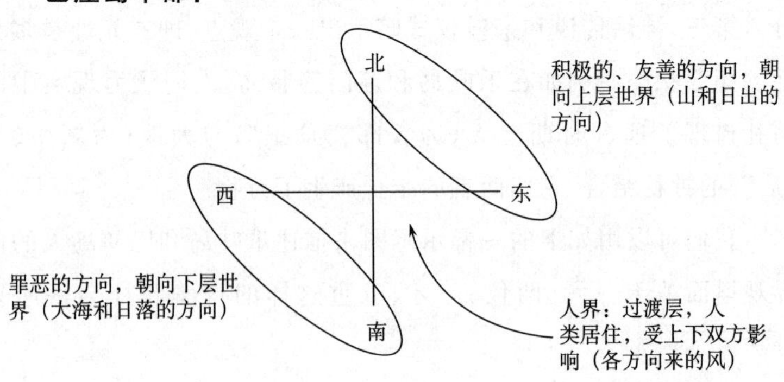

巴厘岛北部：

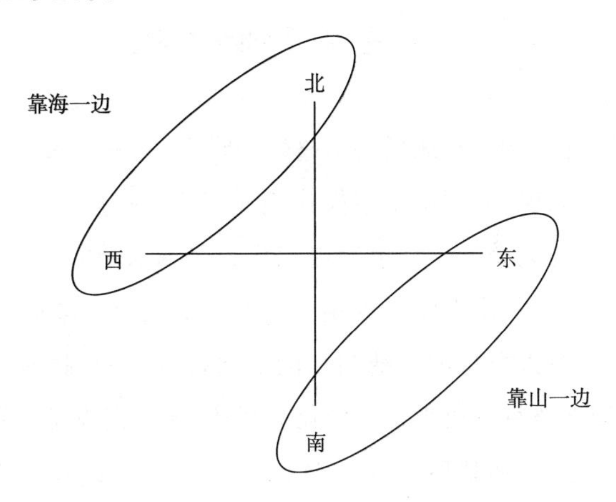

爪哇岛和巴厘岛文化里的世界观相似度很高。让我们看看较为简单的巴厘岛世界观。二分法是很明显的：山脉被认为是上层世界而大海被认为是下层世界。这就是两极的对立：从山上流下来的清水象征着生命，而朝向大海的方向则象征着灾祸、疾病和死亡。在这两个极端之间是被称为 Madiapa 的人界，同时受两个极端的影响。位于竖直方向两极的高山和大海体现在平面的方位上，就是北边与南边、东边与西边的对立。在巴厘岛中部，北边和东边（山的方向、日出的方向）象征着上层世界发出的积极的、有益的影响力，而西边和南边则象征着下层世界发出的罪恶的影响力。两者中间是所谓的人界，有人类居住，遭受来自上述两者“风”的持续影响。于是，巴厘岛由大海和高山形成的两极矛盾就被第三者——人类居住的中间圈层所调和；而且在平面图上这样的三分法变成了由四个方向和中央形成的五重架构。在爪哇岛和巴厘岛，无论自然界还是人类社会都呈现出五重的架构。

代表意义和世界观

整体中的一部分，能反映出整体的意义，它就是具代表意义的符号。举例来说，人们用十字架代表基督教、用冠冕代表王权、用圆代表和谐与完美。一件事物被当作符号来看待，在于它能投射出意义的晕圈，并使人联想到相互之间具有类推与隐喻关系的一系列现象。在人类将世界结构化的实践过程当中，物质、颜色、方位、动物和人类特质成为了结构化的载体，于是促发了一种象征性世界观的形成。在某种宇宙模式中，一种物质可能直接指示着一种颜色，该颜色又指示某种方位，该方位又由一种动物作为象征，而动物可能还指示着人类的某种性格或情绪。在如此丰富的符号世界里，事物与事件承载着丰富的意义，它们在外人看来可能有些主观，但对当地人来说，这些联系和类比蕴含在了事物的本质当中，无须理性分析。中国人认为“木”“春”“东”“青”就是互相具有指代意义的，大多数符号的意义都有其文化内涵。我们可以认为，人类倾向于将不同的世界用少数几种类型的事物进行结构化，如元素、颜色、方位等，但调配这些成分的规则却因文化的差异而呈现出了多样性。

也有一些元素具有广泛的代表性，例如火和水。在中国的模式中，火代表了阳、男性、向上、欢乐和男根崇拜；水代表了阴、女性和被动的意义。类似的诠释在世界上是很常见的。在弗洛伊德和荣格的书里，它们已经成为了现代知识的一部分。弗洛伊德和荣格在其著作中深入分析了一些原始神话和古代文学。在精神分析学里,火代表着奋进抗争的意识[①]。而水则是无意识的意象:它无形却滋养万物,蕴含了巨大的能量。水象征了人性中女性气质的一面。没入水中就意味着火和意识都泯灭了,也就意味着死亡。024 或许这可以解释为什么在中国的象征体系里与水有关的情感经常带有恐惧意味。由于女性气质的存在,水又象征着智慧和新生。水是可怖的,但是奋进抗争的意识自我想要恢复生机、达成圆满,则必须接受这种湮灭和死亡。出人意料的是,这种诠释在刚果俾格米人[②]的一种仪式上得到了印证,他们远离欧亚文明。生活在雨林里的俾格米人也持五行学说,他们的五行是木、火、土、水、气。木很自然地成为了具有统治地位的元素。令人吃惊的是,火在俾格米人的经济和仪式化的生活中扮演着极其重要的角色,但他们却根本不懂得生火的技术。他们到哪里都随身携带火种。在一种被称为 molino 的祭奠仪式中,妇女们要试图扑灭珍贵的火种,而男人们要跳一种带有性挑逗意味的舞蹈来把火扇旺[③]。

颜色心理学和象征意义

人类对色彩的敏感在幼儿时期就表现得很明显,三个月大的婴儿就能辨别颜色。颜色作为人类情感表达的重要组成部分,或

---

① Gaston Bachelard, *The Psychoanalysis of Fire*, trans. A. C. M. Ross (Boston: Beacon Press, 1968), and *L' eau es les Rêves* (Paris: José Corti, 1942).

② Pygmies。刚果俾格米人生活在中部非洲森林里,身材矮小,皮肤暗黑。依靠狩猎采集为生,处于比较原始的状态。——译者注

③ Colin Turnbull, The Mbuti Pygmies of Congo, in James L. Gibbs (ed.), *Peoples of Africa* (New York: Holt, Rinehart & Winston, 1965), p. 310.

许成为了人类最早应用的符号。不过，从归纳方法上讲，颜色和情感对应关系的建立过程是很不成熟的，普遍的原理没有表现出其特质，而是与文化背景结合得很密切。“强色”(advancing colors)和“弱色”(receding colors)这种划分标准就显得很宽泛。红色、橙色和黄色被认为是强色，因为它们比别的色调看起来离观察者更近。特别是红色和橙红色，几乎是“触手可及”的。它们刺激神经系统，并产生出温暖的感觉。红色也能制造出一种视觉效果，让物体看起来比实际更重。绿色、蓝色和青蓝色是弱色，它们代表了冷[①]。蓝色是红色的对立色，它会让物体看起来比实际更轻。颜色不仅影响我们的轻重感，也影响到我们对上下的感受。有彩色指示灯的电梯都会用红箭头表示向上、用蓝箭头表示向下。

基色会引发强烈的情感。幼儿明显对混色不感兴趣，因为混色所表达的意义是模糊的，超出了幼儿的经验范围。在诸色中，红色的地位最为显著，而且其意义被持不同文化的人们广为接受。红色代表了鲜血、生命和能量。从旧石器时代起，红土就已经被用于葬礼。人们在古希腊人、伊特鲁里亚人[②]和古罗马人的棺材内部发现过红色颜料的痕迹，而红色的裹布则一直沿用至今(尽管现在只有教皇的葬礼才用红裹布)。在中国，红色是婚礼上用的颜色，因为它代表了生机和喜庆。另一方面，血色的天空又象征着灾祸和战乱。这里并不矛盾，因为红色就是鲜血的颜色，鲜血就意味

025

---

① S. M. Newhall, Warmth and Coolness of Colors, *Psychological Record*, 4(1941), pp. 198-212.

② Etruscan。伊特鲁里亚是位于亚平宁半岛中部的古代城邦国家，存在时间约为公元前九世纪到公元前一世纪，后被罗马帝国吞并。——译者注

着生命，而鲜血四溅就会导致死亡。红色也象征着活力和行动——争取生命的行动，即使该行动会导致死亡。红旗就代表了革命的热情。

所有人都能分辨出“黑”“白”以及“明”“暗”。同时，这些色彩在世界各地都能强烈地激发感情，在代表性上只有红色才能匹敌。黑色和白色都包含着积极和消极两种含义，例如：

黑色：（积极）智慧、有潜力的、萌芽期的、母亲般的、大地——母亲；

（消极）邪恶、诅咒、污秽、死亡；

白色：（积极）光明、纯洁、灵性、永恒、神性；

（消极）哀悼、死亡。

不过，与白色相关联的主要是积极的一面，消极的一面主要与黑色相关联。这两种颜色象征了对立而又统一的普遍规律，例如光明与黑暗、生成与湮灭、生命与死亡。它们都是完整现实的不可分割的两面，它们在时间上和空间上都相互交织、相互融合。各种宗教仪式、神话传说和哲学思想都会强调黑与白的统一。但单独来看，这两者经常代表不可调和的价值观。众所周知，在西方传统中，黑色代表所有的消极观念，例如诅咒、邪恶、污秽和死亡；而白色代表喜乐、纯洁和良善。而在大量的非西方文化中，类似的诠释也大量存在着。比如说在非洲西部一个名叫 Bambara 的黑人部落，白色是王者的色彩，代表了智慧和灵魂的圣洁。反之，靛蓝色这类暗色调则代表了忧伤和混杂。对尼日利亚的纽普族人(Nupe)来说，黑色代表了巫术、邪恶和恐怖的预兆。马达加斯加人(Malagasy)认为，黑色与卑贱、邪恶、猜疑和不可调和的分歧联系在一起，而白色则代表了光明、希望、喜悦和纯净。类似的例子还有很多。人们对黑色抱有消极的态度，原因之一可能潜藏于孩童对夜晚的恐惧之中——夜晚是孤独、无眠和梦魇出现的时段，是身边熟悉的事物里的未知因素豁然迸发出来横冲直撞的时段。另外，人类对双目失明的恐惧也是原因之一[①]。

026 于是，白色、黑色和红色似乎在世界各地都成为了最重要的颜色。根据维克多·特纳（Victor Tuner）的说法，人类最早创造出的符号中就包括它们。特纳认为，这几种颜色对人类来说极其重要，因为它们能够反映出人身体的变化，与人的新陈代谢和情绪有莫大的关系。人类个体所感知的范围远超过一般的物理范围；能够掌控一个人的力量经常源于其本体之外，来自于周遭的自然和社会。因此，符号作为一种超有机的、文化的产物，在一个人成长的早期能够施加切身的影响[②]。与这三种颜色联系在一起的不仅有生理现象，还有社会关系，可以简述如下：

白色：精液（男性和女性的纽带）

乳汁（亲代和子代的纽带）

红色：血泊（战争、仇恨、令社会性断绝的因素）

获取和处置动物性食物（男性生产者扮演的角色，性别导致的劳动分工）

---

① Kenneth J. Gergen, The Significance of Skin Color in Human Relations, *Daedalus* (Spring 1967), pp. 397-399.

② Victor Turner, Color Classfication in Ndembu Ritual, in Michael Banton (ed.), *Anthropological Approaches to the Study of Religion*, A. S. A. Monograph No. 3 (London: Tavistock Publications, 1996), pp. 47-84.

世代相传的血缘关系(群居生活中的成员的谱系)

黑色:排泄物(机体的腐败,一种形态转化为另一种形态——具有神秘色彩的死亡)

致雨的乌云,滋养大地(共同的生活来源)

几乎所有的语言里都有特殊的词汇来表达黑色和白色。在诸多色彩中,红色占据特殊的地位,在现有的语言中,有关红色的词语往往是最古老的,并且通常是原生词。而“黄色”在很多方面与红色类似,因其古老性,也发展出了特定的表达方式。接下来是绿色和蓝色。与天生象征血液的红色不同,黄色、绿色和蓝色在自然界中并不是地位显赫、无处不在的。中国人唯黄色独尊是因为它乃是土壤的颜色、中央的颜色,不过这种看法在世界文明中并不普遍。与绿色相对应的显然是植物,在大多数的语言里“绿色”这个词与“植物”和“生长”有着千丝万缕的联系。在英文里,green(绿色)、growth(生长)、grass(青草)这三个词都源于日耳曼语词根gro-,它的意思大概就是“to grow”(要/去生长)。把蓝色与天空相联系看起来也是很平常的,但是天空对“蓝色”这个词的演化所施加的影响并没有想象中的大[1]。在绝大多数地方,蓝色都是主色调中最后一个被赋予词汇的。甚至在很多语言中根本就没有“蓝”这个词。布伦特·柏林(Brent Berlin)和保罗·凯伊(Paul Kay)认为,描述主色调的词汇经历了几个发展阶段。首先产生出来的是黑色和颜色最深的色组,以及白色和颜色最浅的色组;接着是红

---

① B. J. Kouwer, *Colors and Their Characer: A Psychological Study* (The Hague: Martinus Nijhoff), pp. 12-18.

色、橙色与黄色;而后才是绿色和蓝色;最后是棕色[①]。

空间心理学和象征性

空间划分里的"中心"和"周边"的概念可能是普遍存在的。世界各地的人们都有一种思想,在划分地理空间和天文空间时以自己所在的地方为中心(其概念基本上都有明确的界定),其余地方的价值按照离中心的距离增加而递减。我们将在下一章中讨论这个话题。超越了个体文化的空间价值似乎是建立在人体的一些基本概念之上的。比如说,人的身体可以分成前面和后面。这种不对称有什么深刻含义?"一直往前走"是我们给问路者最清晰的答案。向前走容易,但是向后走就不然了。而且"向后转"这个动作在心理上会造成不适,因为它代表了失误和挫折。在社会价值上,"前"和"后"也是不平等的。在一些文化中背对着他人是不得体的,尤其是当对方地位高于主体的时候。一群人经常会被分成不同层次。最常见的一个现象就是重要人士都要在前排就座,而无名小卒都被安排在后排。躯体和心理上的不对称反映到了空间中,也就产生出了"前"与"后"的不同意义和价值。空间的非对称性设计在不同尺度上都有表现。所有的房间前面都有门,所有家具也都以此为准来布置。公共建筑和私人府邸,特别是那些上层人士和中产阶层的府邸,都有明确的界线来区分前后两部分空间。

---

① Brent Berlin and Paul Kay, *Basic Color Terms: Their Universality and Evolution* (Berkeley and Los Angeles: University of California Press, 1969), pp. 7-45.

很多古城都有“前”门；仅有的一条御路穿过这个门，御路上方有规模宏伟的建筑表明这是正门[①]。

对很多人来说，“开敞”和“闭合”是两种明确的空间概念。开放恐惧症和幽闭恐惧症是对病理状态的描述，但是开敞和封闭的空间也能激发地域偏好（topophilic）上的情感。开敞空间体现了自由、冒险、光明、公共领域、庄重而永恒的美感。闭合空间体现了舒适、安全、惬意，是对私密、幽暗的生活和生理需求的保障。人类这种重要的空间经验既可能是群体性的（phylogenetically），也可能是个体化的（ontogenetically），我们试图研究这类情感与此经验之间的关系。作为一个物种，人类的祖先起初像母亲腹中的胎儿一般，蜗居在雨林内部的庇护所里，后来才走出来，面对更加开敞和难以预测的环境，如一马平川的草原。作为一个个体，其生命也都是从黑暗、安全的母体中诞出，来到一个明亮的世界，刚开始甚至有些难以适应。从文化演进的时间尺度来说，城市化运动的兴起和随之而来的超越观念的发展，剪断了人与地方性连接的纽带，打破了新石器时代所具有的就地取材的孕育型聚落。以前的居所是安逸、阴暗与亲密的，与之形成反差的则是城市，其诉求是宏大、光亮与开放。“天井”和“中庭”[②]意味着阴暗，如同城市里的私宅庇护着人体脆弱的生理机能；而“集市”和“广场”则是自由人大展身

028

① Yi-Fu Tuan, Geography, Phenomenology, and the Study of Human Nature, *Canadian Geographer*, 15, No. 3 (1971), pp. 181-192.

② 原文的两个词分别是 megara 和 atrium，前者指古希腊和小亚细亚建筑的中央部分，后者指古罗马建筑物中的正厅或中庭。——译者注

手的地方[1]。欧洲古城之所以吸引人，多半在于它们同时拥有拥挤的住宅区以及宽阔的公共广场。特定的自然环境也会吸引我们。保罗·谢泼德(Paul Shepard)认为这种吸引力与人体生理构造相关：从一个隘口、峡谷、细流出发，过渡到一片阳光普照的平原。在关于圣杯的传说和唐怀瑟的史诗里，其背景都是一条河流从岩缝或者天堂中的山间倾泻而下。在埃德加·爱伦·坡(Edgar Allan Poe)所写的故事《阿恩海姆乐园》(*The Domain of Arnheim*)中，作者笔下通往天国之路的景象，就是一道水流从郁郁葱葱的山谷中涌出，倾泻在风月无边的大盆地上。在现实生活中，谢泼德曾写道，最早吸引美国大众的景色，就是新英格兰州和阿巴拉契亚山脉里面的水流和沟谷。在美国西部边陲，沟壑和峡谷同样吸引着大批游客，即使在19世纪野外旅行还多有不便的年代也是如此。又比如说，俄勒冈小道经过位于怀俄明州中部的魔鬼塔，而实际上那里并非必经之所，其实有更便捷的路由。可是还是有很多旅者刻意地由格拉尼特山间的峡谷一路探访出来，只为领略魔鬼塔的惊悚[2]。

还有哪些空间特征被广泛认同，一提起来就能激发相应的空间感受呢？竖直和水平这两种属性算不算？我们一般采用抽象的方式看待这两者：它们中一个是超脱的，另一个是内敛的；一个是

① 原文里的这四个词分别是 megara、atrium、agora 和 forum。megara 和 agora 源于希腊语，atrium 和 forum 则源于罗马文。译文与原词义不完全一致。——译者注

② Paul Shephard, Jr., The Cross Valley Syndrome, *Landscape*, 10, No. 3 (1961), pp. 4-8.

脱离肉体的意识(向往天空的精神),另一个是脚踏实地的认同感。地表景观里竖直的元素能唤起奋进精神,唤起对重力的反抗;而水平的元素则带来和顺、平静的感受。建筑塑造的各种空间可以唤起很多类似的感觉。根据摩斯・佩克汉姆(Morse Peckham)的说法,封闭的、变化层次较少的空间一般会带给我们固定的、抑制的感觉,而通透的、变化较为丰富的空间一般会带给我们灵动的、开阔的感觉。进深增加会让人感到能量释放,而进深很浅则会让人感到能量有所保留[①]。我们描绘特定的形态会采用一些动词,这些动词里包含的肌肉运动状态也能体现出这种形态和人们感受之间的关系。比如,山峰和建筑的尖顶用"高耸"、圆顶用"膨出"、圆形的门用"拱起"、大场面用"铺开"、古希腊神庙"静立"、巴洛克风格的立面"躁动",等等[②]。另外,建筑形式似乎也会影响我们对规模大小的感受,因为建筑物创造出的空间延展和对比效应是我们在自然界里极难见到的。苏珊娜・朗格(Susanne K. Langer)认为:"开放的户外空间,没有山脉和海岸轮廓线的束缚,体积是最大规模建筑物的许多倍,但是它让人们产生的'大'的感受却跟进入一个大建筑物内部差不多。所以很显然,纯粹的建筑形式在其中发挥了不小的作用。[③]"根据黄金比例塑造出的建筑空间,例如罗

---

① Morse Peckham, *Man's Rage for Chaos* (New York: Schocken Books, 1967), pp. 168-184, p. 199.

② Geoffrey Scott, *The Architecture of Humanism: A Study in the History of Taste* (New York: Scribner's, 1969), p. 159 (originally published in 1914); Max Rieser, The Language of Shapes and Sizes in Architecture or On Morphic Semantics, *The Phikosophical Review*, 55 (1946), pp. 152-173.

③ Susanne K. Langer, *Mind: An Essay on Human Feeling* (Baltimore: Johns Hopkins, 1967), p. 160.

马的圣彼得大教堂，似乎或多或少地缩小了它巨大的体量；而与之相比，巴洛克建筑的内部不按照黄金比例设计，却显得豁然开朗[①]。

① J. S. Pierce, Visual and Auditory Space in Baroque Rome, *Journal of Aesthetics and Art Criticism*, 18, No. 3 (1959), p. 66; Langer, *Human Feeling*.

4. 民族中心主义·对称性·空间性

人类，无论个体还是群体，都愿意把自己当作世界的中心。自 030 我中心主义和民族中心主义在全世界似乎是普遍存在的，不过其强度在个体和群体之间是大不相同的。既然每个个体都有意识，那么人难免会以自我为中心构建起整个世界。即使自我意识让人认识到自己是众多个体中的一员，但也动摇不了自我的中心地位。自我中心主义是构建世界观的一种习惯方式，所以随着距离的增加，其他地方的“中心”意味会急速衰减。尽管以自我为中心是人类难以更改的天性，但它却很少能完全实现。这是因为一个人想要生存，无论是在生理上还是心理上都要依赖其他人，而且自我的依赖是有方向性的——在“眼前”的事物显然和在“身后”的事物是不等价的。自我中心主义只是在应对生活的种种挑战的过程中产生的臆想罢了。

与之相比，民族中心主义（即个体中心主义的集合）可以被全面地认识。群体较个体更容易达到自给自足，或者说“自给自足”的假象比较容易维持下去。由于个体是作为群体的成员而存在的，所以所有的人都在不同程度上懂得分辨“我们”和“他们”之间的区别、身边的人和疏远的人之间的区别、自己的地盘和外族领地 031 的区别。“我们”是位于中心的，离中心越远的人，其“人”的属性越显得模糊。

民族中心主义

民族中心主义是人类的普遍特征。在古埃及，由于沙漠和大海割断了人们与美索不达米亚平原上居住的人们之间的联系，所以古埃及人想当然地认为，比起遇到的那些来自于尼罗河谷外围的人来说，自己要优越得多。秉承着自己的先进文化，他们认为周边的人们都是蛮夷。为了做出区分，他们把自己称为“人”，而把其他人分别称为“利比亚佬”(Lybians)、“亚细亚佬”(Asiatics)、“非洲佬”(Africans)，等等。既然古埃及人是“人”，那么这多多少少意味着外邦小民欠缺一些“人”的特质。当旧时代瓦解以后，出于各民族的压力，埃及人发出了这样的怨叹：“现如今，四下里的外国佬也都变成人了。”

希腊历史学家希罗多德曾经如此评价波斯人的民族中心主义：“他们最尊重离他们最近的民族，认为这些民族仅次于他们自己，离得稍远的尊重程度也就差些，以此类推，离得越远，尊重程度越弱。”①

在新墨西哥州的西北部，有五个族群，尽管地理位置上十分接近、社会往来频繁、各种媒体此起彼伏地对它们施加影响，但是仍然保留了各自的独特性。他们坚定的民族中心主义是抵抗文化均

① Herobotus, *History*, trans. G. Rawlinson, *The History of Herodotus* (New York: Tudor, 1932), p. 52.

质化的壁垒。比如说，每种文化都把自己人称为人，但用的词不同。例如，纳瓦霍人文化用"dineh"、祖尼(Zuni)文化用"cooked ones"、摩门教文化用"chosen people"、西班牙裔墨西哥文化用"la gente"，而得克萨斯(Taxan)文化用"real Americans"或者"white man"，每个族群都默认其他族群是不完全的人。有人曾经问他们："假设这个地区发生一场大旱，变得杳无人迹，而后由于雨水降临，人类要在这里建立一个新的定居点，你们打算建立一个什么样子的呢?"得到的答案表明，这些族群无一例外地想重建自己的族群，而毫不考虑建立一个能传承当地所有文化的乐土[①]。

身处优越地位和中心地位的幻想或许是文化能保留下来的必要条件。当现实粗暴地击碎幻想的时候，文化也就走向没落了。如今的社会，交流和沟通非常迅捷，很难再让某个小群体相信自己仍然是某些事物的中心了，但是如果这部分人想把文化繁衍下去，这样的信念又必不可少。城镇规划师们似乎已经意识到这个问题，从而勇敢地尽力去保留这种中心地位感。比如，他们会给自己设计的小镇赋予"世界香肠之都[②]"(威斯康星州的希博伊根地方)的称号，更有甚者，还有"体量最大的城市"(马萨诸塞州的汤顿市)。现代民族也会保留一些民族中心主义的世界观，尽管他们明确知道不只是自己在这样做。戴高乐就曾经尽力向法国人宣扬，要重塑法国的中心地位。大英帝国也曾想当然地认为自己是全世界的枢纽。在19世纪类似的例子还有很多。不过，第二次世界大

032

① Evon Z. Vogt and Ethel M. Albert, *The People of Rimrock* (Cambridge: Harvard University Press, 1966), p. 26.

② Bratwurst，一种德国小香肠。——译者注

战之后，帝国的分裂、经济危机的爆发、美苏两霸的崛起，逼迫英国抛弃了中心地位的谬想；它必须重新寻求一种国家形象，既能切合现实情况，又能有自身明确的特点来维持必要的民族自豪感。

众所周知，中国在很长的历史时期都把自己视为中土之国，在19世纪中叶轮到了英国，而如今又轮到美国。不过，民族中心主义的观念之所以长期盛行，主要因为当时大多数（即便不是所有）人都与世隔绝，不必直面其他民族可能人数更多、力量更强的现实。从今天的先进观念来看，民族中心主义无疑是一种谬想，但是在过去，人类有限的经验却为它提供了土壤。

无文字民族的民族中心主义和宇宙图景

在西伯利亚，有一个小族群居住在叶尼塞河下游，他们是以渔猎为生的奥斯蒂亚克人（Ostiak）。他们的宇宙观建立在现实的地理环境之上，转型成为一种竖直方向的分布。叶尼塞河，所谓“圣水”，位于宇宙的中心，是人类的居所。奥斯蒂亚克人认为，离河岸越远的地方，离宇宙的中心就越远，人口也越稀少——这与他们的实际经验相符。在大地之上，在南边，是天堂；在大地之下，在北边，是冥府。像很多定居在西伯利亚北部的人一样，他们也认为大地是倾斜的，“南方”等同于“上边”而“北方”等同于“下边”。“圣水”从天堂发源，然后穿过人间流向冥府。

从地理学上讲，宽广而平坦的蒙古高原是西伯利亚和东亚两大水系的分水岭。它从某种意义上讲也占有中心地位。蒙古人很清楚这一点，但是他们不把蒙古看作一个高山围起来的高原，而是把它看作一个伟大的土堆和世界的中心。于是这些蒙古人就生活在了土堆中央,而其他民族生活在坡上,也就是在他们脚下。绝大多数的西伯利亚人和中亚人认为世界是圆形的或者四方的。有证据表明,一些族群认为世界是圆形的,但却是按照四方形来布局的。比如说,雅库特人[①]的民间诗歌中就有天界和人间都有四角的说法,但是也有天地都是圆形的意味在里面。布利亚特人[②]认为天空就像一口反扣着的大锅,在地平面上或升或降,而自己则生活在地平面的正中央[③]。 033

在新墨西哥州的圣安娜[④]印第安人看来,大地是宇宙的中心,是宇宙最重要的组成部分。无论太阳、月亮、星辰还是银河,都是大地的附属品;它们存在的意义就是要让大地适于人类居住。大地是四方的,而且分层。他们也用东南西北方向,并加入了竖直方向的坐标来指示天顶和地底,以支持他们分层的世界观(图 1)[⑤]。西边的祖尼族印第安人也有类似的思想。他们称自己的定居点为itiwana,意思是"中土"。宇宙万物都发源于"中土"。他们有很多神话传说都与抵达中土、确认自己身居中土所遭遇的困苦相关联。 034 他们的邻居纳瓦霍族印第安人在发展种植业的同时也以畜牧业为

---

① Yakats,俄罗斯少数民族之一。——译者注

② Buriat,居住在贝加尔湖畔的一支蒙古人。——译者注

③ U. Holmberg,Siberian Mythology, in J. A. MacCulloch (ed.),*Mythology of All Races*,IV (Boston:Marshall Jones Co.,1927).

④ Santa Ana Pueblo. Pueblo 这个词一般指印第安人聚居的村庄。印第安语中这个地方叫作 Tamaiya。——译者注

⑤ Leslie A. White, The World of the Keresan Pueblo Indians, in Stanley Diamond (ed.),*Primitive Views of the World* (New York:Columbia University Press, 1964),pp. 83-94.

生。与圣安娜印第安人不同，他们散居在各处的木屋中。纳瓦霍族人也相信他们曾经徘徊在寻找中土的道路上。与祖尼族人相比，纳瓦霍族人对于中央的信仰不那么坚定，而更明显的是具有一定生活空间的同心环状居住区，这样的居住区就与中心拉开了一定距离。

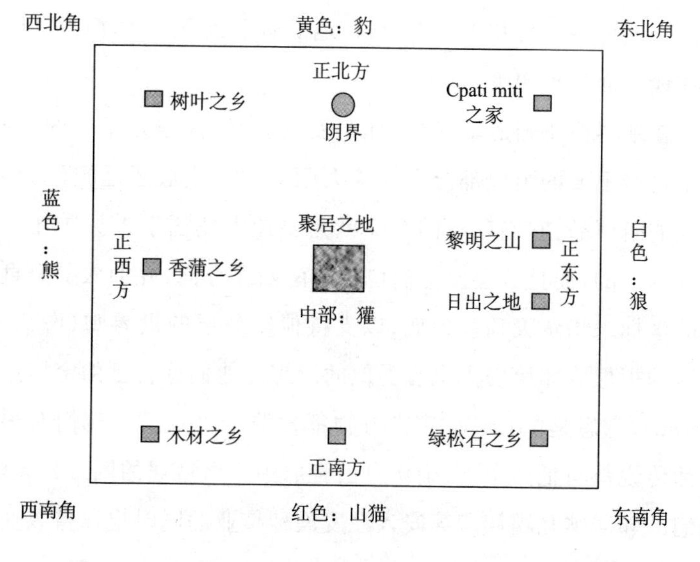

图 1 美国新墨西哥州圣安娜印第安人的世界观示意图
（根据 White 著作所绘）

爱斯基摩人居住在北极圈附近，人类世界的边缘。不过，直到接触到大批白人之后，他们才知道自己所处的位置。在此之前，他们以为自己所居之地不仅是世界几何中心，而且是世界文化和人口中心。比如在 20 世纪初，格陵兰岛的爱斯基摩人以为欧洲人都会被送到格陵兰岛上来学习他们的优秀品格和礼仪。在哈得孙湾的南安普敦岛生活着埃维里克族爱斯基摩人。其中有一位猎手名叫阿古拉克(Agoolak),他也曾经怀有类似的想法。当美国军方派人到珊瑚港修机场跑道的时候,他十分震惊。多年来他已经见过许多白人面孔,有一些是探险者,还有一些是商人。那些人经常是离开不久又回来,而且彼此间似乎很熟识。阿古拉克和其他埃维里克族人自然而然地认为,尽管白人彼此间很不相同,但他们的总人数很有限。直到二战的时候,随着外来人口不断涌入,这种聊以自慰的观念才崩溃了[①]。

在航空照片真实地反映出南安普敦岛的形状以前,一些埃维里克族人曾经应邀画出家乡的形状。他们所画出的轮廓,包括海湾的细节,已经相当精准(图 2)。一个显著的问题在于贝尔半岛相对于整个岛屿的比例被夸大了。对于大多数住在这个半岛上的人来说,这没什么可惊讶的。人们都会夸大自己家乡的范围,缩小邻居的领地。比如说,得克萨斯人对美国的印象很可能就是,一个巨大的得克萨斯州,被周边几个小州包围着,离这颗孤星[②]越远的州也就越小。或许有的人认为这种观点情有可原,但波士顿人对美国的看法就显得有点自我膨胀,他们把马萨诸塞州的面积夸大得不成体统。埃维里克族人不过就是像大多数人一样,有一种自负的心态,过于乐观地估计了自己相对于世界上其他人的重要性而已。他们所掌握的关于南安普敦岛的地理知识是相当精确的,

---

① E. S. Carpenter, Space Concepts of the Aivilik Eskimos, *Explorations*, 5 (1995), pp. 131-145.

② 由于其历史,得克萨斯也被称作孤星州。——译者注

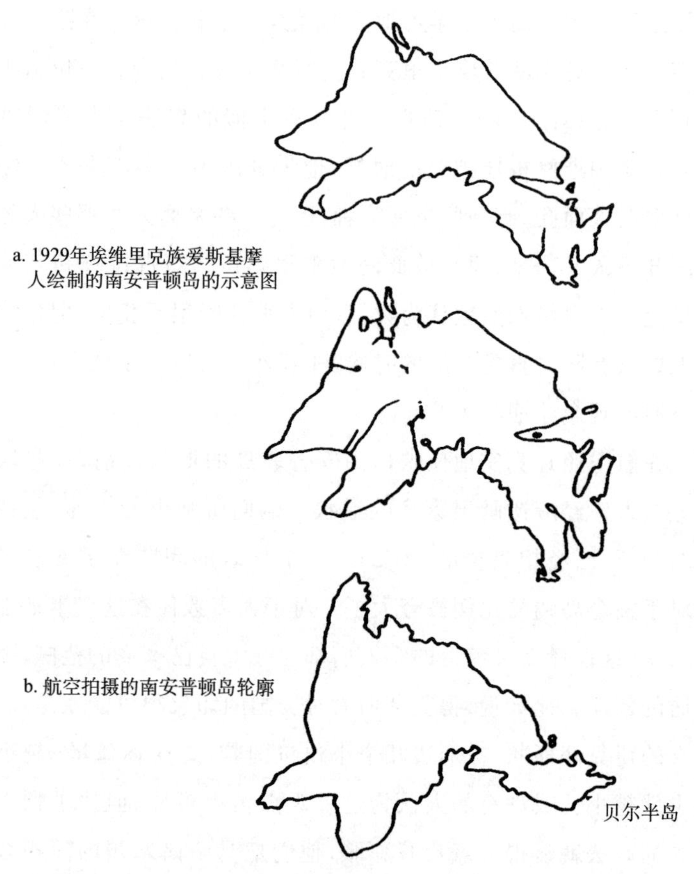

图 2　哈得孙湾的南安普顿岛(根据 Carpenter 著作所绘)

035 类似的知识范围可以延伸到哈得孙湾的西海岸——那里是他们经常捕猎的地方。不过,一旦超出了个体经验所及,他们就只能依靠传闻和流言了。在他们所画的草图上,远方的一些地点,例如与白人进行贸易的集散点和市镇,大方向还是正确的,但是与南安普敦岛的距离就被大大压缩了。当埃维里克族人想要了解远方的世界时，他们自己的世界观就会凌驾在地理学之上。他们把南安普敦岛当作地平面的中心，从那里出发，到达世界的边缘也只不过是几周的路程而已。

大地是扁平的，浮在一片更大的水面上，这种观念在世界各地都曾经出现。它可以牢固地存在于人们的脑海中，无论其所处的环境是什么样子，哪怕是荒原遍布、高山耸立或是海域蔓延。比如 036 说，生活在加利福尼亚州北部的尤洛克(Yurok)族印第安人把自己的世界设想成一个圆饼，而事实上他们家乡的地表是崎岖不平的(图 3)。尤洛克族人平时在克拉马斯河流域捕鱼、采集橡实。他们主要的食物(鲑鱼)的来源就是这条河，交通也依赖这条河。他们对山上的乡村总是心存芥蒂，尽管那里有很多小路四通八达，但是出行和贸易主要还是通过水路。尤洛克族人并不明确区分东南西北方向，他们标定方向的依据就是他们地理环境中最核心的要素——克拉马斯河，他们用上下游来指明方向。由于河流是蜿蜒不定的，所以上下游这种表达可能意味着各个方向；但由于河的走向非常清晰，于是它就以自己的方式把这些人的世界一分为二。由此看来，方向感并不一定会造就一个对称的世界。尤洛克族人所熟悉的世界很小，直径不过 2500 米而已。超出这个范围，他们对其他人的存在的感知就只能模模糊糊的了。尤洛克族人知道克拉马斯河注入大海，而他们也相信，循着河往上游走，长则十二天，短则十天，就又能看到咸水了。于是他们认为水包围着圆形的地面，克拉马斯河从中穿过。在河岸的某一点上，也就是三一神

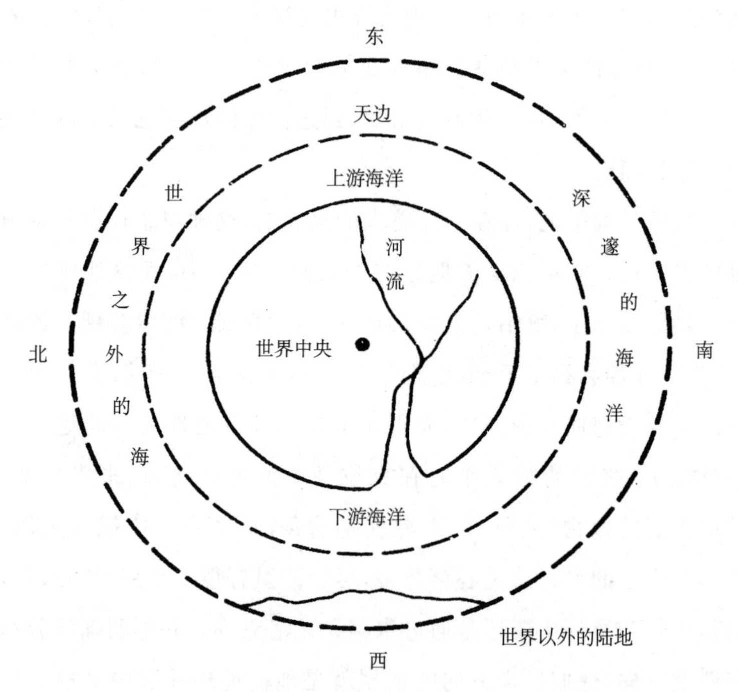

图 3 加利福尼亚州北部尤洛克族印第安人的宇宙结构

(Trinity)从南方降临之地的附近，就是所谓的 qe' nek，即世界的中心点。也就是在这一点上，天空被创造出来。天空是一个固态的穹顶，穹顶之上是天界，有一道天梯将人界与天界连接起来。地下是亡者之域，从一个湖底可以通达①。

---

① T. T. Waterman, Yurok Geography, *University of California Publications in American Archaeology and Ethnography*, 16 (1920), pp. 182-200.

中国人的民族中心主义

中国人的民族中心主义发展得很成熟。既然格陵兰岛的爱斯 037 基摩人以为欧洲人来到岛上是要学习他们的优秀品格和礼仪，那么不难理解，18 世纪末欧洲人打算叩开与这个帝国的通商之门的时候，中国人也曾经抱有类似的想法。中国人有充分的理由相信自己处于世界中心。它有文字记录的历史就跨越了约 3000 年，在这期间，它都是以一个伟大文明的地位凌驾于所接触到的外邦小国的文化之上。几千年来，它都生存在一个与世隔绝的世界里。它的中部是富饶的冲积平原，定居于此的人口在公元前 400 年可能就已经达到了约 2500 万。它有成熟而复杂的语言文字体系，并且这个体系从根本上讲是土生土长的。中国的人口数量从平原地区向周边地区递减，它的北方是大草原，西方是荒漠和世界屋脊，南方是雨林，而东方是滔滔汪洋。

中国从不认为其他国家的地位能和自己相比。它屹立于世界中心，是中土之邦。它甚至自称为“天下”或者“中原”，坐拥“四海之内”。最后一个说法似乎有点出人意料，因为中国人深知只有在东边才能看到大海。不过在这里我们又一次见证了人类认为大地是由水体包围起来的幻想。受佛教的影响，中国人也描绘了圆形的世界图景：昆仑山居中，是世界的脊梁；其下是中原，也就是滋养万物的沃土。这种含有宗教色彩的宇宙图式一直保存下来，后来又增添了很多现实的地理细节，比如说长城、黄河、朝鲜半岛、日本列岛，等等，但是未知世界的图景依然被幻想占据着。大地的周围是点缀着岛屿的海洋，而海洋之外，可能又是一圈陆地。

这种环形的格局其实与中国传统的大地观念相左，因为后者采用的是方形的格局。王土是正方形的这种观念是中国的一贯传统。这种思想意识最早在《尚书》(成书于约公元前5世纪)中就有记载。人们设想大地以天子之地为中心，按等级向下呈正方形环状展开(图4)。向外依次是诸侯之地、众卿之地、大夫之地、士人之地，最外面就是未开化的蛮荒之地。这个序列在中国十分盛行，038 但是罗马人将之拿来并融入了自己的理解。在亚欧大陆两端。这两大帝国同时存在，它们都模模糊糊地知道对方，但是都觉得没有必要就已知的信息来调整自己的民族中心主义观念[①]。

古希腊地图

民族中心主义在圆形的世界观里能得到充分的表现。圆比其他形状更能体现隐含的“中心”感。西方现存着汗牛充栋的地图和示意图，它们都显示出人类有一种普遍的习惯，即在对称的世界图景里把自己摆在中心的位置上。这些图景的基本格局都是被水环绕的圆形大地。已知的最早例证保存在古巴比伦时期的一块黏土板上，图中是圆形的大地被大海环抱，中间是巴比伦王国。它表达

① 尽管如此，中国人心目中的罗马世界与自己的帝国类似，所以用“大秦”这样含有尊敬意味的名字称呼对方；但是罗马人看中国人只是 Seres，即“丝织国来的人”。Joseph Needham，The Fundamental Ideas of Xhinese Science，in *Science and Civiliaton in China*，Ⅱ (Cambridge：Cambridge University Press，1956)，pp. 216-345；C. P. Fitzgerald，*The Chinese View of Their Place in the World* (London：Oxford University Press，1964).

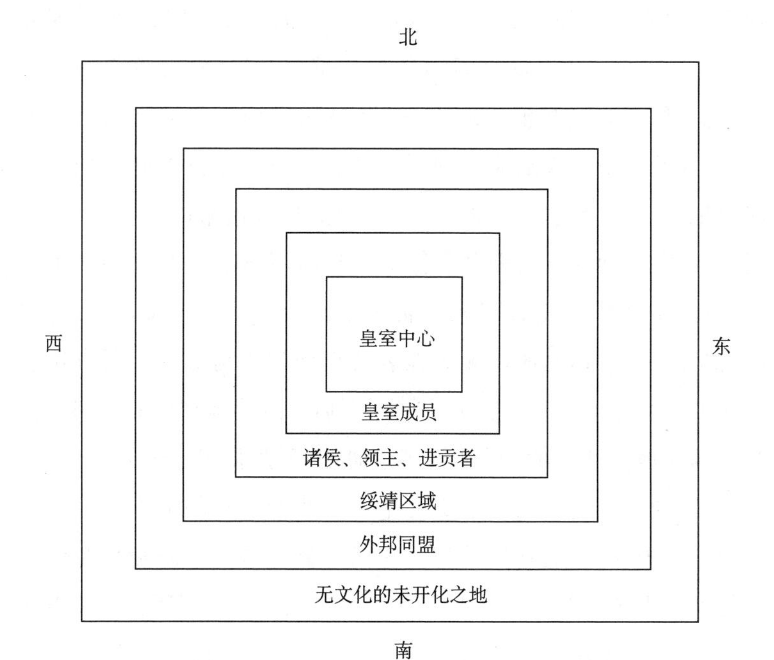

图 4　公元前 5 世纪中国民族中心主义的传统世界观

了一种亚述帝国居于世界中心的思想意识。在古希腊，荷马认为大地是圆形的、扁平的，被巨大的水流包围着。巴比伦人的宇宙图景很可能对古希腊人的思想产生了影响。不过话又说回来，我们也能发现这种思想遍布全世界，与近东地区不可能发生任何联系的人也有这种思想。或许它就是一个会让所有人心仪的构想。

古希腊人把荷马看作地理学的权威。他对大地的看法一直延续到赫卡托斯（Hecateus，活跃于公元前 520—前 500 年）。赫卡托斯把世界大致分成了两等份：北边是欧洲，南边是利比亚及亚洲（图 5）。这两部分以高加索山脉为纽带相连接，每部分都有河流拦腰流过，河流最终汇入地中海、黑海和里海。到了公元前 5 世纪，有人开始质疑大陆完美的对称性。希罗多德批评赫卡托斯不应该把大地描绘成“正圆形，像是一副圆规画出来的一般，大洋在周边环绕”。他建立的概念要复杂得多，而大地的轮廓也更加不规则；可是反过来看，他却把尼罗河上游画成自西向东流，以便与欧洲的多瑙河平行，这明白无疑地表现出他追求对称性。斯特拉波（Strabo，约公元前 63—公元 21 年）开启了近代地理学的大门。他笔下的大地是球面的，不过与毕达哥拉斯学派（Pythagoreans）不同的是，他把大地放在了宇宙的中心。我们宜居的世界差不多是一个位于中纬度、椭圆形的岛。它很明显地被地中海和小亚细亚的托罗斯山脉分割成南北两部分。随着亚洲的广袤面积逐渐被认识，这条大陆的轴线也越延越长。虽然欧洲的面积依然被夸大，但它已经不再占据地图的主要部分。随着欧洲面积的缩小和在地图上的重新定位，希腊也不能继续享受居中的地位了。不过到了公元前 5 世纪，希腊又被界定为世界的中心，而德尔斐（Delphi）被界定为希腊的中心[①]。

040

① W. A. Heidel, *The Frame of Ancient Greek Maps* (New York: American Geographical Society, 1937); E. H. Bunburry, *A History of Ancient Geography Among the Greeks and Romans*, I (London: John Murray 1883).

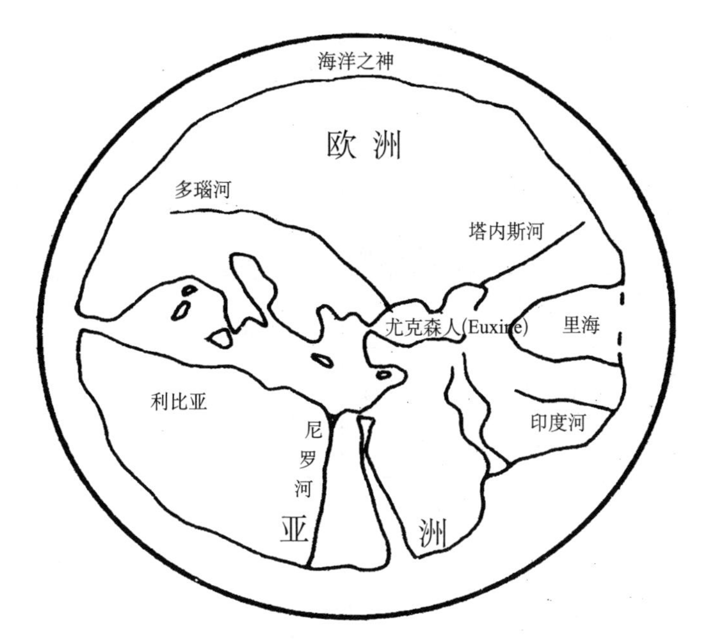

图 5　米利都的赫卡托斯(公元前 520—前 500 年)

T-O 地图

到了中世纪,由水环绕的圆形大地再一次成为了常见的世界图景(图 6)。在这样车轮状的地图里,主要的几何元素是“T”和“O”。两个“O”分别标示出了水域和大陆的外沿。在内圈里面的“T”由两条水系组成:顿河和尼罗河一起构成了“T”上面的一横,而地中海成为了那一竖。于是这个“T”就把世界分成了三部分:亚洲位于顿河—尼罗河一线以东,西北角的欧洲和西南角的非洲位于地中海的两侧。地图的上端指向东方,既是太阳升起也是基督

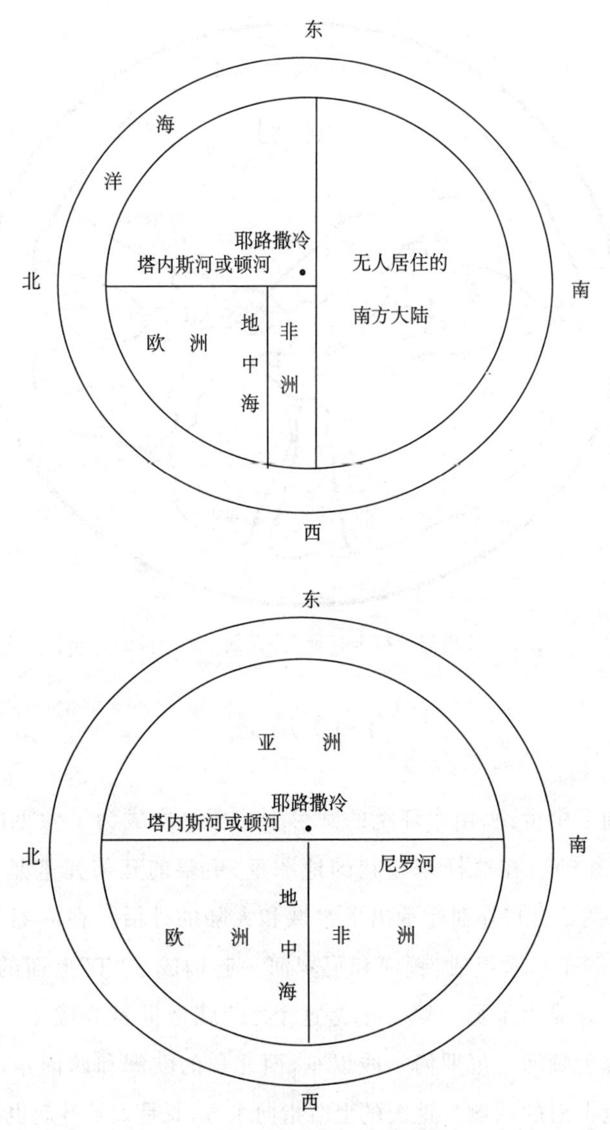

图 6 中世纪欧洲的 T-O 地图

诞生的地方——太阳是基督的一种象征。在 T-O 地图里，由于亚洲的重要性，欧洲占据着一个很"低调"的位置，但这样的格局却能让耶路撒冷位居世界的中央。

T-O 地图的历史最早可以追溯到公元 6 世纪。在接下来的大约 1000 年里面还不断有人绘制这样的地图。我们能理解古希腊人为何会醉心于这种几何形状简单明了的圆形地图，但我们却无法理解为什么它们在中世纪和其后的日子里会如此盛行。在公元前 5 世纪之前，绝大部分希腊人能够亲眼目睹的地方最远不过是埃及和地中海盆地东部。所以我们不难理解，他们想把自己极为有限的知识纳入到一套理论图示中，这种图示至少要在某些方面让人感到舒服。但实际上，中世纪末期的学者们已经掌握了不少细节。航海家们绘制的航海图能够反映出海岸线真实的形状，以马可波罗为首的旅行家们也带回了不少亚欧大陆内部和东亚沿海的地理信息。T-O 地图显然不适用于航海，它们既不提供切合实际的信息，也丝毫谈不到给人留出纵情想象的空间。中世纪车轮形的地图表达了一种文化的信仰与经验，它以基督教神学及其地志学象征耶路撒冷为中心。当时的人们建立理论的过程也是尊崇着、践行着这种文化的过程。它们也代表了一种思维方式，即如何来理解在中世纪生活的各个层面中受这种文化影响而发生的诸多事件，包括四处兴建大教堂和十字军东征[①]。

① C. Raymond Bearley, *The Dawn of Modern Geography*, II (New York: Peter Smith, 1949), pp. 549-642 (originally published in 1897).

位于世界中心的欧洲

自1500年起，越来越多的欧洲人开始漂洋过海探索远方。他们逐渐了解到外面有人千人万的国家，于是，想要维护T-O地图里富有宗教色彩的世界观就越来越难了。象征着世界中心的“圣地”观念也就风光不再。但“欧洲”取而代之，占据了该位置。欧洲中心主义主要表现为“欧洲观念”(idea of Europe)。我们可以简单回顾一下“欧洲观念”的历史。把大地分成几大洲(大陆)这种思想很可能源自古希腊的航海家。在公元前6世纪，希腊人就已经掌握了爱琴海的大致面貌。他们知道，在通往东方和西方的道路上，还存在着大片陆地。他们把这两片陆地分别称为欧洲和亚洲。可是不久之后，这两个本来由航海家使用的词语被赋予了政治和文化的含义。希罗多德记述过这两片大陆在历史上结下的冤仇。亚里士多德认为欧洲人和亚洲人性格特点有所不同，并且试图用两地气候的差异来解释这种性格的差异。不过没有人下功夫去搞清楚这两大洲的地理界线。这种二分法在亚历山大大帝时代(Alexandrine period)之后就销声匿迹了，但在文艺复兴运动的时候又被当作经典得到推崇。在其后的大航海时代，人们认为欧洲和亚洲这种提法很有用。欧洲和亚洲都意味着一系列港口的腹地，前者是从西班牙加的斯到挪威特隆赫姆一线，后者则是从阿拉伯到日本之间星罗棋布的港口的连线。这两片大陆被广阔的非洲大陆隔开，那是海员们必须绕行的地方。但是“欧洲”这个词里政治和文化的意味又一次得到了丰富。到17世纪末，西方人觉得有必要给自己的文明找到一个具有概括性的名字。在宗教战争以后，曾经用过的“西方基督教世界”(Western Christendom)似乎已经不合时宜。而“欧洲”正好切合了人们的需求[①]。它指明了一个历史、人种、宗教和语言都同根同源的地域。欧洲是一个完整的实体，具有完整的含义。而亚洲并非如此，它仅仅是“非欧洲”的部分，是以这样一种否定形式来定义的，而且是以欧洲人的意愿为出发点的，所以我们才有了“近东”“中东”“远东”这样的说法。亚洲从来都不是一个整体。亚洲人在种族、语言、宗教和文化方面都有很大差别。无论阿拉伯人、印度人、中国人还是巴厘岛人，都不知道他们同属于“亚洲人”，那是后来欧洲人告诉他们的。对于欧洲来说，亚洲曾经只是灯火阑珊处的那一抹倩影[②]，但是欧洲人有能力画出这个影子的实际轮廓。终于有一天，“亚洲”这个词被赋予了实在的内涵，甚至成为了一块试金石，来检验反攻欧洲的政治武器是否有效。举个例子来说，在二战时期，日本人就曾经刻意挖掘“亚洲”观念的内涵。他们大肆标榜“亚洲属于亚洲人”(Asia for the Asians)的口号，企图将他们所征服人民的愤怒转移给反法西斯同盟。

---

① Arnold Toybee, "Asia" and "Europe"; Facts and Fantasies, in *A Study in History*, Ⅷ (London: Oxford University Press, 1954), pp. 708-729.

② John Steadman, The Myth of Asia, *The American Scholar*, 25, No. 2 (Spring 1956), pp. 163-175); W. Gordon East snd O. H. K. Spate, Epilogue: The Unity of Asia? in *The Changing Map of Asia: A Political Geography* (London: Methuen, 1961), pp. 408-424.

陆半球的中心

欧洲中心主义在制图方面表现出来的机会不多。在学生用的地图集里，欧洲国家总是占有极大的比重。其原因仅仅在于，人们很自然地希望获得自己国家和邻邦的详细信息，而不愿更多了解043那些遥远的地方。但是，近代的制图策略本身就过分地表达出民族中心主义观念，使我们看到它就能想起希腊人绘制的圆形地图以希腊为中心，中世纪的地图以耶路撒冷为中心。它采用的投影方式是把英国南部和法国西北部放在中央位置，用一个圆圈画出半个地球的轮廓（图 7）。这就是陆半球的地图[①]。它几乎涵盖了整个亚欧大陆、整个非洲大陆、整个北美洲以及南美洲北部的 1/3 地域。在这个圆圈之外是水半球。不包括南极洲和格陵兰岛这两处荒无人烟的冰盖，地球上将近 90％的陆地面积、95％的人口都位于陆半球上。这样一张地图在英国广受欢迎。有两本很重要的教科书都采用了这幅地图来显示英国这一岛国的中心地位，一本是哈佛德·麦金德（Halford Mackinder）爵士的经典著作《英国与英国海》（*Britain and the British Seas*），另一本是安斯泰德（J. F. Unstead）教授的《世界纵览·第三卷》（*A World Survey*，*volume* 3）。而它们忽略掉的是，由于投影原因，这幅图把不列颠群岛放在了北极圈附近，离世界上宜居环境的中心实在是太远了。

---

① H. J. Mackinder, *Britain and the British Seas* (New York: D. Appleton & Co., 1902), p. 4. Philippe Buache 早在 1746 年就提出了陆半球的概念。参见 Preston E. James, *All Possible Worlds* (Indianapolis: Bobbs-Merrill, 1972), p. 140。

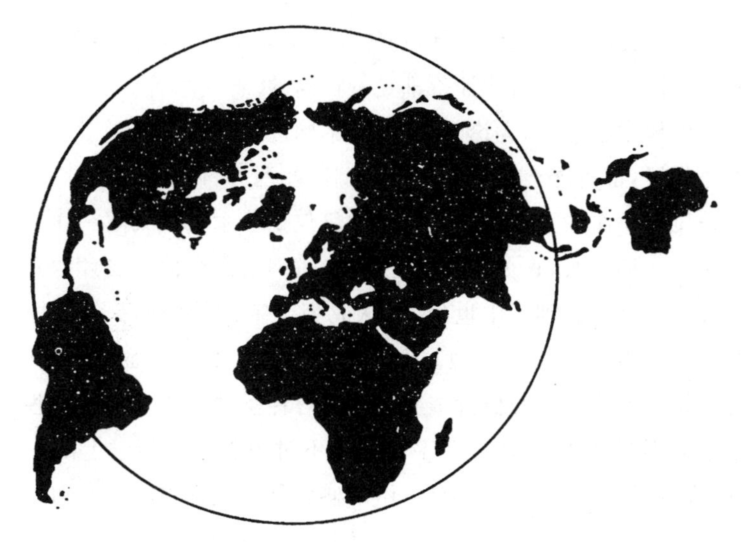

图 7 “陆半球地图,展示出地中海与位于中心位置的英国。”

(根据 H.J.麦金德著作所绘)

例　外

在某些地方,人们认为,世间有一个高高在上的、有半仙之体 044 的种族居住在他们已知的世界之外。当年阿兹特克人(Aztecs)被迫与一小队西班牙入侵者签订城下之盟,很可能就与阿兹特克人的这种信仰有关——他们相信神仙都是白皮肤。欧洲人很轻易地征服了非洲,不仅仅因为他们在军事和科技方面遥遥领先,还因为他们在遇到某些原住民的时候拥有心理优势。比如在马达加斯加,当地人就以为是本民族传说中的上方圣人降临了。在南太平洋上的马克萨斯群岛,当岛民们平生第一次见到白种女人的时候,他们全都目不转睛地盯着她，仿佛在看仙女下凡一般。很显然，并非所有民族做出的自我评价都是一样高的。

民族中心主义，无论是把本人、本国甚至本行星放置于宇宙的中心位置，都可能会被想象力所压倒。在西方科学的萌芽时期，毕达哥拉斯学派的天文学家认为地球仅仅是像木星或太阳一样的行星而已。那时候，火占据了宇宙的中心，因为最受他们崇拜的元素是火而不是土。到了中世纪，地球成为了宇宙的中心——这样才够资格成为耶稣的诞生地。但是，中世纪的思想是摇摆不定的。有些思想家认为中心位置本身并不具有神圣性。中世纪的一些文学家毫不客气地说，地球在宇宙中只不过占据了几何学上的一个点，或者只不过是一个垃圾桶，用来盛放创生过程中的废弃物。还有人说地球或许是许多更大的天体运行的枢纽，但它同时也位于宇宙各个层级中最低的位置。很多例子都表明西方世界里的自负情绪在转变，其中最著名的就是哥白尼的革命，即用日心说替代地心说。另一个例子影响较小但同样深远，即 17 世纪和 18 世纪欧洲一些学者的反思。鉴于当时欧洲的政治家和狂热的爱国者们都认为自己的民族出类拔萃，很多文学家和学者给本国专治的政府和偏执的宗教机构泼上了一盆冷水。同时，他们越来越重视日渐兴起的、对其他民族光辉事迹的报道，哪怕这些民族身处远隔重洋的美洲、大洋洲或者是中国。所以，与那些沉溺于自我夸耀的人不同，启蒙运动中的哲学家们更愿意把欧洲看作是黑暗的中心，而欧洲之外才是宽阔的光环[1]。

---

① Basil Willey, *The Eighteenth Century Background* (London: Penguin Books, 1965), pp. 19-21.

5. 个人的世界：个体差异和取舍

人类是一个分异程度很高的物种。就外表来说，不同的个体之间就已经有很大的差异性；但要是和内心世界的差异性相比，前者就小巫见大巫了。从生理学的角度上我们或许是“有着不同肤色的兄弟姐妹”，但从心理上讲，我们几乎分属于很多不同的物种。我下面马上就要谈到人类个体之间的显著差别，而不同种族间的差别相对来说则显得无足轻重。

对生活和生活环境的态度能够反映出个体在生化学和生理学上的不同。患有色盲症的人眼中的世界肯定不如视觉正常者眼中的世界那样丰富多彩。我们也会发现人与人之间在脾气秉性上存在差别。一个经常忧心忡忡或者沉默寡言的人，其表现与那些积极向上、活力四射的人有着天壤之别。在性格和脾气方面的不同，其产生的根源在于人的内分泌系统，即使所谓的“普通人”彼此也大不相同。内分泌系统向血液中释放激素，激素会对个体的情绪和愉悦感起到很明显的调节作用。为了更全面地认识环境态度的差异性，我们先要了解人们在生理学和脾气秉性上会有多大的不同。个体的差异性能够超越文化力量所力图塑造的同一性。这就好比一个家庭外出过周末，尽管户外用品商店打广告向我们灌输野营有多么大的乐趣，但实际不总是让人感到顺利和愉快。在计划阶段,一家人就会为去哪里争论不休。一旦到达目的地,争论的内容又会延伸到在哪儿宿营、到哪儿用餐、去哪儿观景,不一而足。同一家人在年龄、性别、固有的生理学和性格方面的种种差异就这样轻易地击碎了社会性所倡导的和谐、团结的理念。

个体生理差异性

在第2章里,我们以整体的眼光看待人类。我们当时的重点是人类作为一个物种有什么样的共同点。现在我们来看一些差异性。就视觉来说,我们知道有些人双目失明,有些人是色盲,有些人双眼视力都能达到2.0,而有些人需要借助眼镜来矫正自己的视力。另外一个不太为人所知的是从眼角往外看的能力(即周边视觉),这项能力在个体之间差异很大。可以说,相比于其他人,这项能力强的人生活在更加宽广的世界里。就色觉上的差异性来说,红绿色盲是一种人所共知的缺陷,最严重的患者看到的世界只有黄色、蓝色和灰色。其实,人类对颜色的敏感程度的不同点还有很多。每个人在辨别细微的颜色变化上面都有自己的优势和不足。人类的听觉也存在明显差异。患有音盲症的人不能正确地辨识旋律,所以无论是键盘乐器、弹拨乐器还是吹管乐器,他们都无法演奏①。对音调的反应是可以度量的,但同是没有明显听觉障碍的人,他们发出的反应是不同的。对噪音(或者对某一类噪音)的敏感程度在不同人之间也是千差万别的。有极少数的人缺乏正常的

① H. Kalmus, The Worlds of the Colour Blind and the Tune Deaf, in J. M. Thoday and A. S. Parkes (eds.), *Genetic Environmental Influenses on Behaviour* (New York: Plenum Press, 1968), pp. 206-208.

痛觉，割伤、擦伤甚至骨折对他们都只能造成很轻微的痛感。痛感虽然难以忍受，但它毕竟也是我们认知世界的一个途径。如果失去了它，生活将变得十分危险，因为痛感警告我们，身体受到了必须要引起重视的损伤。“冷”和“热”是两种很具主观色彩的感受，自然随着主体的不同而大有不同。我们很容易发现这样的例子：一个人起身去开窗户纳凉而同时另一个人正要披上外套，一个人正在大口喝热咖啡而另一个人哪怕正急着赶飞机也不得不小口去抿。不过，相比于上面那些，大脑之间的差异恐怕还是最令人叹为观止的。在不同的人之间，大脑在几乎每个细微之处都存在差异，而这些细微之处都是可以观察和测量的。我们可以很有把握地说，人类拥有高度分异的思想[①]。 047

禀性 · 天赋 · 态度

人的脾气秉性、性格特征与其体形有什么样的联系，这是文学创作中经常谈及的问题。对于读者来说，让他们牢牢记住那些不朽的形象，例如福斯塔夫[②]、米考伯先生[③]、夏洛克 · 福尔摩斯[④]、摩德斯通先生[⑤]，等等，而不去回味这些人物的外形，这几乎是不可

① Roger J. Williams, *You Are Extraordinary* (New York: Random House, 1967); H. J. Eysenck, Genetics and Personality, in Thoday and Parkes, *Influences on Behaviour*, pp. 163-179.

② Falstaff，莎士比亚在其历史剧《亨利四世》和喜剧《温莎的风流娘儿们》中塑造的喜剧人物。——译者注

③ Micawber，狄更斯的小说《大卫 · 科波菲尔》中的人物。——译者注

④ Sherlock Holmes，阿瑟 · 柯南 · 道尔小说《福尔摩斯探案集》的主人公。——译者注

⑤ Murdstone，狄更斯的小说《大卫 · 科波菲尔》中的人物。——译者注

能的事情。体格和性格似乎是浑然一体的，我们很难想象出一个瘦骨嶙峋的米考伯或者心宽体胖的福尔摩斯。在日常生活中，人们经常从他人的外表而非行为来推断其人格和禀赋，这是很正常的。不过，行为显然是很重要的；如果不去理解行为，科学家们可不敢轻易地做上面那样的联系，甚至不会那样去联想。在20世纪的三四十年代，威廉·谢尔顿(William Sheldon)做了一次大胆的尝试，要在体形和脾气秉性间建立起联系。他的工作广受批评，因为人们认为他的分类方法可谓幼稚，不过近来的研究还是支持了他的一部分结论[①]。谢尔顿把人分成三类，分别是胖圆体形者(endomorphy)、健美体形者(mesomorphy)和瘦长体形者(ectomorphy)，如下图：

瘦长体形者（高，瘦，弱不禁风）

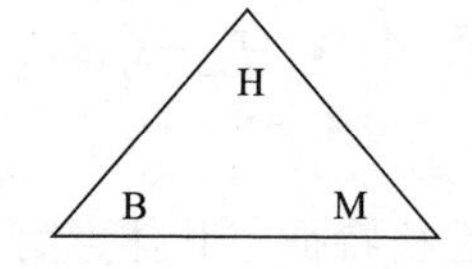

健美体形者（骨感，肌肉，健美）

胖圆体形者（软，圆，胖）

H：夏洛克·福尔摩斯

M：米考伯

B：汤姆·布朗

每一类体形都对应着一系列脾气秉性，脾气秉性又会影响对环境的态度。

① William H. Sheldon, *The Variaties of Temperament* (New York: Harper & Row, 1942); Juan B. Cortés and Florence M. Gatti, Physique and Propensity, *Psychology Today*, 4, No. 5 (October 1970), pp. 42-44, 82-84.

体形	脾气秉性特点，以及对自然环境的态度
瘦长体形者	个性独立、善解人意、害羞、内省、严谨（习惯于观察自然和环境，善于寓情于景）。
健美体形者	雷厉风行、令人开心、偏爱冒险、乐观向上、能言善辩（喜欢征服自然，例如成为猎手或土木工程师）。
胖圆体形者	悠然自得、乐于协作、感情充沛、平易近人（以世俗观念欣赏自然，能与他人同享自然之乐）。

谢尔顿的这种理论有一个缺陷：一个人到底是瘦、是胖、还是满身腱子肉，评价标准可能会因人而异。体形和个性的确有关系，但是令人满意的定量标准至今还没有找到。即使个性特点、脾气秉性都有生理学的基础存在（哪怕是由基因决定的，而不像谢尔顿所说那样由体形决定），问题同样也会存在，即它们如何去影响个人特定的能力，影响对于构建世界观来说极为重要的那些能力。用空间想象力来举个例子，这个能力在个体间的差别是相当显著的。遗传学家托戴（J. M. Thoday）撰文称，他的日常教学经历表明，有那么一小部分学生无论如何都没法通过观察切片来想象出细胞的三维构造①。空间想象的能力，以及在空间中辨识方位的能力，似乎一方面和数学能力成正比，而另一方面和与人交流的能力成反比。通过对一小部分人的统计分析，麦克法兰·史密斯（Macfarlane Smith）尝试性地建立了性格特点与空间/语言能力的关系：

① Thoday and Parkes, *Influences on Behaviour*, p. 111.

一、相比于语言能力测试，情绪不稳定的人在空间能力测试上得分更低。

二、相比于语言能力测试，一些性格特点，例如自信心强、有毅力、有气势等，指向更高的空间能力测试得分。

三、有较强空间思维能力和商业本领的人，有更加男性化的态度和兴趣点。他们较为内敛，社会性相对较弱。相反地，有较强语言能力的人较为外向，也容易表现出女性化的态度和兴趣点。

四、空间能力强的人易于对相对较大的场景建立起印象。他们把它当作一个整体，而不会为一些枝节转移注意力。这种人倾向于以形态而非颜色来给物体分类[①]。

049 如果想清晰、准确地表达环境态度，必须具备高超的语言技巧。一些调查给了我们详细的信息，告诉我们人们如何认识自己的世界。这些调查几乎都是从文学角度出发的，而非从社会学角度出发。现实主义小说并不会准确地描写一种文化（那是社会科学力图做到的事），而是要树立一个能代表这种文化的形象。这个独特的声音会超脱于社会学的解释框架之外。为了解读这个声音，小说家伏下草蛇灰线，而内容实际上可能是自己的写照，只是之前不大为人所知而已——既可能是先天的（例如脾气秉性），也可能是生活中的偶然（例如重大机遇）。作家们创造出虚构的人格，这些人格可能就是他们自己的人格，只是其发出的声音压过了作家身处的社会所发出的正统声音而已。人们对生活的态度明显是彼此不同的——这个观点本身是老生常谈，很容易为我们所接

① I. Macfarlane Smith, *Spatial Ability and Its Educational and Social Significance* (San Diego: Robert R. Knapp, 1964), pp. 236-237, p. 243, p. 257.

受。可是,作家们却成功地把彼此间界限模糊的世界观划分得十分鲜明。通过他们的写作,我们认识到了人格的个体独立性。为了进一步说明这件事,我会展示出一些著名作家的独到视角,然后指出其独有的环境态度——在这里我们也许应该假设他们都有比较中庸的脾气秉性,以保证说明的充分性。

托尔斯泰和陀思妥耶夫斯基

俄国小说家托尔斯泰(Tolstoy,1828—1910)和陀思妥耶夫斯基(Dostoevsky,1821—1881)是近代文坛的巨人。他们彼此都读过对方的著作,但都怀着一种既崇敬又不安的心情。他们都才华横溢,写出的作品能够挖掘到人的灵魂深处,也能反映出19世纪俄国的社会万象。可是,他们每个人所看到的社会并没有什么共同点。

托尔斯泰所看到的世界是荷马式的。他对生活和自然的态度和那位古希腊诗人更加相似,而与同一时代的陀思妥耶夫斯基相去甚远。用乔治·施泰纳(George Steiner)的话讲,托尔斯泰的世界与荷马史诗相似,都有"史诗般的背景……;无论战争还是农耕都充满诗意,强调人类的感官感受和身体形态,讲求一年里面清晰而又和谐的四季轮回……;内容从草木虫豸延展到日月星辰……最有深意的,是给人一种必将走上'生命的光明大道'(柯尔律治[1]语)的信念,而不是滑向幽暗之隅"[2]。在《战争与和平》的后记中,托

① Samuel Taylor Coleridge(1772—1834),英国文学家、诗人。——译者注

② George Steiner, *Tolstoy or Dostoevsky: An Essay in Old Criticism* (New York: Vintage Books, 1961), pp. 74-75.

尔斯泰在乡村生活和优质生活之间画上了等号。在《安娜·卡列尼娜》里,城市和乡村的对立成为故事的主线,围绕着它,小说的主题和架构得以展开。与之相反,陀思妥耶夫斯基则完全沉浸在城市生态中。他的城市或许是地狱,但乡村也绝不是获得救赎之所,解脱只能在上帝之国才能够找到。陀思妥耶夫斯基的小说鲜有对自然景观的描写。即使他想借用自然景物,其背景也离不开城市,"我喜欢彼得堡三月的太阳……整条街忽然一下泛起光芒,万物沐浴在明亮的光线中。所有的房子似乎突然之间闪烁起来,那些灰蒙蒙的黄和脏兮兮绿调成的暗淡色调,瞬间被一扫而光"①。城市或许是被诅咒的,但是陀思妥耶夫斯基无法设计出其他的场景,让人物的活动看起来有意义。他的家就在城市里,哪怕那里阴暗潮湿、条件艰苦。而如果想要托尔斯泰享受城市环境,似乎只能是在城市毁于一旦的时候——他文学才华涌动的高潮就出现在燃烧的莫斯科。

050

城市与近代诗歌

美国有三位很有名望的诗人,艾略特(T. S. Eliot)、桑德堡(Carl Sandburg)和肯明思(E. E. Cummings),他们给我们描绘出了完全不同的城市形象。艾略特笔下的城市一贯是残酷的,甚至有时候是肮脏的。在他所写的城市里,街两边到处是黄烟滚滚,孤独的人邋遢地穿着衬衣倚在窗边;空地上,一阵阵风雨掀动着打了

---

① Quoted in Steiner, *Tolstoy or Dostoevsky*, p. 199.

卷的枯叶和废报纸。当黎明降临,诗人让我们想象有无数双手托起了千万间房子里的阴影,有无数民众用脏兮兮的手抱着自己发黄的脚板,一脸茫然地坐在床边[①]。与他不同的是,桑德堡的《芝加哥》则是一派喜气洋洋。芝加哥喧闹、诡谲而且残酷,有很多在饥饿中挣扎的妇女儿童。但是诗人写道,"你恐怕再也找不到一个城市像这里一样,人们昂着头唱着歌儿,为自己耐活、皮实、强壮和狡黠而感到自豪"。桑德堡会用一些惊天动地的词汇来描写大城市。与艾略特相似,肯明思会把更多笔墨用在细节描写上,但是他笔下的城市就要友好得多了。他有一首诗是赞颂城市里的春天的。春天带来了令人愉悦的事。春天招惹来无惧的金龟子和天真的小蚯蚓,让它们在人行道上穿梭;春天邀请来公猫唱起歌子吸引自己的伴侣,也让公园里挤满大献殷勤的男士和嚼着口香糖咯咯笑着的姑娘[②]。

弗吉尼亚·伍尔芙和她渐逝的世界

弗吉尼亚·伍尔芙(Virginia Woolf)的作品饱含着细腻的情感。这种情感中有一个重要的因素,就是随着光影的移动,整个世界都变得不安定,似乎要渐渐逝去。让我们来看一看她的小说《到灯塔去》中的一段:

---

① 肮脏的城市形象在很多著名的诗歌当中都出现过,例如"The Love Song of J. Alfres Prufrock""Prelude""Rhapsody on a Windy Night",以及"The Waste Land"。

② Barclay Jones, Prolegomena to a Study of the Aesthetic Effect of Cities, *The Journal of Aesthetics and Art Criticism*, 18 (1960), pp. 419-429.

051 此时，打扫、擦洗的声音，镰刀和机器割草的声音都停歇了，先前被它们所淹没的那些隐隐约约的旋律仿佛又出现了。几下犬吠、数声羊咩，似乎声声入耳，却从未引人注意；它们像是断断续续的乐曲，毫无规律、若隐若现，而又好像连绵不绝；昆虫的鸣叫声、草茬发出的沙沙声，错落有致而又相互融合；金甲虫嗡嗡地响，车轮吱吱呀呀地叫，声线高高低低却又缠缠绵绵；人的耳朵要使劲地把这些声音拧在一起，但它们总是刚刚要达到和谐就散落开来；到最后，黄昏降临，声音一种接着一种归于沉静，和声变得颤颤巍巍像要散架，最终万籁俱寂。随着日落，所有鲜明的轮廓都消失了，风也止了，宁静如轻雾般升起、四处弥漫；整个世界都放松下来，安然入眠；在这儿一盏灯也没有，一片漆黑中，只透出弥散在树叶间的绿色，和窗边素色花朵上泛着的灰白。[①]

她的叙述给地方营造了一种飘忽的、易碎的效果，这种效果源于对声音的铺陈。与视觉相比，听觉是被动的，也缺乏目的性。各种响声被一股脑儿地纳入听觉——“人的耳朵要使劲地把这些声音拧在一起，但它们总是刚刚要达到和谐就散落开来”。我们所看到的东西会被归纳总结，通过前景、背景的区分和各种视角，达成和谐的效果。视觉图景是瞬间静止的，而听觉是流动的。相对于盲人，聋人的世界可以说是静止的。

① Virginia Woolf, *To the Lighthouse* (New York: Harcourt Brace Jovanovich, 1927), pp. 212-213.

禁欲主义者的脾气秉性

一般人都喜欢安逸、富足的生活环境,但是与之相反,世上也有严酷的环境,荒凉得像沙漠,简陋得像僧侣的寮房。我们都知道,就是有那样一些人,不断地去寻求荒郊野地,来逃离肮脏腐败、物欲横流的城市生活。这种对朴素生活的渴望,一旦超越了社会准则、需要牺牲掉举世公认的优良条件,就是一种植根于内心深处的偏执;这种精神力量所引发的行为仅用普遍的文化价值观是无法解释的。禁欲主义有什么积极的意义?它是一种否定,但否定并不一定意味着终结,反而可能蕴含着另一种定义形式。符合禁欲主义的行为可以归因于意念之力,是心胜于物的表现,是被大彻大悟所支配的苦行。

《圣经》中记载了大量相互冲突的环境态度。比如说,犹太人与大多数普通人一样,对沙漠很反感。他们所追寻的乐土应该到处流淌着牛奶和蜜糖。但是禁欲主义认为人类的功德和上帝的恩典都体现在荒野,所以它抱有完全相反的态度。无论直接与上帝交流,还是通过先知与上帝对话,都应该发生在一片荒凉中,远离会使人心猿意马的潺潺水响和嘈嘈人声。一片死寂的自然景观能映衬出信心的纯净。在基督教所载历史的早期,先贤们在寂寥的大漠中苦苦寻找着神。他们对大自然和环境的态度就十分符合禁欲主义。古埃及的先贤安东尼就曾指责升起的太阳打扰到了他的祈祷。亚伯拉罕也曾经赞美贫瘠的土地,因为它不会让人们为耕

052

作而分心。哲罗姆(St. Jerome)写道:“城镇恰似监牢,荒野方是乐土。”[①]

到了近代,神的理念已经逐渐从人类世界中剥离出来,但是沙漠作为禁欲主义的象征,依然让人们怀有一种矛盾的情感。如果没有沙漠作为舞台,我们也无法领略到查尔斯·道奇[②]和托马斯·劳伦斯[③]那令人敬畏的人格。也有一些人刻意回避舒适的环境,而向往沙漠或者类似的严酷环境,因为后者使他们领略到现实的残酷无情,以及人在现实面前的渺小和无助。我们从劳伦斯《智慧的七柱》的第一段就可以感受到沙漠难以抵挡的吸引力,作者写道:“几年以来,我们住在寸草不生的沙漠中、冷酷无情的天穹下。白天,我们被烈日炙烤着,被强风抽打得头晕目眩;夜里,我们被露水浸湿,卑微地瑟缩在漫天静默的繁星之下。[④]”

在乡间的火车站,我们也能找到几乎寸草不生的状态,其荒凉程度也不亚于沙漠。这种状态会被赋予英雄气概,这是令很多人难以理解的。西蒙娜·薇依[⑤]就曾写道,最适合她自己的位置就

---

① 转引自 Yi-Fu Tuan, Attitudes toward Environment: Themes and Approaches, in David Lowenthal (ed.) *Environmental Perception and Behaviour* (University of Chicago Department of Geography Research Paper No. 109, 1967), pp. 4-17.

② Charles Doughty, 1843—1926,英国诗人、旅行家,著有旅行笔记 *Travels in Arabia Deserta*。——译者注

③ T. E. Lawrence(1888—1935),人称“阿拉伯的劳伦斯”,英国军官,著有关于阿拉伯战争的回忆录《智慧的七柱》(*Seven Pillars of Wisdom*)。——译者注

④ T. E. Lawrence, *Seven Pillars of Wisdom* (Garden City, N. Y.: Doubleday, 1936), p. 29.

⑤ Simone Weil(1909—1943),法国人,神秘主义者、宗教思想家和社会活动家。——译者注

是火车站里空荡荡的候车室。乔治·奥威尔[1]在自己的暮年就隐居在偏僻荒凉的赫布里底群岛(Hebrides)。路德维希·维特根斯坦[2]本来能够安享身为剑桥大学教师的优越生活,但是他偏偏视这些物质享受如粪土。他在三一学院(Trinity College)所居住的房间空空荡荡,只有一张帆布床。阿尔贝·加缪[3]虽然声名显赫,但也曾经写道:"对我来说,最大的奢侈莫过于某种程度上的一无所有。我喜欢西班牙或北非式的房间里空空如也的样子。我所心仪的居住和工作环境(更特别一点的,我不介意再算上死去的环境),就是旅馆里面的一个房间。"[4]

性别

一个人先天的能力和后天发展出的世界观之间是有联系的, 053 但是我们对这种联系知之甚少。在我们日常与他人打交道的过程中,我们习惯性地认为,离经叛道的态度总是存在的,这些态度仅仅通过分析家庭环境、生活经历、教育背景等因素是无法彻底解释清楚的。我们上面看到的那些例子是要说明,现有的各种世界观,无论成熟与否,会让我们很自然地想到,先天因素(它们给性格赋

---

① George Orwell(1903—1950),英国左翼作家、新闻记者和社会评论家。——译者注

② Ludwig Wittgenstein(1889—1951),出生于奥地利,后入英国籍。哲学家、数理逻辑学家。——译者注

③ Albert Camus(1913—1960),法国小说家、哲学家、戏剧家、评论家。——译者注

④ Albert Camus, *Lyrical and Critical Essays*, trans. E. C. Kennedy (New York: Knopf, 1968), pp. 7-8.

予了某种倾向性)会对人们不特定的心境产生影响。想要证明这一点,我们手里的铁证不多;但我们很确定,性别和年龄这两个生理差异必然会影响到人的态度。

男女有别,这可不是主观臆断出来的。男女生理上的不同不胜枚举,这些不同可以用来解释他们对事物看法的不同[①]。一般来说,男性的体重要比女性大,肌肉力量也比女性大,这个区别在几乎所有哺乳动物身上都成立。男性皮下脂肪比女性少,所以也就更容易感觉到寒冷。女性的皮肤细腻柔软,也就可能拥有比男性更为敏锐的触感。女孩的嗅觉要比男孩灵敏,尤其是在青春期到来之后。我们还能很快辨识出不少这类差别,这类生理上的差别会造成男女之间在感知和行为上的差别。但在这里我们讨论的是普遍意义上的男性和女性。普遍规律的确存在不少例外,也存在很多不确定因素,使得男性和女性之间的差异像生理和心理之间的差异那样费解。我们可能会问:女性到底是不是有特殊的人格特点,导致她们构建世界观的方式和男性有所不同?何况,作为有决定意义的因素,文化对行为和态度的影响把这个问题搞得更为复杂了。在已知的所有文化中,男性和女性都注定扮演不同的角色,他们从小接受的教育就要求他们有不同的行为方式。但是仅仅知道这个事实无一例外还不够,我们还要找出其深层次的生物学基础[②]。

---

① Kenneth Walker, *The Physiology of Sex and Its Social Implications* (London: Penguin Books, 1964).

② 关于性别差异和行为,参见 Walter Goldschmidt, *Comparative Functionalism* (Berkeley and Los Angeles: University of California Press, 1966), pp. 45-46。

研究行为的心理学家们试图把性别的影响最小化，而受弗洛伊德影响的精神分析学家们倾向于强调性别差异。埃里克·埃里克森(Erik Erikson)认为性别特点在儿童空间感的形成过程中起到了重要的作用。在《童年与社会》(*Childhood and Society*)一书中，有一个章节的标题叫作“性器差别与空间模式”。根据精神分析学的观点，特别是埃里克森的观点，“高”与“低”是阳性的变量，而“开”与“合”是阴性的模式。在让参与者设计环境的实验中，如果给予很高的自由度，女孩子总是会设计一个房屋的内部环境。她们会安排家具的摆放位置而不考虑有没有墙壁，或者设计一个由遮挡物围成的简单封闭空间。在女孩子们看来，人和动物都是在建筑内部或者封闭空间里面活动的，而且这些人和动物都应该有自己相对固定的位置。男孩子们设计的房子要么是墙高得夸张，要么就是外立面有赫然的突出物作为装饰甚至火炮。那些房子都是高塔。在男孩子的设计理念中，人和动物都在闭合环境或者房屋的外面，而且会有物体沿着道路或在路口移动。随着这些高大的建筑物，男孩子们也建立起倾覆的理念——遗迹这类东西体现了男性独有的建筑思想[1]。 054

年　　龄

莎士比亚曾经把人分成七个年龄段，并且用简洁犀利的言辞指出了每个年龄段的特征，以至于看起来像是七个人一样。如果

---

① Erik H. Erikson, Genital Modes and Spacial Modalities, in *Childhood and Society* (Harmond smith: Peguin, 1965), pp. 91-102.

说针对环境的行为和感知与先天因素(包括体形、性别等)的关系还有人表示怀疑,那么在一个人的生命周期中,他对世界的探索和感应范围是在不断拓宽的,这点是毋庸置疑的。在社会学的语境里,“一个人”一般指的是有生命活力的成年人,而这种理解忽视了“成年”只是人生的一个阶段,就像婴儿期、少年、青年等一样,前面后面还都有时段。每个年龄段的人都有其自己的面部和体形特征。在漫长的生命旅途中,我们都必然经历从“在保育员怀中呱呱而泣”的婴儿到“牙齿脱落、老眼昏花、食不知味、百无聊赖”的老朽的过程。

婴 儿 期

婴儿的世界可以说是一片混沌,她还分不清自我和环境。她只是依靠应激反应来感知和回应环境因素,而且在听觉上的辨认能力要比视觉强。但是她最重要、最敏锐的官能还是触觉。每个母亲都有体会,婴儿似乎有一种魔力,可以通过母亲抱自己的方式来了解她当时的心情。更准确地说,婴儿能感受到身体周围压力和温度的细微变化,因为在她脑海中母亲还没有成为一个独立的环境因素。出生五周后,婴儿的眼睛开始能够凝视物体。她最开始能识别的形象就是人的面容,哪怕是抽象的面容,比如说纸上画的一个圈和两个点。不过,她还不能辨识棱角分明的几何形状,例如正方形和三角形。所以说,婴儿对见棱见角的东西都视为无物,唯有人脸不同①。到了三四个月大的时候,婴儿就能识别出自己

055

① R. A. Spitz and K. M. Wolf, The Smiling Response: A Contribution to the Ontogenesis of Social Relations, *Genetic Psychology Monographs*, 34 (1946), pp. 57-125.

母亲的面容,但是还不拥有完整的人体的概念。这时候,当婴儿观察某个人的时候,她的目光会停留在人体的各个部分上,例如嘴巴、双手等等。只有当她长到六个月大的时候她才能明确地对另一个人的存在有所反应。在她生命最初的一段时间里,空间就只是"一小口",那是她通过嘴巴的探索才得知的。呼吸活动本身能让婴儿产生某种程度上的空间体验。平时在婴儿床上平躺着,时而又被母亲头朝上地抱起来,抵着母亲的身体打个嗝,这些活动会引发她真实的空间维度感。至于颜色,几个月大的婴儿似乎就对它们有所反应了。

幼儿可能更喜欢暖色调,而不大喜欢冷色调。随着年龄增加,他们对暖色(特别是黄色)的喜好在逐渐降低,而且随着年龄继续增大还在持续降低[①]。

少 年 期

婴儿会对着人的面孔发笑,也会对着一张画着人脸的纸发笑,这说明她们还不能把动态和静态的画面区分开。但是从运动感知的层面讲,她们或许可以区分有生命的物体和没有生命的物体。婴儿都是有灵性的,她们对一切运动起来的物体都有反应,仿佛那些物体都有生命或者有内生动力。年龄仅有六岁的孩子就能把云彩、太阳和月亮想象成生命体,认为在自己走路的时候它们会跟着

① Ann Van Nice Gale,*Chidren's Prefrences for Color:Color Combinations and Color Arrangements* (Chicago:University of Chicago Press,1933),pp. 54-55.

他一起走[1]。儿童的世界局限在与他们个人紧密相关的一个小范围里，他们不会天生下来就喜欢遥望星空。遥远的物体、宏大的场景对他们来说不具有独特的吸引力。五六岁的孩子还建立不起高度的空间感。他们不会把空间当作可以从不同维度去探寻的东西。他们首先会注意到上下、左右、前后之间的不同，因为这些方向直接源于身体的结构。其他的空间概念，比如开放的—封闭的、紧密的—松散的、尖利的—圆钝的，都是后来才建立起来的[2]。“景观”对于孩子们来说不是一个意义明确的词汇。想要观察一个景观，首要的能力是把自己和非己明确地区分开，而六七岁的孩子基本上还不具备这项能力。接下来，想要从美学角度评价景观，观察者需要从并没有明确边界的自然图像中提取出一个个独立的景观组成部分，并且能认识到它们所构成的空间层次，例如横向和竖向元素的布局是不是形成鲜明的对立，封闭的空间元素有没有和谐地布局在开敞的平地之上，右边茂密的树叶和左边稀疏的柳枝能不能构成画面平衡，等等。尽管孩子还把握不住整体的景观，但是他们能够紧紧抓住其中独立的元素，例如一个树桩、一块巨石、溪流中一处翻涌着的水花。随着年龄增大，他们对空间关系的认

056

① Jean Piaget, *The Child's Conception of Physical Causality* (New York: Humanities Press, 1951), p. 60.

② Robert Beck, Spatial Meaning, and the Properties of the Environment, in David Lowenthal (ed.), *Environmental Perception and Behaviour* (University of Chicago Department of Geography Research Paper No. 109, 1967), pp. 20-26; Monique Laurendeau and Adrien Pinard, *The Development of the Concept of Space in the Child* (New York: International Universities Press, 1970); Yvonne Brackbill and George G. Thompson (eds.), *Behaviour in Infancy and Early Childhood* (New York: Free Press, 1967), pp. 163-220.

知能力也在不断增强，而对事物本身性质的关注却在逐渐淡漠。在对颜色的偏好上，他们对藕荷色、米黄色、浅紫色这样的混搭色不是很感兴趣，却对较纯粹的亮色情有独钟，以至于给几何体分类的时候也更倾向于以颜色为标准而非形状。所有闪烁的东西在他们眼里都是金色的。这样，孩子们的世界就动了起来，形成了一个由界限鲜明、动感十足的元素所组成、但结构尚且模糊的空间。

孩童和他们开放的世界

人到了成年，除非在一些偶然的场合，否则他们就不太容易捕捉到鲜活的感官体验了。比如说，对雨过天晴后景色的清新滋润，早餐前血糖尚低时一杯咖啡的浓香，大病初愈后满世界刺鼻的气味，他们早就已经麻木了。而对于七八岁到十二三岁的孩子们来说，基本上就是生活在一个鲜活的世界中的。与还在蹒跚学步的幼儿不同，少年们已经摆脱了对周边事物的依赖，他们已经可以自己归纳空间的概念，辨识其不同的维度。他们对精细的色彩变化很感兴趣，而且能够体会到线条和体量的和谐程度。他们已经拥有了接近于成年人的归纳能力。他们可以把景观看作一件“摆在那”的现实艺术作品，但他们也能意识到那种既内敛又绽放开的呈现方式，也就是表现力。孩子们没有世俗的烦恼，没有课业的负担，没有难除的恶习，有的是充裕的时间，所以他们对待世间万物的态度和方式是完全开放的。弗兰克·康洛伊(Frank Conroy)在他的自传体小说《静止时间》(*Stop-time*)里，描绘了这种开放性，也就是去体验那些最普通不过的地方。作者那时还是个13岁的小男孩，骑着一辆自行车，漫无目的地游荡着。

> 在第一家加油站那我停下来，买了一杯可乐，看了看车胎里气还足不足。我是挺喜欢加油站的。你想来的时候就可以来转转，也没有人会注意你。我找了一个有阴影的墙角，背靠着墙坐在地上，小口抿着可乐，这样能多喝一会儿。
>
> 是不是只有年少无知才能打开这个世界？反正如果是今天，在加油站什么都不会发生。我要赶紧离开，去我想去的地方；而那个加油站就像是一张大的剪纸，或者好莱坞电影的布景，不过就是一幅影像而已。但是在我 13 岁时，当我背靠着墙坐在那里时，它是个绝妙的地方。汽油散发出好闻的气味，车辆来来往往，阵阵清风吹过，背景里的嗡嗡声若隐若现——所有这些像音乐一样在空气中飘荡，让我满心惬意。不到十分钟我的情绪就饱满起来，像是刚加满的汽车油箱一样。[1]

老 年 期

人们能隐约地感觉到随着年龄增长感官逐渐退化。退化的程度及其生理上的原因是可以被测度的。孩童的味蕾广泛分布在硬腭和软腭上，在咽周和舌根上部也有；而这些味蕾随着人体的生长而逐渐消失，其结果就是味觉逐渐退化。如果让一个人将将能够尝出糖水有甜味，年轻人所需要的糖浓度仅仅是老年人的三分之一。人的视力也会退化。信息通过眼球里的层层感受器而被感知

① Frank Conroy, *Stop-time* (New York: Viking, 1967), p. 110.

运动的部分所放大,为此老年人要花上更大的力气。随着年龄增加,世界会变得略显灰暗,因为眼睛分辨可见光中蓝紫色端的能力在下降。晶状体会变得发黄,所以过滤掉了更多的紫外光和蓝紫光。很多老年人的听力会显著下降。正常的年轻人能够听见频率在 20000 赫兹的声音,而一部分人到中年时已经听不到频率在 10000 赫兹以上的声音了。由于声音变少,世界似乎变得寂静,于是缺少了生命的悸动。由于视力和听力都减退了,能感知的世界也萎缩了。运动能力的减退进一步地约束了老年人的世界,不仅仅表现在对感知地理信息的显著负面影响,也表现在肌体(触觉)与自然实体的接触机会(例如爬山、跑步、远足)越来越少了。年轻人都追寻着丰富多彩的未来,但对于老年人来说,只有渐长的生命历史才能给他们带来多彩和奇幻的素材。世界扼紧了老年人的咽喉,不仅是让他们的感觉变得迟钝,而且还让他们感到时日无多——时间轴收缩了,空间也收缩了,于是老人们的性情和处事方式经常看起来像小孩子一样。

058

当谈到生命轮回的各个阶段时,我们要知道,人类对世界的响应范围要远远超出社会学家平时的研究范畴。而且,即使在某一个年龄段的人群中,不同人对世界的响应能力也相去甚远。不同人有不同的成长速度和衰老速度。帕布罗·卡萨尔斯在 90 岁高龄依然能够演奏大提琴,还能出色地担任管弦乐队的指挥。就近代的艺术家和学者而言,托尔斯泰、怀特海、毕加索和罗素都在年事已高时还保持着旺盛的精力和创造力。戴高乐在年逾古稀之时依然是政坛上的一颗明星。

6. 文化·经验·环境态度

059　为了理解一个人的环境价值取向，我们可能需要分析他的遗传因素、成长历程、受教育程度、工作经历和物质生活环境。如果在群体层面上研究人的环境态度和价值取向，我们有必要了解这个群体的文化发展史，以及他们在物质环境中生活的经验。不过，想要明确地区分开文化要素与物质环境，恐怕还没有研究案例能够做到这一点。“文化”和“环境”的概念本身就有交叉，就像是“人类”和“自然界”一样。不过，我们一开始就把它们分开还是有帮助的。这样我们就能先集中讨论文化，然后再集中讨论环境（参见第 7 章），它们两者就可以提供互补的视角来观察环境感知和环境态度的作用。我们从文化说起，着眼于以下几个话题：一、文化与感知；二、性别与感知；三、本地人和外来人所持有的环境态度的差别；四、拥有截然不同文化背景和生活经验的探险家和殖民者对同一环境的不同评价；五、相似环境中派生出的不同世界图景；六、环境态度的演变。

文化与感知

060　文化会不会深深地影响到一个人，乃至于让他能“看”到虚无之物？我们都知道，个体或者由个体组成的人群，都会产生幻觉。

这类现象让我们很感兴趣，因为对不存在的事物的感知过程似乎与对实物的感知过程一致。如果一个虚幻的人形立在桌前，那么桌子相应的部位会被遮挡住；如果人形向后退，它看起来也会变小。幻觉一般是个体或者群体在承受压力时所产生出来的症状。满心期待圣迹降临的狂热信徒们可能会目睹圣母玛利亚的出现，还有很多人声称自己见到过飞行的碟状物。受此影响的人群一般是大社会群体中的一小部分人。这里有一个有趣的问题：幻象能否作为一种通常事件出现在某种文化里？哈罗威尔（A. I. Hallowell）认为，在温尼伯湖附近居住的奥吉布瓦族（Ojibwa）印第安人有自己独特的幻觉体验。它不仅仅是个人身上的特质，而是这一族群人的文化特质。奥吉布瓦族人说自己见到过一种叫作 Windigos 的食人怪物。关于它，一位老者曾经讲述过下面的版本：

> 在湖滨和湖心岛屿之间，有一片水域冬天不会结冰。它（食人怪）当时就朝着那片水域走去。我一直跟着它，甚至能听到它踩在薄冰上面发出的声响。然后它就掉进了冰里，我听到了一声骇人的嚎叫。我赶紧往回跑，也不知道它到底有没有上来。我猎了几只鸭子，然后回到了小船上。我当时感觉自己越来越虚弱，所以奔向附近的一座帐篷。但是帐篷里已经没有人了。我后来才知道，人们听到了食人怪的嚎叫，都害怕得逃跑了。[①]

如果说这族人对所看到和所听到的东西缺乏基本的判断，这

① A. Irving Hallowell, *Culture and Experience* (New York: Schocken Book, 1967, p. 258.

是不客观的。恰恰相反，他们对居住的环境有很细致的认识，人人都是从事林业的好手。而且，对于令他们恐惧的自然声响，他们一般也会做出符合自然的解读。鉴于这一点，哈罗威尔谈到："在这样的例子里，个体的感知完全被传统信条禁锢了，以至于客观上无害的刺激引发了最大的恐惧感。相比于外界刺激本身，文化里蕴含的思维定式更能解释他们的行为[①]。"

在感知和解读这两个阶段之间如果没有时间间隔，就像食人怪这个例子，我们大概可以说，经验是一种狭义上的感知。如果有时间间隔，那么就会形成概念，即感知者可以退居事外，把从诸多方面感知到的蛛丝马迹集合起来，形成理性的分析结果。其中必然有一种解读看起来更恰当，于是在很大程度上会被接受，因为它看起来是真实的。所谓真实并不是对所获得信息的客观认识，而是个人经验被主观所接受、所认可的那部分。要理解这二者之间的区别，我们或许可以用侯琵族(Hopi)印第安人对空间的理解作为例子。他们的理解不等同于西方人的"静态的、三维的结构"。侯琵族人也能看到这种结构，但他们认为白种人的视角只是一种可能性，而他们自己的才是真实的，而且构成了他们的整个经验。

下面一段对话出自人类学家多萝西·艾根(Dorothy Eggan)和她的侯琵族向导，这段对话更清晰地解释了上文中的例子。侯琵族人说："闭上眼睛，然后告诉我，你在侯琵族民居那里向大峡谷望去，都看到了些什么。"怀着巨大的兴趣，艾根描述道，大峡谷壁上有丰富亮丽的色彩，在谷缘上有一条小路时隐时现，穿过低处的

---

① Hallowell, *Culture and Experience*.

台地,等等。侯琵族人笑着说:“我也看到了那些颜色,我也知道你说的那些东西,但是你的说法不对。”对他来说,小路并没有“穿过”台地,也没有“隐”。小路就是台地的一部分,只不过被人的脚改变了面貌而已。他接着说道:“就算你看不见,小路也一直都在那,因为我能看到它的全貌。那整条小路我都走过。另外,你描绘过的大峡谷的部分,你亲自到过那些地方么?”艾根说:“没有,我当然不可能到那些地方。”侯琵族人答道:“你的一部分到过,或者说那些地方的一部分曾经来过。”然后他咧开嘴笑着说:“对于我来说,把你搬到大峡谷那去,比把大峡谷的任何一块搬到这来要容易多了①。”

性别与感知

如果在某个文化中,男女所扮演的性别角色有很大的差异,那么男性和女性对各个环境要素的重视程度不同,对它们的态度也就不同。例如南安普顿岛上的爱斯基摩人,男人和女人的心理地图就有很大的差别。如果有人让埃维里克族猎手画一张地图,后者会清晰准确地勾勒出全岛的轮廓,哈德孙湾沿岸的大小港湾都能标注得很清楚。但是女性并没有表现出关于岛屿轮廓的知识,她们的地图元素主要是点,示意着定居地点和交易地点的位置。男性所画出的轮廓地图在形状上的准确程度令人赞叹,而女性的

① Dorothy Eggan, Hopi Dreams in Cultural Perspective, in G. E. von Grunebaum and Roger Vaillois (eds.), *The Dream and Human Societies* (Berkeley and Los Angeles: University of California Press, 1966), p. 253.

点状地图在方向和相对距离的准确性上也丝毫不落下风[1]。

想要研究感知和环境价值观之间的不同点,有很多种方法。062 约瑟夫·索南菲尔德(Joseph Sonnenfeld)曾经用幻灯片对阿拉斯加的定居者做测试,分成本地人和外来人两个组别。幻灯片所展示的景观彼此是不同的,在地形、水域、植被和温度这四个地理要素之间有差别。测试的结果是,男性偏爱地形起伏大、水体指征多的景观,而女性更喜欢植被丰富、气候温和的环境。在当地白种人、外来人和爱斯基摩人这三类人群中,爱斯基摩人表现出的这种性别分歧最大[2]。在这个测试中有一个现象事先没有料想到,即与女性相比,男性表现出了对水体更大的偏爱。无论是在宗教的还是在精神分析的著作中,水,尤其是止水,一般都是女性行事原则的象征。

在西方社会中,同样是家中有小孩子,主妇的心理地图一般和她丈夫的不会一样。在每个工作日里,除了下班后的短暂时间之外,夫妇二人白天的行动基本上没有交汇点。同样是购物,男性和女性愿意去不同的店铺。夫妇俩即使手挽着手,所看到、听到的东西也不相同。他们偶尔会从自己感受到的世界中抽身出来,优雅地跟伴侣打个招呼,比如说丈夫请妻子赞誉一下橱窗里的高尔夫球杆的时候。让我们回想一下平时逛过的街道,回想一下沿街的

---

① C. S. Carpenter, F. Varley, and R. Flaherty, *Eskimo* (University of Toronto Press, 1959).

② Joseph Sonnenfeld, Environmental Perception and Adaption Level in the Arctic, in David Lowenthal (ed.), *Environmental Perception and Behaviuor*, University of Chicago Department of Geography Research Paper No. 109 (1967), 42-53.

店铺——有些店铺的形象会一下子凸显出来，而其他的则湮没在一片朦胧中。性别差异可以解释很多思维模式上的差别。在西方社会的中下阶层和偏下层人士中，这种现象更加明显。另一方面，在居住于国际性大都市里的上层人士中，性别角色的差异就不那么突出，在一部分特殊的人群之中（例如反主流文化的“街头派”（street people）和科研机构里的科学工作者），性别角色可能更为模糊。这类人认知上的差异与其性别差异的关系最小。

两性之间对环境感知和环境价值的判断有所差别，如果这种差别一直延续，那么可能会导致难以调和的矛盾。不过，就美国社会的中产阶层来说，此类冲突并不是很严重，夫妇俩可以基于不同目的而采取同样的行动。为了说明这一点，赫伯特·甘斯（Herbert J. Gans）在研究新泽西州的莱维顿人[①]的时候，向在新兴的城郊地带买房的人们提出问题，问他们“如果不是为了孩子，会不会选择在市内定居”。87%的回答是否定的。犹太人最乐于住在城里，新教徒这方面的意愿最低，大学以上学历的人士比高中文化程度的人略微倾向于住在城郊。但是结果在性别上没有体现出差别。但另 063 一方面，同样是住在城郊，莱维顿人抱有各式各样的生活价值观，性别差异在这方面是最有解释力的因素。男士们向往的是在奔忙一天后享受郊外的平和、宁静，想要“在宅子和庭院附近散散漫漫、

① Levittowners. 在“二战”之后，美国城市居民逐渐向城郊扩散。建筑商 William Levitt 主张在城郊用最少的材料建造最合适的房屋。他成立了 Levitt & Sons 建筑公司，并且在纽约州、宾夕法尼亚州等地大规模推广他的理念。他建造房屋的方式近乎流水线生产，建成的房屋外观统一、经济实惠，广受欢迎。这些建成区被称为 Levittown。新泽西州的 Levittown 是这类建成区的代表。——译者注

消磨时间”。女士们最看重的是结交新朋友以及“拥有好邻居”①。

本地人与外来人

本地人与外来人会关注环境中的不同方面。在一个稳定、传统的社会里,外来人和暂住者占总人口的比例很小,所以他们对环境的认识不会有很大的社会效应。但在我们这种变动很大的社会里,即使是往来无常的人所留下的环境印象也是不可忽视的。一般来说,我们可能会认为,外来人(尤其是游客们)都有明确的立场,他们的感知过程经常都是用自己的眼睛来构组一幅图景。相反地,本地人所持有的是一种复杂的态度,其根源是他们浸淫在自己所处的环境整体中。外来人的立场很简单、也容易表述。面对新奇的事物的兴奋感也促使他们表达自己的感受。相比较而言,本地人所持有的复杂的态度,只能通过行为、习俗、传统和神话传说等方式艰难、间接地表达出来。

在美国的殖民时代早期,对于定居者们来说,荒野一般代表了一种威胁,是一片需要人们进行开拓、需要从印第安人和恶魔手中夺回的地方。所有人,无论有什么样的社会背景和教育背景,在这件事上的态度都大同小异。但到了18世纪中叶,欧洲人骨子里固有的浪漫主义找到了继承者,即人数日渐增多的美国有闲阶层。农民们在努力地开垦荒地,而有文化的市民们却倾心于野趣,这两

---

① Herbert J. Gans, *The Levittowners* (New York: Random House, Vintage Books edition, 1969), p. 38.

种环境价值观的对立开始萌生并且愈演愈烈。人们对野外的美景赋予诸多溢美之词,受赞誉的还包括那些在野外生存的孤胆英雄们,例如护林人和狩猎者,但绝不包括那些靠刀耕火种维持生计的农民们。弗朗西斯·帕克曼(Francis Parkman)当时还是个年轻小伙,他高高在上似的表达出了对农民的轻蔑。1842年的夏天,他在纽约州和新英格兰的北部旅行。他花了好几天领略了乔治湖边美丽的风景,而后在旅行记录中写道:"作为一个绅士,再没有什么地方在比这里摆一张椅子观景更为惬意的了。但是现在,大多数地方都被一帮乡巴佬们占据着,土里土气、扣扣索索、木木呆呆的畜生一样的东西才是他们所喜欢的。[①]"

064

威廉·詹姆斯(William James)是一位思想开放的哲学家。但即便是他,也发现自己曾经以贬低那些说话办事粗枝大叶的农民为乐,但后者其实是开拓北卡罗来纳州的先驱。经过反思,他发现自己作为一名匆匆的过客,观点是肤浅、愚蠢的,相比于居住在山区里的那些人的态度,根本就无足轻重。他解释道:

> "因为对我来说,林子里那一片片空地除了象征着滥砍乱伐以外,什么都不是。所以,我也原以为对这些居民来讲,这片地方也仅意味着一双健壮臂膀和一把好使的斧子在挥舞过后留下的残局而已,再没有别的意思了。但是当他们打量着那些惨不忍睹树桩时,心中却升起了一股成就感。那一堆堆

---

① Mason Wade (ed.), *The Journal of Francis Parkman* (New York:1947). 转引自 Henry Nash Smith, *Virgin Land* (New York:Random House, Vintage Books edition, first published in 1950), p. 54.

木屑、一捆捆木材、一台台粗笨的切割机械,都代表着辛勤的汗水、不懈的劳作和最终的收获。一间小木屋就是自己和妻儿平安的保障。总之,那些林间空地,对我来说不过是有碍观瞻的丑陋画面,而对他们来说则是美德的象征,唤起了他们美好的回忆,歌颂着他们的责任、奋斗和成就。"①

外来者本质上是从审美的角度去评价环境的,是一种置身于世外的视角。世外人看重的是外在,其评价依据是一般意义上的审美标准。但是想要理解当地人的生活和价值观,我们需要花很大的力气。如上文所说,在纽约州和北卡罗来纳州的北部,粗放的农场抵制着东部的文化观念,例如弗朗西斯·帕克曼和威廉·詹姆斯。在20世纪的下半叶,他们的文化继承者们尖锐地批判了美国西部不文雅的、杂乱无章的城市景观——一眼望不到头的竟然都是加油站、小旅馆、冰激凌店和站立式快餐厅。可是"站立式饭馆"的经营者们却为自己生意上的成功和在社区里的地位而自豪,就像森林里的伐木工把自己脏兮兮、长满老茧的手看作独立生存、艰苦奋斗然后获得成功的保证一样。

赫伯特·甘斯曾经研究过城市更新改造之前的波士顿西区,一个工人阶层的聚居区。他在著作中详尽地记述了定居者和暂居

① Willam James, On a Certain Blindness in Human Beings, in *Talks to Teachers on Psychology: and to Students on Some of Life's Ideals* (New York: The Norton Library, 1958), pp. 150-152 (originally published in 1899). 参见 David Lowenthal, Not Every Prospect Pleases, *Landscape*, 12, No. 2 (Winter 1962-1963), pp. 19-23。至于那些贬损农夫的诗歌,参见 R. H. Walker, The Poets Interpret the Frontier, *Mississippi Valley Historical Review*, 48, No. 4 (1961), pp. 622-623。

者、区内人和区外人在观念上的不同[1]。当这位社会学家第一次 065把目光投向波士顿西区的时候,他发现那里在视觉美感上存在着强烈的冲突。一方面,当地的欧洲风情富有感染力。高耸的建筑伫立在蜿蜒的街道两侧,到处是意大利风格和犹太风格的商铺、餐厅,天气好的时候,各色人群出现在人行步道上,一切都充满了异域风情。而另一方面,甘斯也注意到了那些空荡荡的商店、废弃的民房、垃圾遍地的小巷。在西区生活了几个星期之后,他的感知发生了改变。他变得选择性地无视一些东西,全然不管那些空旷凋敝的场所,只关注那些利用率高的地方,关注那些外观看起来尚可、而内部其实更为宜居的地方。甘斯还发现,外来人的看法,无论多么随和、多么包容,也和当地人有所区别。比如说,一个从事新员工培训服务的社会机构发出了一些小广告,把西区描述成一个温暖的、多文化融合的居住区,尽管住房条件不尽如人意,但可以"为居民提供富有吸引力的、安全的居住环境";吸引人们定居的还有很多优良的条件,例如可以长期稳定居住、毗邻河流、社区紧邻公园和游泳池、丰富的异国文化等。实际上,土生土长的居民对异国文化没什么兴趣;他们也会享受河流和游泳池,但不会把它们当作社区的一部分,也不会觉得自己的社区富有吸引力[2]。

外来人表现出的喜爱之情,和他们表达出的厌恶之情类似,或许都是很肤浅的。所以一个游览欧洲城市的游客,当他走进中世纪就存在的古街区时,会赞叹那些昏暗的、丫丫叉叉的街道,赞美

---

① Herbert J. Gans, *The Urban Vilagers: Group and Class in the Life of Italian-Americans* (New York: Free Press, 1962).

② Gans, *The Urban Vilagers*, pp. 149-150.

每一个犄角旮旯，把密集的房屋和古朴的店铺描绘得如诗如画，而全然不会静下来想一想身在其中的人到底是过着怎样的生活。游客一走进中国城，就沉浸在视觉和嗅觉的刺激中，然后乐陶陶地离开，根本不理解艳俗的外观掩盖了那里拥挤的环境、冷漠的人群、残酷的赌场和百无聊赖的生活。

游客们的判断当然是有参考价值的。他们的主要意义在于提供一种新鲜的视角。人类的适应能力是非常强的。在人们学着如何在世间生活的过程中，无论是美感还是丑感，都融入在人的潜意识里。有一些环境对于本地人来说已经观察不到了，但是经常能被外来人识别并且评价出美或丑。我们看一个过去的例子。在英格兰北部，烟尘严重污染了工业城市的环境。这种情况外来人都看在眼里，但是当地居民更愿意眼不见心不烦，所以干脆选择性地无视了这些他们控制不了的因素。于是居住在英格兰北部的人们养成了适应工业污染的生活习惯，那就是躲进屋子里，关上百叶窗，听听音乐会、喝喝下午茶。

拓荒带的探索者和定居者

拓荒带指的是已经有大量人类活动的地区与未开发地区之间的过渡带。在拓荒带，探索者和定居者都会经历一些奇异的事件和场景，并且把它们一次次地记录在信函、日记、报告或者书籍中。出于新鲜感，人们彼此的接触会放大民族文化的特点，已经适应某种价值观的移民不得不用新眼光来看待新环境。用新墨西哥州来举个例子。迁入新墨西哥州的人都是欧洲人的后裔，但却来自于两个方向——东边和南边[①]。从南面来的是西班牙征服者、传教士和殖民者。稍晚一些从东面来的，是美国探险家、军人和定居者，他们的人种源自于英国。地理教科书上或许会说新墨西哥是一个半干旱的地区，大片的沙地里混杂着凉爽、湿润、有树木覆被的山地。但来自于西班牙的定居者，还有英裔美洲人，他们的认识和教科书写的不一样。

西班牙征服者们不太在意新墨西哥的气候和土壤状况。他们并没有继续向北探索，去寻找肥沃的土地和宁静的田园生活。西班牙人追求的是灵魂的救赎、个人的成功以及国王的利益。这些追求实现的途径主要来自于采矿业。他们漠视气候和土地还有另一个原因，即这些条件同新西班牙[②]领地的条件相比，并没有多大区别。在向北进军的过程中，征服者们所感受到的最明显的气候变化，不过是气温的下降。科罗纳多(Coronado)在他1540年给门多萨[③]的信里写道："他们(西伯拉人[④])不种棉花，因为天气实在是太冷""据当地村民讲，雪极大、天气酷寒""估计是天冷的缘故，鸟儿都很少能见到"。科罗纳多写这份报告是在八月份，因而这些说法基本上源于道听途说、主观臆想和不祥预感。大约60年之

---

① 此部分文字依据 Yi-Fu Tuan and Cyril E. Everard, New Mexico's Climate: The Appreciation of a Resource, *Natual Resources Journal*, 4, No. 2 (1964), pp. 268-308。

② New Spain，西班牙人征服阿兹特克帝国之后建立起来的帝国督管区，始于1522年，终于1821年墨西哥独立战争。其领域包括今美国西南部的各州、墨西哥、中美洲以及亚洲的菲律宾，是西班牙帝国最主要的组成部分。——译者注

③ Mendoza，今阿根廷城市，曾是西班牙殖民者在南美洲的重要据点。

④ Cibola，西班牙殖民者为新墨西哥当地一支村居印第安人所起的名字，该人群位于本书中提到的祖尼族原住民定居点附近。——译者注

后，轮到邓·胡安·奥尼亚特[①]向新西班牙的总督写报告了。他的报告写于1599年3月，里面对农村、矿产、盐产、野味和印第安奴仆等情况都表达了相对乐观的看法，但是对气候所言甚少，只有寥寥数笔："……到了八月末，我开始让部队里的人准备过冬事宜，冬天将非常严酷，当地的印第安人开始提醒我们，而且大地的变化也在向我们发出警告。"

067 在1760年，塔马龙大主教（Bishop Tamarón）造访了新墨西哥。他写的小册子《新墨西哥王国》里面屡次提到了洪水泛滥以及河道里丰沛的水量，这让现代读者颇感讶异。他反而丝毫没提及半干旱地区里该有的情况。他在新墨西哥旅行的时间段是下半年，只是偶尔提到了高温。但奇怪的是，他却谈到了寒冷的天气，比如5月11日，在罗布雷多附近，它曾写道"黎明时风寒料峭"，此外还有陶斯河每年都会结冰的情况。对寒冬最强烈的抱怨体现在安东尼奥·巴雷罗（Antonio Barreiro）所写的文章里。他是圣达菲政府的法务顾问，也算是一位来自于南方的访客。他写了一本关于本区地理的小册子，在其中"气候"一节里他只谈到了冬季，因为"你如果经历过新墨西哥的冬天，肯定一辈子都难以忘怀"。巴雷罗能把细节描写得栩栩如生，比如他记述过："在牛舍里，牛奶经常是刚挤出来就冻结住了。人们可以把奶盛在一个南瓜里，回到家里再化开，就能随意享用。"

无论西班牙人还是墨西哥人，当他们北迁到新墨西哥之后，都

① Don Juan de Oñate y Salazar（1550—1626），西班牙征服者、探险家，曾任新西班牙圣达菲区的行政长官。——译者注

没有觉得乡野里是一片不毛之地。反之,他们的文字里经常出现关于河流的记载。巴雷罗毫不吝惜溢美之词:“乡野里的大部分地区都是一望无际的平原和惹人喜爱的谷地,上面覆盖着丰美的草地。”与拉丁裔移民不同,盎格鲁美洲的探险家和勘察员们来自于气候湿润的东部。到了大西南之后,当地的景观给他们留下了非常深刻的印象,其中有些并不是好印象。举例来说,辛普森(J. H. Simpson)中尉在1849年曾经穿越新墨西哥州西南部的纳瓦霍人村落。他在日记里写下了自己的观感:“一眼望去,我相信任何人都不会真心喜欢上这片土地,当然我自己一开始也对它毫无好感,因为乡村里到处都是光秃秃的荒地。你只有‘用心去看’它,才能体会到它赤裸裸的、不加修饰的美。”此外他还写道,当地景观有一种“病态的色彩”,“直到你日日看、夜夜看,已经习以为常”,否则会“一见它就厌烦。”在1851年5月,美国和墨西哥边境事务委员会的美方长官巴特利特(J. H. Bartlett)曾经穿越过新墨西哥州的大平原。在他看来,那里“一片荒芜,了无生趣”,“你看到的永远都是一成不变的平地、山地、植物、动物,让人觉得头晕恶心”。他不禁生疑:“难道这就是我们花了大价钱买来的地方?还要再花这么多钱调查它、保育它?”后来,艾莫瑞(W. H. Emory)在提交给该委员会的一份报告中称,西经100度以西的大平原“根本承载不了农业人口,除非你一直往南走到雨水丰沛的热带地区,或者一直往西迁徙到太平洋岸边。”

新墨西哥的印第安人和英裔美洲人

068 受过良好教育的人，在对大地进行探索的过程中，或者想要定居在某个陌生的地方时，一般会留下文字记录。通过这些文字，我们就能知道见闻经历给他们留下的印象。这些印象清晰明了，但也往往也带有专门性和肤浅性。专门性是因为探险家或者勘察员们的工作内容比较有限，肤浅性是因为定居者们往往以自己过去所在的环境为背景，带着偏见去审视新环境。一旦人们彻底安顿下来，开始适应了新环境，我们就很难得知他们的环境态度了，因为他们在某种程度上变成了“本地人”，不再有迫切的需求去做比较或者对新的家园做什么评论。他们没有多少机会能够公开表达自己的环境价值观，这些价值观隐含在了经济活动、日常起居和种种生活方式里。在上文里我已经描述过探索者对新墨西哥的最初印象，现在要转而探究定居者们的环境态度。

在新墨西哥的西北部，居住着五个不同的族群，包括纳瓦霍人、祖尼人、西班牙裔墨西哥人、摩门人和得克萨斯人。人类学家埃文·佛格特(Evon Vogt)、埃塞尔·阿伯特(Ethel Albert)以及他们的同事们已经对这些族群进行过研究[①]。研究成果表明，在这五个族群之间，环境态度差异最为显著的是在印第安人和英裔美洲人之间。印第安人已经在那里生存繁衍了千百年，掌握着土

---

① Evon Vegt and Ethel M. Albert (eds.), *People of Rimrock: A Study of Values in Five Culture* (Cambridge, Mass: Harvard University Press, 1966).

地与资源方面的详尽知识。他们不会把大自然当成被征服者、当成纯粹的经济来源,也不会时不时地用大自然来测试自己的男子汉气概。他们采集、渔猎,但这些活动不仅关系着他们的经济生活,还对他们的仪式性生活有着非常重要的意义。比如说,纳瓦霍人会在治疗仪式上使用某些植物,祖尼人跳民族舞蹈的时候会用松枝来做装饰。而对于摩门教徒和得克萨斯人来说,人类是凌驾于自然界之上的。上帝赋予人类支配地上万物的权力,他还指派人类来把沙漠变成花园。这些教义已经填满了摩门教信徒的头脑。对于得克萨斯的农民来说,上帝似乎遥远些,但他的意旨依然是让人类来统治大自然。摩门人和得克萨斯人都喜欢狩猎。这是一项男人的运动:射杀一只野鹿,然后把它拖回家放到火炉边——这项运动能够让你摆脱女人、磨砺男子汉气概。

英裔美洲人内部也存在着差异。得克萨斯人觉得摩门教徒是一群古怪的人,而且这些人在住所上表现出来的亲密无间也总有些不对劲。而在摩门人看来,得克萨斯人也很奇怪:他们的房子彼此离得好远,显示出人们缺乏紧密的沟通;他们的旱作农业看起来不够经济;他们居然不灌溉自己的农田;他们的言谈举止看起来不够文明;他们既能把牛皮吹上天,又显得很迷信。我们可以把得克萨斯人看作是土里刨食的农夫,他们要常年面对极不稳定的降雨。在这种情况下,任何一年都不能保证有富足的收成。干旱是他们难以匹敌的力量,正因为如此,他们才更需要坚信自己能主宰命运。于是他们就形成了鲜明的人格特点:凡事愿意赌一把,凡事都要吹嘘,哪怕吹嘘的内容只剩下自己的庄稼又赔了多少钱。他们也愿意相信一些怪力乱神能够弥补自然界的不足,比如说找人来用测水杖寻找水源，或者用各种奇异的方式去求雨[①]。

纳瓦霍人和祖尼人的世界观有很多共通之处。他们都认为无论人类、动物、地方还是神秘事物，都具有神圣的力量，仅仅是多或少的区别。如果这些力量能够共同发挥作用，世间万物就将和谐。纳瓦霍人和祖尼人的大多数仪式性活动都抱着维持万物和谐的目的，想让这种和谐状态不被打破。在这两种人的文化传统里和谐是价值观的核心，并由此产生出对待人类和大自然的复杂态度。不过，纳瓦霍人和祖尼人在社会组织形式和经济发展状况方面有所不同，这些差别在一些宗教态度和环境态度上有所体现。就像上文谈到过的，祖尼人的思想里很强调"中央"的概念，即所谓"中土之地"，反映在他们紧凑的聚居形式和完整自洽的文化上。纳瓦霍人住在泥顶的木屋里，彼此住得比较分散。他们的社会结构相对松散，世界观同样也缺乏体系。他们没有"中土之地"的概念，在某种意义上，每一间木屋都可以算作某种意义上的中心，里面都可以举行仪式。对于他们来说，"空间"这个词的意义比较模糊，但是对于自己的神圣空间，他们很明确地知道界限在哪里，就是被四座神山围起来的区域。纳瓦霍人和祖尼人都视太阳为至高无上，他们对颜色的符号意义也有相似的认识，都把"4"看作神圣的数字。但是与祖尼人不同的是，纳瓦霍人没有自己的历法来安排仪式性活动、保证持续的祈福。这两个民族对"美"和"丑"的解读也不相同。祖尼人认为"美"的画面是辛勤劳作之后喜获丰收的情景，而

① Evon Vogt, *Modern Homesteaders* (Cambridge, Mass: Harvard University Press, 1955).

纳瓦霍人认为“美”是一片郁郁葱葱、能够供养生命的景观。祖尼人认为“丑”就是生活里的种种艰辛，以及人本性中的险恶；而纳瓦霍人心目中的“丑”是自然规律的紊乱，因为那会搅动他们对困苦生活的回忆，包括土地干裂、疫病肆虐和异族人的入侵。祖尼人更 070 加看重人际关系和社会生活，相比而言，纳瓦霍人更容易在头脑里出现景观符号的象征意义[①]。

环境态度的转变：山岳

建筑风格的转变能够反映出技术与经济的变化，以及人们对物质环境的渴求。农用地的利用变化也能反映出技术的革新、市场的动向以及人们对食物的偏好。不过，自然界里有些因素不会轻易顺从于人类的约束，比如高山、沙漠和海洋。无论人类是否喜欢它们，它们曾经是，也都是人类生存环境中一直存在的要素。面对这些难以驯服的自然要素，人类一般会采取情感化的应对方式。它们一度被视为神圣之地和神明的居所，但有时反而被视为万千恶意汇集之处和魔鬼的栖息地。到了现代，这种心理反应中的情感因素开始减退，但我们对大自然的态度里依然存在着明显的美学元素，无法随意抹掉。上文谈到，新墨西哥州的景观一度被认为“恶心”“令人头晕”“一成不变”。而如今，该州号称自己是“有魔力的大地”，而且宣称自己拥有规模相当可观的旅游产业。

如果想了解人们对大自然的态度是如何随着时间推移而改变

① Vegt and Albert, *People of Rimrock*, pp. 282-283.

的，我们用山岳来举例子。在人类历史的早期，人们对山岳抱有敬畏之情。相比于养育人类的平原，它高高在上、遥不可及、危险重重，和人们的日常生活毫无瓜葛。世界各地不同文化的人们都会把山岳看作天与地相融合的地方。它是中央之点，是世界的中轴，蕴藏着神圣的力量，人们的魂魄可以沿着它穿越几重天。所以美索不达米亚人笃信"大地之岳"，它联结着大地和天空。苏美尔人兴建的带有阶梯的金字塔式建筑，也就是通灵塔，远看就有山的意味，苏美尔人把它解读为具体而微的山。在印度神话里，须弥山位于世界的中心，矗立在北极星之下。婆罗浮屠佛塔就是这种理念的建筑象征。在中国和朝鲜半岛，须弥山与昆仑山一样，都出现在了圆形的世界图景里。伊朗人心目中的哈拉贝拉赛义提山(Haraberazaiti)位于世界的中央，与天空紧紧相连。乌拉尔—阿尔泰人笃信中央之岳，日耳曼人也有他们的天卫之宫[①]，山上的彩虹直071 达天穹。除此以外，我们还能想到希腊的奥林匹斯山、以色列的他泊山以及日本的富士山。这样的例子数不胜数[②]。

在人类文明早期，对山岳的审美情趣在不同的文化之间存在差异。希伯来人在心理上与高山非常亲近。他们能感受到山岳因永恒而生发的宁静，并向山举目，将之视为至圣者的标志。"你的公义，好像高山。"(《诗篇》，第36章6节)它们是上帝专为心存感恩者所树立(《申命记》，第33章15节)。面对难以把握的自然界，

---

① Himingbjorg，亦称"希敏约格"，是北欧神话里光之神海姆达尔(Heimdallr)的居所。——译者注

② Mircea Eliade, *Patterns in Comparative Religion* (Cleveland: World Publishing Meridian, 1963), pp. 99-102.

古希腊人曾同时体验着敬畏与厌恶之情。山脉既野性又令人恐惧，但在现代人的眼里，埃斯库罗斯“巨石直干云霄”“高峰与星为伴”的描绘也展现出了一幅雄伟壮丽之景。罗马人倒是对山岳不抱有好感，因此将它们描绘得冷漠超然、充满敌意、荒无人烟①。在中国最早的神话传说里，每座山都有神灵。泰山作为五岳之首，是主神之所在。汉武帝曾经封禅泰山，在那里祭祀天地。道教让神秘的气韵萦绕在山岳周边。无论道教还是佛教，都将寺庙修建在山中的僻静之处。在古希腊与古代中国，人们通过典礼、仪式与山岳亲近②。另一方面，和古希腊人一样，古代中国人也将山岳视为恐惧和避之不及的存在。它们被幽暗的森林覆盖着，“雷填填兮雨冥冥，猿啾啾兮狖夜鸣”“杳冥冥兮羌昼晦”（《九歌》，屈原）。诗人描绘了山间风雨交加、猿狖齐鸣的景象，衬托出心中的孤寂和忧伤。

中国人对山岳的理解随着时间的推移而变化。如果具体分析，这种变化不能说跟西方是同步的；但如果粗略来看，东西方有着相似的发展轨迹：都是从以恐惧、逃避为核心的宗教意味，演化为一种从崇敬到赏玩的审美情趣，再演化为近现代的观念即认为山是一种供人们休闲娱乐的资源。中国人对山岳的审美可以追溯到公元4世纪，当时有很多人迁徙到长江中下游以南地区乃至南

---

① W. W. Hyde, The Ancient Appreciation of Mountain Scenery, *Classical Journal*, 11 (1915), pp. 70-85.

② Edouard Chavannes, *Le T'ai chan: essai de monogiaphie d'un culte Chinois* (Paris: Ernest Leroux, 1910).

岭地区,对山的接触增多[1]。不过,从绘画作品上分析,一直到唐代,人物像依然是画面的主体。山的形象仅仅是作为衬托,至多不过是与人物占据同等的地位。而到了唐代晚期,自然景观就走到了画面的前景;到了宋代,"山水画"就出现了,而且取得了极大的艺术成就。

072

在西方,人们也对不羁的大自然进行过美学鉴赏,只是在时间上要比东方人晚得多。在中世纪,作家们曾经试图用基于圣经符号的抽象化和道德化来代替个人的经验。但是《贝奥武夫》[2]成书于公元8世纪早期,其中一些段落描写了人们对大自然的直接体验,记述了人们在面对"狼群出没的山谷"和"大风吹袭的海岬"时所生发出的恐惧感[3]。1335年,意大利诗人彼得拉克(Petrarch)登上了文图克斯山。作为一位超越自己所处时代的大自然爱好者,彼得拉克有时候会在半夜从床上爬起来,走进山中在月下漫步。这样的热忱,即便是19世纪初的那些浪漫主义者也要自叹弗如。何况,它的诗篇和信件里还流露出对大自然的感怀伤逝,即通过对无生命体的描写,反映诗人彼时的心境,这种手法在近代文学出现之前是极为罕见的。

---

① J. D. Frodsham, The Origins of Chinese Nature Poetry, *Asia Major*, 8 (1960-1961), pp. 68-103.

② *Beowulf*,英国叙事长诗,讲述了斯堪的纳维亚的英雄贝奥武夫的事迹,以古英语写成,是英国盎格鲁-撒克逊时期最古老、最长的一部较完整的文学作品。——译者注

③ E. T. Mc Laughlin, The Medieval Feeling for Nature, in *Studies in Medieval Life and Literature* (New York: Putnam's, 1894), pp. 1-33; Clarence J. Glacken, *Traces on the Rhodian Shore* (Berkeley: University of California Press, 1967), pp. 309-330.

一直到18世纪中期之前，山岳在人们心目中的形象还都是面目丑陋的。我们很容易在文学作品中找到这样的印记。马乔里·尼克尔森[①]曾经谈到过乔舒亚·普尔(Joshua Poole)在1657年写成的《英国诗坛》(*English Parnassus*)，他赞赏说诗人在作品里先后用了五六十个不同的形容词对山岳进行描写。有些词比较中性，比如说嶙峋、陡峭；有些词暗示出一闪而过的、对大山的敬畏，比如说庄严雄伟、手可摘星；还有很多表达的是负面的意义，比如说“粗野、乖戾、野心勃勃、贫瘠、刺破青天、目空一切、荒凉、粗俗、不宜居住、苦寒、难耕难收、人迹罕至、被人遗弃、忧郁阴沉、无路难行”，等等，甚至于还被描述成大自然的“痈疽疔疖”[②]。

一百多年之后，浪漫主义诗人们开始赞颂山岳的雄伟壮丽，赞颂它的至高无上，激发出诗人头脑中的灵感。从此山岳不再是遥不可及、兆示厄运，而是拥有了壮丽的美感，是大地上最近乎永恒的存在。抱有同样激情的不只有诗人们。表达情感并不一定要有亲身经历。比如说，康德[③]就从来没有见过高山，却用了一个与阿尔卑斯山的景色相关的词语来定义“高大雄伟”的概念。是什么引发了这样大的转变？尼克尔森帮我们回溯了17世纪和18世纪里发生的一些学术性的变化，认为是它们扭转了人们对山岳的看法。

最主要的变化之一是人们很不情愿地放弃了一个理念，那就

---

① Marjorie Nicolson(1894—1981)，美国文学家。——译者注

② Marjorie Hope Nicolson, *Mountain Gloom and Mountain Glory* (New York: Norton, 1962).

③ Immanuel Kant(1724—1804)，德国哲学家、思想家。——译者注

是圆形象征着完美。这个信念曾经根深蒂固,渗透在了从天文学、神学到人文学的各个领域里。假使完美存在于某处,那么它一定是在天堂,人们确实看见了行星是沿着圆形轨道运行的。相反,大地却并不是一个完美的球形。有一种观点在18世纪很有影响力,即因为堕落的缘故,大地只能呈现出不规则的形状,山脉隆起、海洋凹陷。大地的外壳最初是光滑的,未被原罪玷污的,后来发生了塌陷,降到水的深处;我们现在所看到的高山深谷都是这次灾难过后的遗迹。有些很著名的学者(包括牛顿)还一度很重视这种说法,但是随着科学证据与之相左,赞同之声也就逐渐没落了。更何况,一种新的审美推翻了以前只简单地从几何形状评判美丑的标准。在整个18世纪,越来越多的文学家、思想家认为不规则和无实用之中潜藏着美感,这种美感既美好又可怕。随着中国风的兴起,欧洲人对中式景观设计的好奇和接纳,进一步削弱了留存下来的对规则形状的审美偏好。因此,这样一些智识的潮流就为山岳的鉴赏打开了一扇窗户。

人们对待山岳的态度也会因其他的原因而变化。随着时间向18世纪末推移,旅行变得越来越容易,于是山的神秘面纱就逐渐被揭开了。熟悉感越来越强,激情就变得越来越弱。当然,在1750年以前,就有很多无畏的勇士征服一座座山峰。甚至在16世纪,还有人仅仅为了愉悦身心而穿越阿尔卑斯山。在其后的一百多年里,越来越多的人出于娱乐或者科学目的登临高山,所以在18世纪初,有很多穿越阿尔卑斯山的游记(有些还很富有科学性)得以发表。这其中一个著名人物是约翰·雅克布·朔伊切尔(Johann Jakob Scheuchzer),他出生在苏黎世,曾经在1702年到

1711年间9次穿越这座山脉。他是一位植物学家兼地质学家。有趣的是,他会做高度与气压关系的实验,会研究冰川的移动规律,也会像模像样地编一部瑞士境内龙的总目录,按照其所在的不同州分门别类[①]。

在扭转人们对山地的看法上,朔伊切尔还起到了另一个作用。他创造了一个理论,解释为什么高山上密度较小的空气更有利于健康。在展示自己理论的过程里,他在历史上首次预言了酒店行业会有前途。后来人们认为山中有力量能修复生命体,这给山岳额外加上了一道光环。基于这种认识,很多疗养院、宾馆和各样旅游设施在阿尔卑斯山修建起来;这项产业如此繁荣,以至于富人们都把瑞士看作休憩乐园、游览胜地。到了19世纪中期,山岳的形象发生了颠覆性的转变,再也不是让勇武过人之辈感到颤栗的所在,而是能让身体状态不佳的人得到滋养的温柔乡。与此同时,美国人也认识到了美国西部山区的巨大吸引力。19世纪70年代,社会掀起了一股热潮,人们开始关注落基山清新的空气、干燥的土壤和富含矿物质的泉水。科罗拉多州由此被誉为“美国的瑞士”,更有甚者,有些人还把瑞士称为“欧洲的科罗拉多”[②]。

074

① G. Rylands de Beer, *Early Travellers in the Alps* (London: Sidgwick & Jackson, Ltd., 1930), pp. 89-90.

② Earl Pomeroy, *In Search of the Golden West: The Tourist in Western America* (New York: Knopf, 1957).

7. 环境·感知·世界观

075 在上一章里，我简要地说明了文化是如何影响人们的环境感知和环境价值的。假设客观环境是一成不变的，我们可以看到，拥有不同生活经验、不同社会经济背景和不同目的的人，对环境的评价也有差别；我们还能看到，随着社会和文化的演进，人们对环境的态度如何发生了变化甚至逆转。在本章里，我要着重论述客观环境的变化会怎样影响感知、态度和世界观。我将采用由简入繁的顺序，从环境对视觉线索解读所造成的影响，讲到人们如何基于环境的主要物理特征来构建自己的世界。

环境与感知

不同人的生活环境有很大差异，而且分类方法也千差万别。有一种简单的二分法可以把它们分成“匠气的”和“自然的”。匠气的世界里充斥着直线、棱角和方方正正的物件。城市就是方形环076 境的杰出体现。与之相反，大自然和乡村就缺乏棱角。在原始文化塑造的景观中，人们的住所就有可能是圆形的，如蜂巢一般。农耕文化的景观则不缺少方正的外观。一块块田地基本都是方形的，尽管站在平地上看可能有点变形。一间间农舍都是匠气的，里面肯定放着不少四四方方的物件,比如桌椅板凳、卧榻地毯等。我们有理由认为,居住在匠气的环境中的人们会养成一种习惯,用斜的平行四边形在纸面上表达空间中的四方物体(图 8a)。这个习惯在几乎全部由方块组成的环境中非常有实用价值。城市居民每天都要面对方形的物体,但它们呈现在视网膜上的形象并不是方方正正的。想要在这样的环境中生活下去,人类必须学会如何把在视网膜上呈现的锐角和钝角还原成实际物体上的正交平面,而且这个还原过程必须是自动的、连续的。于是我们可以推测,城市居民和农村居民在辨识线段长度和角度大小的水平上有所区别。生活在严寒中的人比生活在酷暑中的人可能更加容易辨识方形,因为寒冷的气候迫使人们在屋子里度过的时间更多。他们的这种区别很可能与城市和农村人之间的区别类似。

环境似乎也能影响到人对竖直方向上的线段长度的判断(图 8b)。在纸面上,竖向的一条线段相比于水平的线段,有可能看起来比实际的要长。由于近大远小,观察者可以说竖直方向的线段伸向远方,因而代表了更长的水平距离。我们设想,有一个人居住在一马平川的田野上,在田地里犁出很多沟坎。在他眼中,仅有的竖向的线条就是一道道向远方延伸出去的沟。由于他的视角低,所以这些竖向线条的消失点与他所站的位置间的距离看起来很短,远远短于他视野

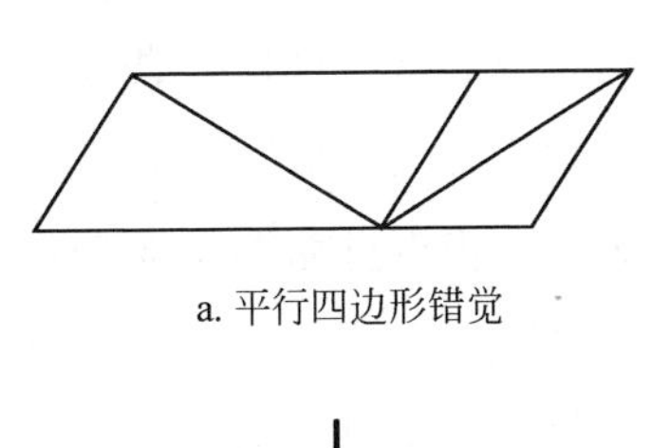

a. 平行四边形错觉

b. 水平垂直错觉

图 8　环境与错觉

内水平线条的长度。因此他就养成了一种习惯，把同一平面上较短的竖向线条解读为实际距离比较长，于是他就更容易产生“横线、竖线谁更长”这样的视错觉。分析了这个原因，我们就可以推测，居住在雨林里的人、居住在被高楼围起来的小空地里的人，是最不容易被这种错觉所迷惑的①。不过，没有成形的实验方法去验证这些假设条件，即使进行实验也很难得出令人信服的结论。

感觉的敏锐性·严酷环境带来的挑战

在面对严酷条件的时候，人类可以锻炼出极其敏锐的感觉来适应环境。例如在北极，一年里有一段时间根本没有日出，天地都是一色，不过爱斯基摩人依然能够穿越荒原到达一百多千米以外的地方。这个过程中他们很难利用视觉，而主要依靠听觉、嗅觉和触觉。为他们指路的是风向、风的气味，以及脚下冰和雪踩上去的感觉。埃维里克族爱斯基摩人有至少 12 个词语来描述不同种类的风，描述雪的词语的数量也不遑多让。另一个极端——城市里的居民，相关的词汇就很贫乏了，不仅描述冰雪的词没有几个，就连描述自然环境里每天都会对他们施加影响的要素（例如天气和地形起伏）也只能用片言只字。但是，如果一个城里人醉心于滑雪，那么他马上就能辨识不同的雪质，而且能用新的词汇来分别指代它们。

生活在喀拉哈里沙漠的布须曼人早就适应了那里贫瘠的自然

① Marshall H. Segall, Donald T. Campbell, and Melville J. Herskovits, Some Psychological Theory and Predictions of Cultural Differences, in *The Influnce of Culture on Visual Perception* (Indianopolis: Bobbs-Merrill, 1966), pp. 69-97.

环境。尽管一个有活力的布须曼人每天需要摄入的热量是 1975 千卡,但他们平均每天获取的食物所提供的热量可以到达 2140 千卡。所以,与一般人的猜测不同,布须曼人过的并不是饥一顿饱一顿的日子[①]。如果一个人想在沙漠中出色地完成狩猎和采集的任务,那么他必须练就高度敏锐的感知本领,尤其是视觉要非常突出。有很多文献都记载了他们目光的敏锐程度。据伊丽莎白·托马斯(Elizabeth Thomas)所说,基可维(Gikwe)部落的布须曼人能迅速说出从一只鹿、一只狮子、一只豹、一只鸟、一只蜥蜴或者一只昆虫经过此地时到现在过了多长时间。他们可以从 50 多种足迹中分辨出一只羚羊刚刚留下的一组脚印,然后准确地推断出它的个头大小、是公是母、心情如何。他们通过留在沙地上的足迹的细节就能了解到动物的信息,仿佛那只动物就在眼前一样。当他们遇到陌生人,他们不仅会默默地记下他的模样,也会不动声色地记住他的足迹[②]。

078

作为植物采集者,布须曼人也能根据生态学和植物学的特征准确地判断出哪里有可供食用的水果或者块茎。劳伦斯·范·德·波斯特(Laurens Van Der Post)曾经写道:“红色的沙地表面长着草丛和荆棘,其中隐约有那么一片小小的叶子,我几乎看不到,或者根本看不出与其他叶子有什么分别。就是这样一片叶子,能够让

---

① Richard B. Lee, What Hunters Do for a Living, or How to Make Out on Scarce Resources, in Richard B. Lee and Irven DeVore, *Man the Hunter* (Chicago: Aldine-Atherton, 1968), p. 39.

② Elizabeth M. Thomas, *The Harmless People* (New York: Knopf, Vintage edition, 1965), p. 13.

他们跪在地上，灵巧地用小棍挖起一些东西。由于对喀拉哈里沙漠的植被并不熟稔，我只好把它们分别叫作野胡萝卜、西红柿、扁葱、大头菜、甜薯和洋蓟。”①

在喀拉哈里沙漠里，基可维部落的布须曼人所居住的区域不仅贫瘠，而且几乎没有显著地标；猴面包树算得上仅有的地标，但却稀稀落落，不是所有地方都能生长。但是对于布须曼人来说沙漠并不是空空如也。他们二十人左右形成一个族群，每个族群的地盘能达到上千平方千米，他们对自己脚下的这片土体有着细致入微的了解。在自己的领地上，布须曼人“熟谙每丛草木、每块岩石、每处地形起伏，而且会给每个特殊的地方起名字。所谓特殊，可能不过是长了一棵矮树、一丛高草，或是一棵有蜂巢的树，哪怕那地方只有方圆几米。这样，每个族群的人都能用名字表达数百个地方”②。

在炎热的日子里，当地的瓜果都无法生长，布须曼人食物的主要来源是一种水生植物（当地人称之为 bi）富含纤维的根茎。基可维部落的人能够记住每一株 bi 生长的位置，哪怕它们的外形很不起眼，而且距离上一次出现已经数月之久了。

079

基可维部落的布须曼人拥有高度敏锐的视觉。而在喀拉哈里沙漠北部，奥科万戈河以南的地域，居住着倥（Kung）部落的布须曼人。与基可维部落不同的是，他们的生活环境虽然也相当干旱，但地表崎岖不平。地上长着一丛丛的小树，有一个个小土坡；还有黏土质的洼地，一下雨就会形成很多浅浅的湖泊。由于环境不像

① Laurens van der Post, *The Lost World of the Kalahari* (Baltimore: Penguin, 1962), p. 217.

② Thomas, *The Harmless People*, p. 10.

其他部落那样严酷,倥部落布须曼人的生活可以说有点“奢侈”。他们食物和水的供应不那么窘迫,尽管他们对自己的领地上的大多数细节了如指掌,并且清楚地知晓到哪去寻找食物,可是他们不需要像基可维部落的布须曼人那样,掌握洞悉每一株植物的所在地的本领。

环境与世界观

自然环境与世界观之间的联系十分紧密。只要这种世界观不是从外界输入的,它就必然由人们的物质和社会环境中最重要的元素里面演化而来。在工业技术不发达的社会里,物质环境就是由自然背景和其中形形色色的事物所组成。就像人们维持生计的方式一样,世界观也反映出自然变化的节律,以及自然环境的约束。为了揭示这层关系,我们可以先讲一讲刚果热带雨林以及美国西南部的半干旱高原。前者是人们可以扎根、可以依赖的地方,而后者因其地表景观的鬼斧神工而闻名于世。接下来我们会探讨两极分化的社会,看它的两支如何向两种对立的自然环境(山脉—海洋、雨林—草原)延展。最后,我们来谈谈近东人的世界观如何被打上了环境的烙印。

森林环境

作为人类定居地的一种,雨林环境的一个特点就是自成一体。在里面,分不清天与地,看不到日出,没有地标,没有一眼就能望见的山岭，没有像喀拉哈里平原上那样赫然耸立的猴面包树，也没有开阔的视野。在刚果雨林中生活着班姆布提族（BaMbuti）俾格米人，他们不像外面的人一样上有天堂下有地狱，而是生活在布袋一般的环境里。在他们的天文学里没有星星的位置；太阳也不是划过天际的圆盘，而是闪烁在林间地面上的光斑。人们从俾格米人080那里搜集到的二百多个神话传说，其中只有三个涉及世界的起源、涉及天空和星辰的诞生，而这几个传说也很可能是受到了黑非洲神话的影响[①]。

在这里，时间的观念被削弱了。神话传说很少关心过去的事，人们也回忆不起几代以上的族谱。雨林中的季节变化是微不足道的；在整整一年的生态循环过程中，植被总是极其丰富的，在视觉上不存在显著的变化。尽管俾格米人熟稔与他们有关的动植物，但没有季节轮回的概念。比如说，他们不会意识到自己食用的幼虫会变成蚊子，以及毛毛虫会蜕变成蝴蝶[②]。

雨林环境对感知方式产生的影响之一是缩短了视距。所见的一切东西都近在眼前。在狩猎过程中，判断猎物出现主要是靠它发出的声响，但是听见声响的时候它就已经近在咫尺了。一旦走出雨林，俾格米人就会因为距离感增大、树木稀少和景物轮廓鲜明而感到茫然失措。他们似乎无法掌握变换视角的要领。考林·特恩布尔（Colin Turnbull）就曾经描述过一名叫肯吉（Kenge）的俾

① Colin M. Turnbull，Lengends of the BaMbuti，*Journal of the Royal Anthropological Institute*，89 (1959)，p. 45.

② Colin M. Turnbull，The Mbuti Pygmies：An Ethnographic Survey，*Anthropological Papers*，The American Museum of Natural History，50，Part 3 (1965)，p. 164.

格米人，当他第一次被带到爱德华湖[1]边开阔的草地上时，是如何不明所以。当时他俩站在高处，一群水牛正在几里地以外的低处吃草。肯吉问特恩布尔说："那是一群什么虫子？"

> 当我告诉肯吉那群所谓的虫子是一群水牛的时候，他大笑起来，说这谎也撒得太傻了。旁边一头雾水的亨利把我的话又说了一遍，而且解释说，所有到此的游客都必须有向导陪同，因为这里有很多危险的动物。肯吉还是不相信，但他眼睛张得大大的，想要看得更清楚，还问那是什么水牛品种，居然那么小。我对他说，这种水牛的体型有时可以达到森林里水牛的两倍，但他晃着脑袋说，如果它们真有那么大，他可不想站在那么开阔的地方。我试着向他解释说，我们和这群牛之间的距离差不多相当于从伊普鲁村到科普村，比到伊伯约村还要远。于是他就开始掸胳膊上和腿上的泥点，不再对这样的奇异事件感兴趣了。[2]

还有一次，特恩布尔指着湖中的一条船——那是一条不小的捕鱼船，上面有好几个人。而肯吉以为那不过是漂着的一段木头。

星辰、季节、天空还有大地，这是一般人的世界观中重要的组成部分，然而班姆布提人的世界观里没有它们。他们只有孕生万物的森林，这是他们最亲近的归属地。他们与森林的亲密性表现在很多方面。例如，男欢女爱之事一向是在林间空地里进行，而不

① Lake Edward，位于刚果民主共和国和乌干达边境，紧邻赤道。——译者注

② Colin M. Turnbull, *The Forest People* (London: Chatto & Windus, 1961), p. 228.

是在帐篷里。俾格米人会独自在林间起舞，或者说，是与林共舞。人们会把新生儿放进混了藤条汁液的水里沐浴，还把藤条缠在她的腰上，把装点着小木片的草环系在她的手腕上。女孩子一到青春期，就会对森林里的藤条和树叶有一次全新的接触。她们用这些东西来制造饰品、衣物和卧具。在困境出现时，例如狩猎失败、疾病或者是死亡发生，男人们会聚在一起唱歌，试图唤醒森林的慈爱之心。当地有一种叫作 molimo 的喇叭，专为这种仪式而用。一个年轻人会拿着它走到林间各处，和着其他男人的歌声奏响它。这种喇叭声也是为了唤起森林对这些悲苦子民的注意。于是我们就能够理解，在这样一种没有地标、不辨方向的环境里，俾格米人会格外注意那些嘈杂的声响。他们的歌唱与其说是表达意思，不如说只是为了发出声音。俾格米人有一首名为《鸟颂》(*Beautiful Song of a Bird*)的歌，歌里面再明确不过地表达了他们相信有一种超自然力，可以超越死亡、超越人与兽、超越会变成兽的人们[①]。

村居印第安人的结构化宇宙论

美国的西南部生活着村居印第安人，他们的世界观从各个方面讲，都与刚果俾格米人大相径庭。他们世界观的主要内容与其他大多数人类似，也可以说不像俾格米人的世界观那样独特。来自于圣安娜的印第安人或许会觉得，比起俾格米人的浑然一体论，

① Colin M. Turnbull, *Wayward Servants* (London: Eyre & Sottiswode, 1965), p. 255.

古埃及和中国的结构化宇宙观更容易接受一些。我们可能会很自然地认为，无文字的部落与城市化的居民相比，在生活方式上有天壤之别，但其实生活在不同自然环境中的“原始人”，彼此间生活方式的差异也未必会有多么小。

在空间上，村居印第安人的宇宙轮廓清晰、层次分明、圆转不息。他们所在的自然环境是半干旱的高原，视野开阔，棱角鲜明的方山、孤丘、断崖赫然耸立着。大地可以分成若干层次——断崖上颜色各异的砂岩和页岩暴露在外面，黑色的玄武岩一片片地覆盖在各处。每当红日低垂，色彩便令人心驰神往。天空一片湛蓝，土地红黄相间，斑驳点缀着深绿色的松树，池塘和泉水泛着青色，它们散落在美国大西南明亮的调色板上，交织着却又不融合。那里的印第安人种植作物来维持生计。在欧洲人到来之前，主要作物是玉米、豆类、瓜类，可能还有棉花。西班牙人将小麦、燕麦、大麦、桃、杏、苹果、葡萄、西瓜、荔枝和其他蔬菜引进到了这里。从那以后，食谱大大地丰富了；但是农耕的节令，以及与农耕相配合的祭祀仪式，都没有发生根本性的变化。

082

地点、位置和方向这些元素在村居印第安人的世界观中占有极其重要的位置。圣安娜印第安人认为大地是四方的、分层的。大地的每个角都有一间房子，每间房子里居住着一个精灵或者一位神祇。在东南西北四个基本方向上，还另有四间房子，可能居住着精灵。“房子”对村居印第安人来说似乎是很重要的概念，所有的生灵、自然物和超自然物，都必须安顿在房子里——不仅是活着的人，死者、云彩、太阳、蝴蝶和狗等，也该拥有房子。四个基本方向分别是“正东”“正南”“正西”和“正北”。天顶和天底规定了竖直轴。这六个方向都有各自的颜色和动物来代表——整套理念与中国人的宇宙观有几分相似。每幢房屋的坐落都能体现出世界观中的几何特性和方向特性,尽管体现得尚不十分明确。有一些人群,例如阿科玛人(Acoma)、圣多明哥人(Santo Domingo)、圣安娜人和圣胡安人(San Juan),房屋是连排的,组成一条条平行线;而另一些人群会用房屋围出一个或多个场院。小村镇里的道路一般没有名字,但镇子里的某些部分可能会偶尔因其方位而得名。在圣安娜的村落里有三处场院,其中最大的一处,也是人们举行重要舞蹈仪式的地方,叫作"中心广场",而另外两处被称为"北角广场"和"东广场"①。

村居印第安人的世界图景着重刻画了竖直方向的维度,其方式有三种。第一是建立了天顶和天底这两个概念,二是形成了把大地分层的思想(最下层是白色,向上依次是红色和蓝色,最上层是黄色),第三是留下了关于开天辟地的传说。这些传说的内容一般是讲先民们如何在土里面生活,然后一层一层地向上爬,最后在北方一个叫作西帕布②的地方钻出地表。他们从土里钻出来的地点十分具有神圣意义,因此后来他们搬到南边来居住。在圣安娜人的传说中,他们搬到了"白房子"里定居。在那里,神祇和他们共同居住,教给他们传统、礼仪和歌曲,而这些东西都能使土地变得

---

① Leslie A. White, *The Pueblo of Santa Ana, New Mexico*, American Anthropological Association, Memoir 60, 44, No. 4 (1942), pp. 35-42, pp. 80-84.

② Shipap,村居印第安人的死亡之所,是神灵们地下王国的所在地。这里不仅是死人的归处,也是最早部落出现的地方。——译者注

更肥沃。在那之后,他们又一次南迁,来到了中土①。祖尼人的传说则略有不同。他们的世界不是方的,而是圆的。他们自称为"玉米之圣者走下神梯的子民",这说明他们认为自己起源于上方而不是土里。

除了太阳、天空、土地这些元素,玉米在村居印第安人的神话传说体系中也占有重要的地位。太阳一直都是力量的源泉,在很多人种的语言中,太阳的地位相当于"父亲"或者"老人"。人们祭拜太阳是因为它能够保佑人们长寿,它也是主管捕猎的神明,它的光和热滋养着大地。它每天都走过苍穹,傍晚时分再回到西边的家。在古代,每当太阳升起,印第安人都会洒玉米饭或者花粉来进行祈祷。天空也是一个重要的精神载体,大地则被人们称作"母亲",而玉米代表了村居印第安人的身体和灵魂。云彩包裹着水的灵性,同时被认为是亡者的归宿。山脉和高地象征着力量,它们蕴藏着超自然的力量,或者说四方的神山自己就是超自然的力量。泉水则是各类祭祀仪式的中心。

太阳在天空中运行的轨迹标识着农业和祭祀的时令。侯琵族印第安人的播种期就是依照太阳朝夏至点的移动轨迹而确定的。他们测定轨迹的方法是在地平线上选取一个地标,然后观测每天太阳升起的位置。在夏至日之后,耕作活动基本也就停止了。祖尼族印第安人没有订立特定的农时,但他们也会留心观察夏至日何时到来,以确定何时进行祈雨的舞蹈仪式。收获时机的确定需

① Leslie A. While, The World of the Keresan Pueblo Indians, in Stanley Diamond (ed.), *Primitive Views of the World* (New York: Columbia University Press, paperback edition, 1964), pp. 83-94.

要另一轮对太阳的观察。秋天和初冬是狩猎和修缮房屋的时令，冬天则是讲故事、做游戏和婚配的季节[1]。

村居印第安人生存的空间有高度的分异性，而班姆布提族俾格米人的居住环境看起来是杂乱无章的；前者的行为符合一定的时令，而后者在林中定居，行动的时机很富有主观性。雨林环境在一年之内鲜有变化，没有规律明确的季节更迭。在一个小型的、和谐的社会群落中，人们彼此之间有着紧密的联系，但即使这样，人们也需要偶尔从一成不变的关系中解脱出来。与村居印第安人不一样，俾格米人没法用清晰的季节变化标记自己的行为，但是他们有一个突破口，那就是每年六月份的前后，有一个长达两个月的“蜜季”。这是一个食物充足的季节。平日里成群外出的猎手们分成更小的小组，分头在树林里寻找蜂蜜，在这个季节结束后重新组合成分工明确的狩猎群组。这种活动有助于化解旧有的矛盾，缔结新的友谊。

成对出现的环境和二元环境态度

我们之前谈到过，人们喜欢把各种现象结成对子来认识，例如生与死、明与暗、天与地、雅与俗，等等。在某些社会中，这种二元结构包含着几个层面的思想，即它影响了一个民族的社会组织形式，影响了他们的世界观、艺术以及宗教。自然环境有时候自身就

084

① Elsie Clews Parsons, *Pueblo Indian Religion* (Chicago: University of Chicago Press, 1939), Vol. I.

呈现出双重性——它通过表现出一系列显见的二元状态,对人们的认识形成起到了推波助澜的作用。在第3章里,我们已经讨论过印度尼西亚群岛上人们的思维方式和社会结构充满了两极化的思想,以及山与水的自然对立如何体现了存在的对立性(尤其是巴厘岛人的例子)。我们再举一个卡塞河的雷利人(Lele of Kasai)的例子[①]。这支非洲部族已经完全适应了高度分异的环境。他们的经济、社会和宗教都存在二元结构,摆脱不掉自然界内在的对立性。

雷利人生活在刚果雨林的西南部,卡塞河以南、以西,那里是茂密的赤道雨林向广袤的大草原的过渡带。他们居住的环境被林木繁茂的山谷和蔓草丛生的小丘分割成小块。雷利人平时既捕食猎物,也进行耕作。他们在草原上建立定居点,每个小村周围都栽种着一圈酒椰树[②],在那之外是草原和灌丛,再过渡到森林。他们在森林里开荒,采用刀耕火种的方法,主要的作物是玉米。男人和女人都参与农业活动,但其他经济活动是有性别分工的。狩猎和采集药用植物一般是男人的任务,女人的工作是管理河漫滩旁边的鱼塘,以及在草地上种植花生。他们的祭祀仪式与生产活动似乎并没有什么联系。尽管酒椰树在雷利人的祭祀仪式中占有重要的地位,但是他们的宗教信仰并非以酒椰树为中心。树的各个部分都有利用价值:木头用来建房子、编筐、做箭杆,纤维可以用来织

① Mary Douglas, The Lele of Kasai, in Daryll Forde (ed.), *African Worlds: Studies in the Cosmological Ideas and Social Values of African Peoples* (London: Oxford University Press, 1954), pp. 1-26.

② Riffia Palm,棕榈科的一个属名,主要分布在非洲。——译者注

布。另外,酒椰树的汁液可以算是未发酵的酒,是人们第二重要的饮品。玉米的种植和收获在祭祀仪式中也不会被强调,但是狩猎在宗教和社会中显得很重要,尽管雷利人并不都是出色的猎手,从某种角度讲,肉类也不是他们食谱中的必需品。

森林会制造出一种神秘感,这是草原和村落所不具备的。玛丽·道格拉斯(Mary Douglas)记述道:

> "雷利人谈到森林时语气热切,仿佛是在朗诵诗歌。神把森林赐给了他们,那里面有无尽的宝藏。他们经常拿森林和村落做比较。在烈日当空时,满地尘土的村庄酷热难耐,于是他们就躲进阴凉的树林中。男人们吹嘘说在森林里干一整天活也不会感觉饥饿,但是在村子里他们总想着要吃东西。他们用一个词来表示走进森林的这个动作,这个词拼作 nyingena。当他们走进屋子或者跃入水中的时候也是用这个动词,这也就意味着他们把森林当作一个独立的环境要素。"①

085

森林成为了男人的专属,于是草原就留给了女性。但是草原并没有什么尊贵之处。它干燥、贫瘠,在淋溶过的土壤中能生存下来的农作物只有花生。花生是女性唯一从头照管到尾的作物。虽然女人会帮男人在林间种玉米,帮他们用酒椰树制造多种产品;但是男人们不仅不会插手于种花生的事务,甚至都不去了解工作的进度。女人们对草原的了解要比男人们细致得多。在一些日子里,女人们被禁止进入森林,于是她们就到草原去寻求慰藉,比如说在旱季逮些蚂蚱,在雨季捉些毛虫等。森林对男人来说是惬意

---

① Douglas, The Lele of Kasai, p. 4.

的地方，对女人来说反而是阴暗而且索然无味。

流域环境、世界观和建筑艺术

有两个古文明起源于近东的流域环境，它们是埃及和美索不达米亚。虽然大自然决定着它们生活的各个方面，但此二者对大自然体验是不同的，这也决定了它们的世界观是不同的。埃及人体验到的是秩序井然，而美索不达米亚人体验到的是变化无常。

埃　　及

埃及最重要的地理要素是沙漠和尼罗河。在沙漠上无法从事农业生产，除非有灌溉条件——尼罗河由南向北把地表划开一个大口子，给棕黄色的不毛之地注入了生机。尼罗河每年的汛期相当有规律，洪水不仅带来了丰沛的水资源，还给河谷填充了丰富的矿物质。由于天气一贯晴朗，太阳成为了埃及人生活中另一个无与伦比的元素。它驱散了一切阴暗和寒冷。古埃及的祭师们会祈求昊日当空，但不会祈求风云际会[①]。云会带来雨水，但埃及人并不依靠雨水。相反地，云遮蔽了日光，在冬季的时候尤其让人感到寒冷。当太阳升起的时候，干燥纯净的空气温度迅速升高。一旦太阳被遮住，或者例行地落于西方地平线之下，气温就会迅速下 086

---

① J. H. Breasted, *Development of Religion and Thought in Ancient Egypt*, introduction by John A. Wilson (New York: Harper & Row, 1959), p. 11.

降。如果此时穿着单薄，埃及人就会感到寒冷，而寒冷和阴暗都预示着死亡。相比与太阳和尼罗河，其他的环境因素都相形见绌了。

古埃及人的环境价值观在其语言文字中保存了下来。读者们或许会想到，绿色定然是喜爱的颜色，是“被神灵保佑”的颜色，而泛着微红的棕色代表着沙丘，代表着外国，也代表着“卑下”。在古埃及的象形文字中，一个圆圈⬭代表埃及，它就像一片平坦肥沃的黑土地；还有一个“山”形的字，有三个突起，它代表着“沙漠”、“高地”和“外国”。从一些保留下来的信函里我们可以知道，古埃及人对他们这片沃土之外的国家兴趣索然。他们认为尼罗河谷之外的地方要么崎岖不平，洪水泛滥的时间无规律可循，要么林木繁多，即使在白天也难见天日。古埃及人也有特定的词汇来描述雨水，他们称其为“天上的尼罗河”，与在地上流淌的尼罗河形成了对照。他们认为雨水只对外国人和高地上的野兽才有价值，而尼罗河属于埃及人民。前者出现的时节变化莫测，而后者每年都如约而至①。

尼罗河流淌的轨迹给埃及人的方向感造成了深刻的影响。他们语言中“向北”与“顺流而下”是同一个词，“向南”与“逆流而上”是同一个词。如果一个埃及人造访幼发拉底河，他或许会用一种冗长的辞藻去形容其流向：“循环无定的水朝下游流去又朝上游流去”。此时埃及正处于语言形成的时期，“南”这个方向是尼罗河流域居民们的主题。他们面向南方，那是大河之源的方向。于是“南

① Herodotus, *The History of Herodotus*, trans. George Rawlinson (Chicago: Encyclopaedia Britannica, Inc., 1952), Book II, chapters, pp. 13-14.

方”这个词也就有了“面向”这层意思。而北方就和“脑瓜后面”的含义相关。由于面朝南方,那么东与西就分别与左和右相对应[①]。

回顾埃及的宗教发展史,我们发现,它是两股巨大的自然力量,即太阳和尼罗河之间的角力所形成的[②]。在上古时期,随着北埃及人征服南埃及人,太阳对尼罗河的地位提出了挑战。在北埃及的尼罗河三角洲地区,一条条水系发散开来注入大海,就像一根根扇骨一样。这些水系不再形成一个独立的地标,也没有了指示方向的功能。在三角洲宽广平坦的地面上,没有什么东西是引人注目的,最显眼的现象就是太阳每天的东升西落,所以,早期的定居者们必定是每天盼望着太阳升起,从而产生了以太阳为核心的理念。北埃及人的理念叠加在南埃及人以尼罗河为核心的理念之上,给南北向的轴线上又添加上了东西向的轴线。于是神话传说体系就有了调整的必要。在以尼罗河为核心的世界观里,亡灵的归宿是天顶的北极星,因为它不会摇摆到地平线之下。而随着太阳地位的提升,冥界的入口变成了西方,因为那是太阳自己每天湮灭的地方。

埃及人的世界是以尼罗河为轴对称分布的。在河两边都是肥沃的田野,河岸两侧高耸的崖壁相对而立,崖壁之外都是一片寂寥的荒漠。这种自然环境上的对称性有没有对埃及人世界观的发展产生影响呢?尼罗河流域的居民们善于塑造简单而又壮丽的美感,从中体现出他们在世界观、艺术和建筑学方面对平衡感的追

① Henri Frankfort, H. A. Frankfort, John A. Wilson, and Thorkild Jacobsen, *Before Philosophy* (Baltimore:Penguin,1951),pp. 45-46.

② Breasted, *Ancient Egypt*, pp. 8-9.

求。东西两面的对称性衍生出了在纵轴两侧的对称性。在宇宙的中心是大地(Geb),大地的形状是由突起的边缘围成的平地,恰如尼罗河谷一般;大地漂浮在原初的水域(Nun)中央,而水域之外是生命肇生之所。大地之上,天空如一个倒扣着的盘子,被天空女神(Nut)托起;冥府(Naunet)居于大地之下,统领着地下的世界①。

埃及人的世界观在他们纪念性的建筑上得到了体现。让我们看看金字塔。金字塔的四面都是三角形,在顶上收于一点。底座是正方形,与东南西北四个方向契合。基奥普斯(Cheops)大金字塔与真北方向的方位偏差只有 3′6″。金字塔和宇宙间的互动就这样通过准确的方位关系凸显出来。方形的基座和等腰三角形的纵剖面强调了对称性,这在埃及人生活的其他方面也不鲜见。金字塔的尖顶指向天空,象征着熊熊燃烧的火焰;它或许也是男根崇拜的象征,而尖端朝下的三角形也经常出现在公元前 4000 年埃及人和美索不达米亚人的生活中,用来代表大地女神。

金字塔是一个大型建筑群的一部分。金字塔兴建的目的在于为一项重要的仪式提供合适的场所,即让死后的国王灵魂升天以成为神明。如太阳的东升西落,国王的生命周期也要历经出生、生活和死亡,最后一步就是脱离阳间的生活,前往西方沙漠高原成为神明。在尼罗河谷旁的一座庙宇,法老的遗体被制成木乃伊,而后经过一百多米长的甬道,运抵金字塔东侧的葬礼堂停放。河谷旁的庙宇灯光昏暗,充满神秘气息,而长长的甬道则是一片黑暗。法老的木乃伊从那里被抬出来,在宽敞明亮的葬礼堂里才得以重见

088

① Frankfort et al, *Before Philosophy*, pp. 52-57.

天日,然后即被送到金字塔内部,在那里法老会在形式上最终成神。最后一个步骤是从金字塔北部的入口处下坡,把石棺抬到金字塔的核心区。从里向外看,入口处的坡道是指向天空的,正对着北极星。北极星所在的区域是亡灵的归宿,太阳从西方落下去的地方也有相同的含义,在金字塔上这两种意义都得到了表达。金字塔其实就是一座坟,但它却象征着永恒,如同火焰、太阳和古埃及传说中的太初丘(primeval hillock)一样[①]。

埃及的法老具有神性,那么他的政权就是神圣的。其他任何力量都无法与他的王权相提并论。埃及的宗教信仰非常崇尚"中央"的地位,其顶峰就是对法老个人的崇敬。古埃及一直是个统一的、不可分割的国家,极少发生内战,也鲜有外族入侵。因而,绝大多数的城镇没有围墙,也没有极其重要的社会意义或者政治意义。最有价值的地方或许就是首都,也就是法老的居住地;但即便是首都,它也得听命于法老,随着每个王朝统治者品味的变化而不断改换位置。首都或许曾经富甲天下、显赫一时,但若论起社会功能和精神统领意义,就完全指望不上了。古埃及的都城不太为人所知,唯一的例外算是阿玛纳(Amarna),它位于尼罗河东岸,格局散乱,分布在方圆七八千米的地带。阿玛纳没有内城,也没有拥有神圣属性的地段,庙宇、宫殿和办事机构都近乎随机地分布在城里。城市是这样一副乱糟糟的样子,与埃及世界的其他方面和金字塔所

---

① S. Giedion, *The Eternal Present*: *The Beginning of Archetecture* (New York: Pantheon, 1964), pp. 264-348.

追求的、所表达出来的精准和对称相去甚远[1]。埃及人的定居点不像其他古文明里的中心地，它们完全不追求和宇宙之间的契合。埃及就是这样一个矛盾国度，一方面在仪式上追求天人合一，另一方面在地理上毫不以为意。

美索不达米亚

美索不达米亚的自然环境与埃及类似，都缺乏降水，农业发展所需的水源主要依赖于流经此地的大河。但是这两者间也有很重要的不同点。埃及的气候是确无疑问的干旱，但美索不达米亚的气候对于农业来说并非那么严酷。美索不达米亚平原的南部每年的降水量有一两百毫米，北部的降水量能够支持无灌溉农业。尼罗河对于埃及来说得天独厚之处是每年定期泛滥，相比而言，底格里斯河和幼发拉底河的水文情况就很难预测。在春天，冰雪消融加上降雨，两河的水量最为充沛。不过，两河上游的降水极不稳定。据记载，在底格里斯河北段，一周的降水量可以达到250毫米，如果再加上融雪带来的径流，其结果就是灾难性的大洪水。洪水会淹没美索不达米亚平原的南部长达数月之久，而且这样的洪水反复出现。埃及的地表景观被尼罗河所定义，保持着对称的形态；而美索不达米亚平原的景观是茫茫一片——沙地、冲积平原、沼泽地和湖泊互相嵌套着。洪泛区里的水系纵横交错，没法像尼

089

① Leonard Woolley, *The Beginning of Civilization* (New York: Mentor, 1965), pp. 127-131.

罗河一样帮人们辨明方向。

到公元前3000年左右，美索不达米亚已经出现了城市文明的雏形，并产生了一种独特的、与其环境特点相一致的世界观。在神话传说中，世界的起源被描绘为由三种元素交融而形成的混沌，一种是甜水(Apsu)、一种是海水(Ti'amat)、还有一种是雾水(Mummu)。甜水和海水的融合诞生了两位神明，他们掌管着泥沙。这个传说好像是要把一种司空见惯的自然现象神化，也就是在淡水注入海洋的地方，泥沙沉积下来而形成陆地。在整个宇宙中，大地是一个平面，上面扣着一个广袤的天空，这天空也像个大碗一样有固态的边界。在天与地之间是 lil，即空气、气息和灵魂，由于它们的扩展，天与地才得以分开。在天空和大地之外，包括天空之上和大地之下，都是无边无际的海洋[①]。

统治着整个宇宙的，是万神庙里的几百位神灵。他们在职责和地位上都有很大的不同。四位主神包括天神(An)、气神(Enlil)、水神(Enki)和伟大的母神(Ninhuesag)。这四位神明一般位居众神之首，而且在神话故事中经常是合作来完成一些事情[②]。美索不达米亚人与埃及人不同，他们认为宇宙万物的规律不是预先设定好的，而是由众神随时议定，就像一个国家的议会制度一样。因此相比于埃及，美索不达米亚的大自然要缺少些法度。

090

① Thorkild Jackson, Mesopotamia: The Cosmos as a State, in Frankfort et al., *Before Philosophy*, pp. 184-185; Early Development in Mesopotamia, *Zeitschrift für Assyriologie*, 18 (1957), pp. 91-140.

② S. N. Kramer, *The Sumerians* (Chicago: University of Chicago Press, 1964), p. 118.

“滔滔的江水,迷离的人眼,
洪水汹涌泛滥,冲击着堤岸,
横扫过大片的树林;
(发狂的)暴风雨,把万物都撕烂;
就在那一瞬间。”①

曾经有一段时间,四神中的天神地位最高;但是到了公元前2500年左右,气神似乎取而代之登上了主位。天神象征着至高无上的权贵,象征着笼罩着万物的天空,但他代表着静态的力量。气神代表着空气,这是天地之间最机动灵活的元素,这是一种动态的力量。因而,气神是众神意旨的执行者。在人们的设想中,他的心肠最善,他用双手设计并制造出了宇宙中最富有生产力的事物。但不幸的是,他的职责也包括施以惩罚,所以尽管他向父亲一样关怀着人类的福祉,但他也会像暴风雨一样充满戾气和不可预测性。

水神象征着智慧。他代表着富有创造力和生命力的甜水,例如井水、泉水、江河水。他不像气神那样负责的都是宏观事务和总体设计,他所擅长的是大自然和文化当中具体、精细的工作。在公元前2000年时,母神的形象变得非常模糊。她的名字似乎曾经是ki,意思是大地母亲;她还似乎曾经是天神的配偶。她被视为一切生灵的母亲。

尽管美索不达米亚人的宇宙观反映出了自然环境里的一些特征,但它依然在很大程度上受到了当时社会经济状况和政治生态

① Jackson, Mesopotamia, p. 139.

的影响。我们很容易理解一件事,即宇宙图景不过是现实中大地上的权力系统的一个投影而已。照这样考虑,就是一个格局的产生先于另一个格局,前者成为后者的成因。但这种观念的根基并不牢固。如果说美索不达米亚人的政治系统和宇宙统治的理念一起产生出了平等权利的理念(pari passu),恐怕还更准确些。

对比古埃及文明,美索不达米亚文明在本质上具有城市性。在公元前3000年,美索不达米亚南部居民(苏美尔人)已经拥有了十几个城邦,城邦属于其自由的市民,市民们有个首领,但首领比其他人也没有多少额外的权力。既然自然界里没有压倒一切的力量,神界里也没有发号施令的主神,那么在城邦里,至少在初期,也就自然没有独裁者。但是后来,随着城邦之间争斗的日渐激烈,再 091 加上它们都面临着来自于东方和西方蛮族的步步紧逼,集权成为了迫切的需要,于是手握大权的"大人物"或者国王就应运而生了。

从建筑学的意义上讲,庙堂是城墙里最重要的建筑,它经常坐落于一片圣地里地势较高的地方。庙堂居高临下的地位很切合"城市隶属于主神"的神学理念。到公元前4000年左右,庙堂对出入者还是不加以限制的,但是后来没多久,最重要的庙堂就建在了高地上,而且有围墙围护起来。从此神和人之间的距离逐渐拉大了。高地与平地之间的高差越来越大,直到公元前2000年左右,它演化成了阶梯状的金字塔或者通灵塔,这是美索不达米亚文明对建筑学最突出的贡献。无论是通灵塔还是庙堂,其地位都十分显要,再加上"城市是属于神的财产"的观念,都体现出国家是按照神权政治来组建的。但正如上文提到的,规矩有了,未必立得住。城市里的庙堂(一般有几处)仅仅占有城邦地域的几块小区域,其余的大部分地方属于贵族和平民。而且,僧侣和在庙堂里任职的人,在世俗生活中享有的权力非常小[①]。

美索不达米亚城市的建筑风格,反映出城市政治经济状况倒在其次,更多地是反映出了人们的宇宙观。那里的通灵塔在纪念性上无法与埃及的金字塔媲美,但它们毕竟也是地平线上的一道景观。在乌尔[②],为月亮之神而建的通灵塔(公元前2250—前2100?)是一个体量颇大的砖体结构建筑,由三层不规则的台阶组成,每层高约两米。在今天,人们若站在塔顶上眺望荒凉的平原的另一头,还能看到埃利都(Eridu)和欧贝德(Al'Ubaid)的通灵塔。

阶梯状的通灵塔体现出了美索不达米亚人思维方式的很多特点。它们曾拥有很多名字,包括"山之屋"、"暴风雨中的山"以及"天地之纽带"。像山峰一样,通灵塔也象征着世界的中心,它是众神在地面上的宝座,是通往天界的天梯,还是有纪念性的牺牲祭坛。修建它们的直接原因可能是由于发生了自然灾害,比如说干旱,或者是出于对上天恩典的感念,比如说庆祝底格里斯河水量丰沛。据说人们为修建它们付出了巨大的努力和热情,其场景就像在另一个历史时期里,农民和贵族都虔诚而慷慨地致力于兴建基督教堂一样。这样看来,通灵塔在美索不达米亚人的生活中所扮演的角色完全不同于埃及的金字塔。而且,前者坐落于城市的核心区,而后者位于毫无生命气息的沙漠高地里。

---

① Frank Hole, Investigating the Origins of Mesopotamian Civilization, *Science*.

② Ur,古代美索不达亚南部苏美尔的重要城市。——译者注

8. 恋地情结与环境

在6、7两章里，基于对环境态度与价值观的重点关注，我采用了“文化—环境”简单的二元模式来说明它们的含义。在这个过程中，我也对这个二元模式从两个方面进行了阐述，先是从文化的视角，然后是从环境的视角。在8、9章里，我会继续采用类似的策略，但会缩小考察的范围，专注于人类对地方之爱(即恋地情结)的特定表现。本章的主题包括以下几方面：第一，人类对环境的反应是通过哪种方式进行的，从视觉反应、美学鉴赏到身体接触，可能各有不同的特性；第二，健康程度、熟悉程度与恋旧程度与恋地情结之间分别具有怎样的关系；第三，城市化会如何影响人对乡村与荒野的鉴赏。这么多主题堆砌起来，显示出了恋地情结所具有的复杂性。不过，这一章有一个重要问题仍然是贯穿始终的，即恋地情结的范围、类别与程度是怎样的。到第9章，我将会探讨环境要素是如何渗透进恋地情结里的。需再次提醒的是，人类的情感与情感所倾注的对象之间是不可分割的，将恋地情结和环境分开讨论只是为了行文的方便而已。

恋地情结

093 恋地情结(topophilia)是一个杜撰出来的词语,其目的是为了广泛且有效地定义人类对物质环境的所有情感纽带。这些纽带在强度、精细度和表现方式上都有着巨大的差异。也许人类对环境的体验是从审美开始的。美感可以是从一幅美景中获得的短暂快乐,也可以是从稍纵即逝但豁然显现的美之中获得的强烈愉悦。人对环境的反应可以来自触觉,即触摸到风、水、土地时感受到的快乐。更为持久和难以表达的情感则是对某个地方的依恋,因为那个地方是他的家园和记忆储藏之地,也是生计的来源。

其实,恋地情结并非人类最强烈的一种情感。当这种情感变得很强烈的时候,我们便能明确,地方与环境其实已经成为了情感事件的载体,成为了符号。在希腊悲剧诗人欧里庇得斯的笔下,人类的情感具有重要性的顺序,或许这适合于所有的男人。他写道:“妻子,沐浴在阳光下的爱人,双眸盈满了美丽的海潮。春季,大地到处鲜花盛开、流水潺潺,有那么多值得赞美的景色。但对于那些尚无子嗣却满心期盼的人来说,新生命给屋子带来的光明才是最可人、最让人欢喜的东西。”①

① Quoted in H. Rushton Fairclough, *The Attitude of the Greek Tragedians toward Nature* (Toronto:Roswell & Hutchison,1897),p. 9.

美学鉴赏

艺术史学家肯尼斯·克拉克爵士在强调视觉快感的短暂性时说道："我曾假设了一种可能性——人们享受纯粹美感的时间会很短暂，不会比闻到橙子气味时的快感更长。案例研究表明，果然这种美感连两分钟都延续不到。[①]"为了能更长时间地投入到一项伟大的艺术品里，很有必要多掌握一些历史批判方面的知识，因为它们会让你花时间反复去琢磨一件作品。克拉克爵士认为，当他欣赏一幅画的时候，如果能回忆起画家的生平，思考面前这幅画在画家的发展历程中占有怎样的地位，他对艺术的感悟力就会自然而然地提升；忽然间，这些往事会让他发现，画作里有一些被忽视掉的妙笔，在之前从来没引起过自己的注意。

克拉克爵士关于艺术鉴赏的这些观点，同样适用于分析人们对风景的鉴赏。一般来说让人们专心致志欣赏景物很难，除非有其他方面的原因，比如说联系到一些历史事件，眼前的风景就会变得神圣起来，或许还能让人注意到其中隐匿的细节，例如地质条件和结构等等。卢卡斯曾谈及历史关联的重要性：

094

> "当我第一次从亚得里亚海望见了高耸入云的阿克罗塞洛尼亚山[②]时，第一次从萨罗尼克海望见疏卡底亚海角在阳

① Kenneth Clark, *Looking at Picture* (New York: Holt, Rinehart & Winston, 1960), pp. 16-17.

② 阿克罗塞洛尼亚山位于古希腊西北部城市伊庇鲁斯与马其顿之间。——译者注

光与风暴中泛出的白色时，第一次看到海美塔斯山在夕阳中泛出的粉红色时，总觉得有一些东西比诗歌里表达出来的更为强烈。但在新西兰或落基山脉，同样的形体与色彩却给人以不同的感受。我想，至少有部分原因在于两千年前创作出来的诗词使得这些风景显得更为壮丽，或许是苏格拉底之死使得海美塔斯山的夕阳具有了那样一份记忆。”[1]

最为强烈的自然审美体验往往令人惊讶。当遇见从未接触过的事物时，美的感受就会立刻迸发出来，这与沉浸于熟悉环境与地方中的既有温暖感是不一样的。下面几则案例能将这种自然经验表达得更为清晰。

首先是诗人华兹华斯（Wordsworth）在湖泊地区[2]戏剧性地感受到了赫尔维林峰（Mount Helvellyn）的经历。一天夜里，华兹华斯与德昆西（De Quincey）步行从格拉斯米尔村[3]出发去见一位邮递员。这位邮递员经常为他们提供一些关于欧陆上战事的消息。他们焦急地等待着，但过了一个小时，邮递员还没来。街上刮着风，悄无声息。华兹华斯时不时将耳朵贴在地面上，想听见从远处传来的轮胎摩擦声。过了一会儿，他对德昆西说：

“就在我从地面抬起头来，放弃仅存希望的那一刹那，我的感官一下子松懈了下来，赫尔维林峰突然落入我的目光，那巨大漆黑的轮廓上方悬挂着明亮的晨星，刺穿了我的激情，激

① F. L. Lucas, *The Greatest Problem and Other Essays* (London: Cassell, 1960), p. 176.

② Lake District，位于英格兰西北部。——译者注

③ Grasmere，英格兰坎布里亚郡格拉斯米尔湖畔一村庄。——译者注

起我对无限存在的理解。而在其他情境里，这种情感是无法跃然心际的。”①

在许多开拓者的杂记中我们都能见到自然美景突然呈现的例子，如克拉伦斯·金(Clarence King)描绘风暴平息下来后的约塞米蒂谷②，以及弗兰西斯·杨赫斯本(Sir Francis Young Husband)描述他突然望见干城章嘉峰③的情景。那时的干城章嘉峰最具神秘气息。它经常被大雾笼罩着，但又在不经意间犹抱琵琶半遮面地露出仙境般的壮观。其实，那些从来没有刻意去喜爱大自然的人们也会经历同样的感受。学者威廉·麦高文(William McGovern) 认为，不管是在文学还是在现实生活都证明，太多的景观呈现都会让人感到怠倦与乏味，而且抱有这种想法的并非只有他一人。20世纪20年代，麦高文在伦敦东方研究院(London's School of Oriented Studies)当过讲师，他曾经去西藏拉萨研究佛教经典。他到了印度之后发现通往拉萨的道路受阻，于是这位勇敢的学者就乔装出行，旅途上差点丢了性命，面临的物质挑战远远超过了对美景的享受。有一天，在充满艰险的旅途中，太阳忽然从云层里钻了出来，照耀在喜马拉雅山的众峰之上，麦高文说：“那简直超越了我见过的最美丽的景色！尽管那时候我是那样疲惫、心力交瘁，但

---

① Thomas De Quincey, William Wordsworth, *Literary Reminiscences* (Boston, 1874), pp. 312-317. Quoted in Newton P. Stallknecht, *Strange Seas of Thought* (Bloomington: Indiana University Press, 1958), p. 60.

② Yosemite Valley，位于加利福尼亚中部。——译者注

③ Mt. Kinchinjunga，位于喜马拉雅山的东端。——译者注

那壮观美景竟让我情不自禁地全身心地去沐浴和享受。"[1]

对大自然的视觉享受存在种类和程度上的差异,人们彼此理解这些差异,其难度不亚于接受彼此社会里的各种风俗习惯。现代旅游业的发展似乎更多地依赖于人们对收集旅游景点的贴纸(如国家公园的贴纸)的爱好程度。相机对旅行者来说是必不可少的,它能向自己和向别人证明自己确实到过某一个地方,比如说火山口湖[2]。如果一张快照没打上"某某地旅游留念"的标签,似乎连风景地本身都失去了存在的意义。以这种方式拍摄自然并不意味着真正热爱自然。旅游业具有社会功能,也能推动经济发展,但却不能将人与自然联系起来[3]。如果一个游客能把人类历史的记忆和他自己对景观的欣赏联系起来,那么这种审美就会变得更具个体性和持久性。同样,如果将审美的情趣与科学的好奇心结合起来,这种审美就不再是转瞬即逝的了。人们对美的意识往往来自于突然开启的过程,它很少受既定习俗的影响,也与固有的环境特征无关。无论多么熟悉、平凡景象都可能展现出平时难得一见的特质,而对现实事物的重新审视往往就是一种审美体验[4]。

---

① William McGovern, *To Lhasa in Disguise* (London: Grosset & Dunlap, 1924), p. 145.

② Crater Lake,美国俄勒冈州西南部一死火山口形成的湖,在火山口湖国家公园内。——译者注

③ Paul Shepard, The Itinerant Eye, in *Man in the Landscape* (New York: Knopf, 1967), pp. 119-56; Daniel J. Boorstin, From Traveler to Tourist, *The Image* (New York: Harper Colophon edition, 1964), pp. 77-117.

④ Vaughn Cornish, *Scenery ana the Sense of Sight* (Cambridge: Cambridge University Press, 1935).

身体接触

在现代生活中，因为受到了更多特定情境的制约，身体与自然界的接触变得越来越间接。除了农业人口的萎缩以外，科技也在 096 削弱人与自然界打交道时的生存意义，娱乐意义却在不断增强。人们透过汽车淡色的玻璃窗能看到风景，但玻璃窗实际上是将人与自然分隔开来。在滑水与登山的运动中，人与自然界是在冲撞的过程中形成对抗关系的。发达社会里的人所缺乏的正是善待大自然的态度，而这种态度正是某些反文化群体所追求的。在生活节奏较慢的时代，人们常常会不知不觉地融入自然界里。而在今天，这种状态只能体现在小孩子们的身上了，正如乔叟(Chaucer)在《贤妇传说》里描绘的那样：

> 膝盖刚一跪落，
> 清新的花朵便迎向我；
> 总想要两腿伸直，
> 在甜软的草地上平卧。

孩子们对大自然的这种情感并不能反映场景本身到底有多么美。关于孩童是如何感知游乐场、公园与海滩的，我们了解得并不多。但他们对特定事物的具体感知肯定强于综合性的感知。著名童话故事小熊维尼的作者米尔恩[①]拥有一种天赋，他能进入孩子

---

① A. A. Milne(1882—1956)，美国儿童文学家，其儿童文学作品《小熊维尼》一书至今被译为22种语言，在多个国家先后出版。——译者注

温馨亲密的世界当中。用眼睛去观察和用脑子去思考所获得的美学感受是不一样的，但对孩子们来说，这种差距是最小的。当罗宾[①]下到“咆哮的大海”里面的时候，他能感觉到夹杂在头发里与脚趾缝里的沙粒儿。孩子们的快乐就是穿着新雨衣站在屋外任凭雨点打在身上。

因为孩童具有开放的意识，不在乎旁人的看法，没有形成美的既定原则，所以大自然会顺从于他们，向他们生发出甜美的召唤。而对于成年人来说，如果要像小孩子那样全方位地体会大自然，就得学会顺从，学会忽略周围人的目光。他需要裹一件旧外套，自由自在地舒展开身体，躺在干草堆上，融化在对事物的感知当中。干草和马粪的气息混合在一起，或坚硬或松软的地面散发出阵阵温热，暖阳下微风的轻拂，蚂蚁在小腿肚上引起的瘙痒，阳光透过叶片儿化出的光斑在脸上调皮地晃动，小溪流过卵石发出的潺潺声，知了的鸣叫与远处车辆驶过混合在一起的声响，这些刺激加起来虽然算不上和谐与美丽，但它们却用一种凌乱替代了秩序，依旧能让人心满意足。

小农阶层对大地有着最切身的体验，他们对自然界的了解源于生计的需要。法国工人在感到疲乏或疼痛时会说“职业融入了097 他们的生命。”同样，对农民来讲，大自然也融入了他们的生命，并且携带着其特质与过程的美，在他们的生命里呈现了出来[②]。自

① Christopher Robin，《小熊维尼》故事里的一个小男孩儿，它代表着世界上的每一个小孩儿。——译者注

② Simone Weil, *Waiting for God*, trans. Emma Graufurd (New York: Capricorn Books, 1959), pp. 131-132.

然界向人生命的融入不仅仅是一种文字上的比喻,农民身上的肌肉与疤痕就是在与自然界亲密交融过程中所产生的见证。农民的恋地情结里蕴含着与物质界的亲密关系,他们依赖于物质,同时也蕴含着大地本身作为记忆与永续希望的一种存在方式。审美在其中得到了体现,即便没有得到明确的表达。

居住在美国南方腹地[1]的一位农民罗伯特·科尔斯(Robert Coles)说:"土地就像一直在那地方陪着我一样,它就是我生命的一部分,是我的存在方式,就像我的胳膊和腿",并且"土地既是我的好朋友,也是我的对手,它两者都是。它耗费了我的光阴、我的感情。如果收成好的话,我会觉得棒极了,如果收成不好,那我就有麻烦了。"这位农夫无法将自然界的美描述出来,但他能深切感受其中的美。罗伯特·科尔斯询问过另一位年轻的佃农,发现尽管他家乡的生活十分贫穷,他却仍然不愿迁移到条件更好的北方去,原因在于思念故乡。到了城里他将再也见不到日落了,他将"漂浮不定,犹如烛光一样,等着燃完所有的蜡,消失于黑暗之中。"[2]

不同阶层的农民具有的恋地情结也存在差异。农业工人有着与土地距离最近的劳动形式,他们对自然界的态度既爱又恨。罗纳德·布莱斯(Ronald Blythe)谈到,在20世纪最初几年,英格兰农场的工人们生活条件很差,住在工棚里,勉强糊口。他们唯一能炫耀的资本就是强健的身体和能犁出笔直沟壑的技术,那些沟壑

---

① deep south,指美国最具南方特色、最保守的一片地区。——译者注

② Robert Coles, *Migrants, Sharecroppers, Mountaineers* (Boston: Little, Brown, 1971), p. 411、p. 527.

就是他们留在大地上的短暂印记。拥有自己土地的小农阶层生活就富裕些，心里也能唤起对土地这唯一生存资源的虔敬感。对于成功的大富农来讲，他们会为自己的土地而感到骄傲，大自然慷慨的赠予也源自他们的经营和改造。另一方面，也存在着一种矛盾的情形，那就是对地方的依附也能从人与自然界的不和谐境况中产生出来。在美国大平原边缘地带的农场上，农民必须坚持不懈地与干旱和沙尘暴抗争。那些无法坚持下来的人纷纷离开了，而留下来的人们则在心中产生了一份源于坚守的自豪感。萨里南(Saarinen)在研究大平原的干旱情况时向当地的农民展示了一幅农场正遭受狂风与沙尘暴袭击时的画面，这些长期生存在风沙侵蚀区的农民的反应是：他们知道，迁到其他的地方会有更好的收成，但却依然选择留下来，因为他们热爱这片土地，热爱它带来的各种挑战①。

098 为了生存，人们需要找到生活的意义，农民也是如此。他们生活十分艰辛，并且植根于自然界的循环与万物生死的周期里。尽管艰苦万分，但他们坚信再没有其他任何职业更适合自己了。事实上，我们对农民是怎样看待大自然的知之甚少。我们所拥有的大都是那些用细嫩双手写出来的关于农场生活多愁善感的文学作品而已。

① Thomas F. Saarinen, *Perception of the Drought Hazard on the Great Plains*, University of Chicago Department of Geography Research Paper No. 106 (1966), pp. 110-111.

健康与恋地情结

身体健康的观念是我们永远都在强调的，它一直都是普适的真理，希望人们都放声歌唱道："啊，多美好的早晨！啊，多美好的一天！"就像20世纪40年代晚期流行音乐剧俄克拉荷马里的演员们表演的那样。年轻体健的人精力充沛，会比年迈的人拥有更多情绪性的体验，尽管他们的表达能力可能不如后者。威廉·詹姆斯[①]谈到："除了典型的宗教体验之外，我们每个人都会在某些时刻感觉自己正被生活友好地包围着。如果我们年轻、健康，在夏日的树林里、山丘上，当一切都在宁静中低语时，幸福美好的事物就会包裹着我们，好似温暖干爽的气候，又宛如耳朵里面隐隐泛起的和谐之音。[②]"17世纪的诗人托马斯·特拉赫恩(Thomas Traherne)写道："直到以苍穹做衣，以星辰为冠，血脉里流淌着海水，人们才能真正享受世界之美。"这是一种诗意的夸张，也就是说，当我们产生了血脉里流淌着海水的意识之时，就会记起从原始海洋里承袭而来的遥远血统。

一顿丰盛早餐所拥有的小幸福，与特拉赫恩的从宗教神圣引发出的激情，如果非得说这二者之间有什么关联的话，是很牵强的。health(健康)、wholeness(齐全)与holiness(神圣)三个词在

---

① William James(1842—1910)，美国实用主义哲学家、心理学家，主要著作《心理学原理》。——译者注

② William James, *Varieties of Religious Experience* (New York: Modern Library, 1902), p. 269.

词源上具有关联性，都指向了同一个意思。一个普通人会因一时兴起而去打高尔夫，并由此亲近自然界，而一位圣洁、完美的人则能映射出自然界本身。能不能产生这种感觉并不完全依赖于外在的环境，而更多的是靠主体的内在状态，比如是否享用了一顿丰盛早餐、是否拥有更尊荣的地位，或是否能在充满认同感的环境里享受宁静等。神秘主义的权威人士艾芙琳·安德希尔（Evelyn Underhill）说道："至今我都还记得，当我沿着诺丁山的大路往下走的时候，竟能带着喜悦与惊讶之情去欣赏那样（极其肮脏）的环境，就连穿梭往来的交通似乎都带着某种宇宙的崇高性。"

099

熟悉与依附

对环境的熟悉，若没有产生厌恶，那就会产生喜爱之情。所谓"敝帚自珍"就是这个意思，这当中是有很多原因的。某个人所拥有的物品是他人格的延伸，贬低了那些附属物的价值就等于削减了他的人生价值。衣服这种物品是最能体现人格特征的。大多数成年人会因赤身露体而害羞，也会因穿了别人的衣服而感到自我身份遭到了侵害。当某人将他的部分情感倾注在家庭或社区后但又被强行赶出去时，就会像被强行脱掉了外套一样，剥夺了他身上具有的能与外界无序世界隔离开来的保护层。有些人很难下定决心去扔掉穿过多年、皱皱巴巴的外套然后买件新衣服，而另一些人，尤其是老年人，则不愿离开他们熟悉的社区而搬迁到新房子里去。

恋地情结里有一项很重要的元素就是恋旧。宣扬爱国主义的文字往往都会强调某个地方是人的根。为了强化忠诚感,人们建起有纪念性的景观,让后人可以看见历史。往日战斗场面的不断复述,也能使人生发出信念,相信英雄的鲜血圣化了这片大地。无文字的居民也会强烈地依附于乡土。他们可能不像现代西方人一样能够记录那些标志性的场景并把它们按时间顺序贯穿起来,当他们试图去解释自己对地方的忠诚时,或者会用生养的概念,也就是大地像母亲一样哺育他们,或者会诉诸历史。长年研究澳大利亚土著居民的一位比较人类学家史特瑞劳(Strehlow)在有关阿兰达人[①]的陈述中说道:"他深深依恋着故土,用每一寸肌肤去依恋它……如今,当他想起那些白人侵占了自己族群的领地,甚至肆无忌惮地亵渎了祖先的遗迹时,就会潸然泪下。在他们的图腾神话中,始终有对故土的热爱、渴望重返家园这样的主题。"他们的历史充满了对故乡的爱。山峦、小溪、清泉与池塘对阿兰达人来说绝非仅仅是美丽的风景,更是从祖先那里传承下来的创造物。"在周围的风景里,他看见了那些令人敬畏的从遥远故事中遗留下来的痕迹,以及那些不朽生命刻下的印迹;那些生命会在不久的将来重新化为人形出现。而在他的感受中,很多生命就像他的父亲、祖父与兄弟姐妹一般。乡野就是他的生命,是一本古老的家谱。[②]" 100

① Aranda,生活在澳大利亚中南部的一个土著民族。——译者注

② T. G. H. Strehlow, *Aranda Traditions* (Carlton: Melbourne University Press, 1947), pp. 30-31.

爱国主义

自欧洲现代国家诞生以来，爱国主义作为一种情感不再依附于某一特定地点。它是被自豪感与力量所激发的，是被符号（例如国旗）所唤起的。现代国家往往面积广大，边界更依赖于人的意志而非自然界限，涵盖的区域显得混杂，因此人心中很难产生依赖于亲密无间的地方经验与知识的情感。现代人征服了距离却没有征服时间，因此也只能像先辈那样，终其一生在世界当中找一个很小的角落去扎根。

爱国主义其实意味着对出生地的热爱。那么在古代，它完全是一种地方情感。古希腊人不会对所有能说希腊语的地方都抱有无偏见的情愫，相反只会对一些较小的区域才赋予爱国之情，例如雅典、斯巴达、哥林多[①]和士麦那（Smyrna）。腓尼基人的爱国之情仅仅赋予了推罗（Tyre）、西顿（Sidon）或者迦太基（Carthage），而非整个泛腓尼基。这些城邦能唤起人们的情愫，特别是兵临城下的时候。当罗马人因迦太基人不降服而对其施以惩罚，并要将其城邦夷为平地时，迦太基居民们会请求对手：千万要宽恕城邦的物质部分，一砖一瓦一楼一宇，这样他们才不会有负罪感，为此哪怕全城居民遭到屠戮也在所不惜。在中世纪，人们的忠诚感是指向君主或城邦的，或同时指向两者，并延伸至整个领地。但是这种情感仅限于国土之内，对超出国土界限的地方是无效的，因为后者会

① Corinth，又通常译为科林斯，位于希腊伯罗奔尼撒半岛北部。——译者注

带来差异和憎恶。现代国家作为一个拥有边界线的庞大空间很难让人直观地去体验到它，对于个体来说，国家真实性取决于这个人有什么样的知识水平。数十或数百年之后，当知识分子都已经接受了现代国家的理念，却仍然有大量的平民百姓没有这样一个概念。就像19世纪的沙俄时代，尽管俄罗斯号称其人民属于由共同文化联系在一起的社会，但当时的老百姓对此一无所知。

爱国主义有两种，即地方性的和帝国性的。地方性的爱国主义一方面建立在对地方亲密无间的体验之上，另一方面建立在对“好景不长”的感知之上，即美好的东西经常难以持久。而帝国性的爱国主义的基础是自我中心主义和自豪感，这些情感与反复鼓吹的帝国野心密切相连。例如公元1世纪的罗马，19世纪的英国与20世纪的德国，这样的爱国激情不会依附于任何具体的地理事物之上。吉卜林[①]曾说过“我不会爱上我国家的敌人”，这句话其实没法自圆其说，因为没有人能够切身体验到帝国这样一个庞大的系统有什么样的感受，任何思维正常的人都不会觉得帝国会沦为受害者，或作为一种易碎的幸福需要得到我们的怜悯。[②] 101

英格兰是一个典型的现代小型邦国，因为小而显得脆弱，在遭遇威胁时能唤起人民自发的关心。莎士比亚极其精妙地表达了这种地方性的爱国主义。在《理查二世》(*Richard Ⅱ*)(第二幕第一

---

① Joseph Rudyard Kipling(1865—1936)，英国作家，1907年作品《老虎！老虎！》获得诺贝尔文学奖。——译者注

② C. J. H. Hayes, *Essays on Nationalism* (New York: Macmillan, 1928); Simone Weil, *The Need for Roots*, trans. Arthur Wills (Boston: Beacon Press, 1955), pp. 103-84; Leonard Doob, *Patriotism and Nationalism: Their Psychological Foundations* (New Haven: Yale University Press, 1964).

场)里出现了以下关于故土的表达:“英雄豪杰的诞生之地”“小小的世界”和“幸福的国土”。

> 这一个英雄豪杰的诞生之地,这一个小小的世界,
> 这一个镶嵌在银色海水之中的宝石,
> 那海水就像是一堵围墙,
> 或是一道沿屋的壕沟,
> 杜绝了宵小的觊觎,
> 这一个幸福的国土,这一个英格兰。[①]

如果有人宣称自己“热爱全人类”,反会引起他人的怀疑;与之类似,恋地情结倘若指向一个庞大的领地,也会沦为虚假。人的生理需求是建立在一个尺度适当的地域当中的。适当的尺度能使人的感知和地域之间建立起良好的关系。倘若一片地域又正好是一个自然地理单元的话,人们就能与它建立起一种更为紧密的关系了。人的情感无法覆及一个帝国,因为帝国是一个凭权力拼凑起来的聚合物,其内部处于异质状态。而与帝国相对的是故土(pays),它拥有历史的传承性。故土可以是一个自然地理单元,如一个山谷、一片海域,一片石灰岩的出露区等等,尺度足够小,使人能够亲近它、认识它。现代国家是位于帝国与故土之间的形态,在一定程度上有历史的传承性。较帝国来说,现代国家的权力已大为分散化,权力也不是能将民众联系起来的最有力的纽带。但另一方面,现代国家的尺度又太大,以至于让人们无法仅凭一己之力

① 中文翻译摘自莎士比亚的《理查二世》,朱生豪译,云南人民出版社。——译者注

就去认识它;同时其形状也是人为主观划定,这样就无法被人们感知为一个单一的自然地理单元了。为了防御的功能和国家统一的信念,政府领导人经常会谋求把国家的边界延伸至河流、山脉或海洋处。如果说,一个帝国或国家太大了,无法唤起人们的恋地之情,那么与其相悖的是,整个地球却能唤起这样的情感。这并非不可能,因为地球也是一个自然地理单元,有自己的历史。用莎翁的“幸福的国土”“镶嵌在银色海水之中的宝石”来形容它的话,显得非常合适。也许未来的情形是,人类的忠诚感只会指向两个极端——留在记忆最深处的家园和整个地球。 102

城市化和对乡村的态度

对城市、祖国与民族的忠诚感充满了力量,它能让人们在抵抗外来侵略时抛头颅、洒热血。相反,乡村唤起的是一种散漫的情愫。为了理解这样一种特定的恋地情结的形式,我们需要了解,环境里所蕴含的价值始终是依托其对立面来定义的:“因为干渴,我们才认识了水;因为海洋,我们才了解了陆地”(语自艾米莉·狄金森[①])。离开“旅行”与“异乡”的概念,“家园”就会变得毫无意义,广场恐惧症也是因幽闭恐惧症才具有意义的。倘若乡村具有什么优点的话,也是因为它的反面意象——城市,反过来也同样成立。下面有三段关于诗人乡村之爱的描述:

① Emily Dickinson(1830—1886),美国传奇诗人,生于美国马萨诸塞州阿莫斯特镇,其诗作现存1700多首。——译者注

(1)这是我的祈祷:我渴望有一片土地,一个小花园,房屋旁边有一口活泉,栽种了一些小树。天堂就在这里,比我想象的更美好、更富有,除此之外别无所求了。惟愿那地方永远是属于我的!

(2)孟夏草木长,绕屋树扶疏。

众鸟欣有托,吾亦爱吾庐。

既耕亦已种,时还读我书。

(3)在夏季,你会看到我正坐在一棵树下,翻阅一本书,或沉思漫步于愉快的孤独中。

第一段文字是贺拉斯[①]创作的;第二段出自陶渊明的诗;第三段来自英国的亨利·利德勒(Henry Needler),他的创作生涯始于18世纪初期。三位诗人生活在不同的社会时代,却拥有相似的情感,这种现象很有启发性。他们经验的共通之处在于都明白城市生活的喧嚷与诱惑,渴望在乡村里寻找到一份安宁。

103 一旦人类社会变得复杂与精致起来,人们就开始关注和欣赏相对朴质的大自然了。在吉尔伽美什的史诗[②]中最早出现了城市与大自然两种价值的分离。这部史诗在公元前2000多年创作于苏美尔。吉尔伽美什是乌鲁克城(Uruk)德高望重的君主。城里

① Quintus Horatius Flaccus,公元前65—公元8年,罗马奥古斯都统治时期著名的诗人、批评家、翻译家,代表作有《诗艺》等,他是古罗马文学"黄金时代"的代表人物之一。——译者注

② Epic of Gilgamesh,《吉尔伽美什史诗》是目前已知最古老的英雄史诗,早在4000多年前就已在苏美尔人中流传,经过千百年的加工提炼,终于在古巴比伦王国时期用文字形式流传下来。是一部关于古代美索不达米亚地区苏美尔王朝的都市国家乌鲁克英雄吉尔伽美什(Gilgamesh)的赞歌。——译者注

便利的基础设施令他愉悦,但始终无法为他提供全部的满足。与其与贵族为伍,他似乎更愿意与野人恩奇杜(Enkidu)做伴。野人恩奇杜与瞪羚一起吃草,同野兽挤在水坑里,对文明世界一无所知。史诗对当时的景观语焉不详,但把大自然的优点都集中体现在了恩奇杜的身上。这种对乡野的情感只有在大城市出现的时候才会产生,政治的压力与官僚化的生活方式会让乡村的宁静变得很具吸引力。这样的情感是富有浪漫色彩的,它并不等同于对大自然真正的理解。而且,它还夹杂着伤感:当文人隐退到乡间,开始舒适的独处生活后,他们的心里会反过来惦记繁华的官僚世界,所以他们始终得不到满足。

对乡村的喜爱具有浪漫色彩,也反衬出了城市代表的权势与财富。在古代,人们会更主动、更直接地去亲近大自然、享受大自然。诗经表明,古代的中国人已有对自然之美的关注,但不会将自然视为与城市相对的一方。这部诗歌集重点关注的是农业生产活动,比如除草、伐木、犁地、耕种与修堤筑坝等。周朝中期(约公元前 800—前 500 年)出现了更为详尽的对农业生产的描述。公元前 4 世纪至前 3 世纪的时候,宏伟的城市出现了,城墙合围的面积达到数十平方千米,比如临淄,就包含了大约 73 万个家庭。另外,当时也是一个充满战乱的年代,常有官员退隐乡间,也时常发生官员被流放出城的事件。人们都知道,那时候的华夏大地特别是长江流域地区有大片的原始荒蛮地带,人们在那里没有任何安全感、愉悦感。公元前 300 年,屈原因为反对楚怀王的军事政策而被放逐,一路漂泊到湖南北部的洞庭湖流域,他说那里的景象是"深林

1. 乐园式的图景

历史上的案例：
a) 伊甸园和荒野
b) 寺庙和周边的荒野
c) 新英格兰的城镇和周边的荒野
d) 美国的神学院或大学及其周边的荒野
e) 美国的乌托邦式社区（19世纪上半叶）

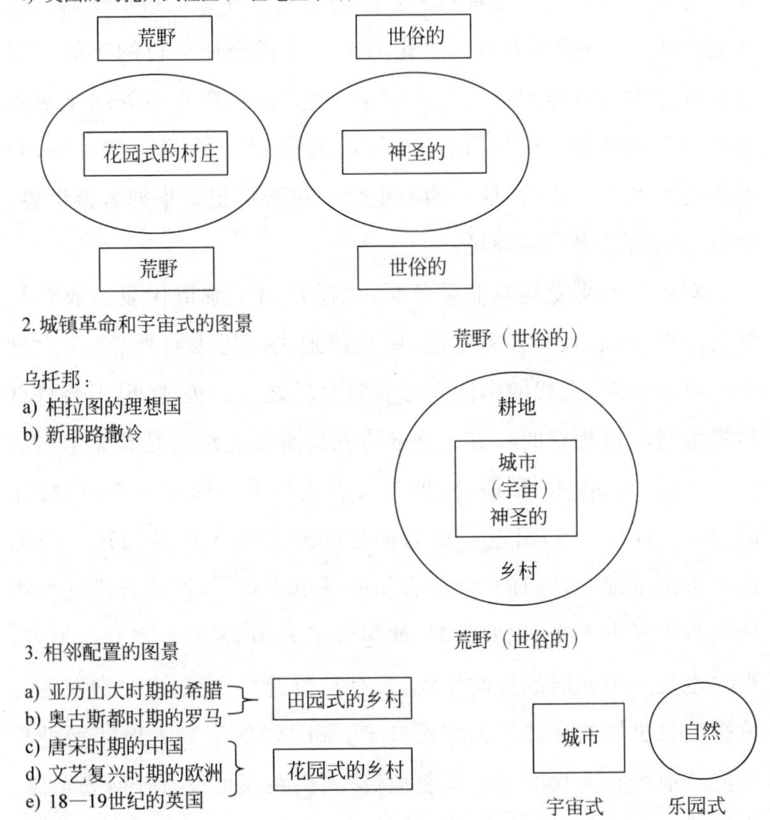

图 9　荒野、花园和城市

4. “中间景观”的理念(杰斐逊的理念，18世纪末—19世纪中期)

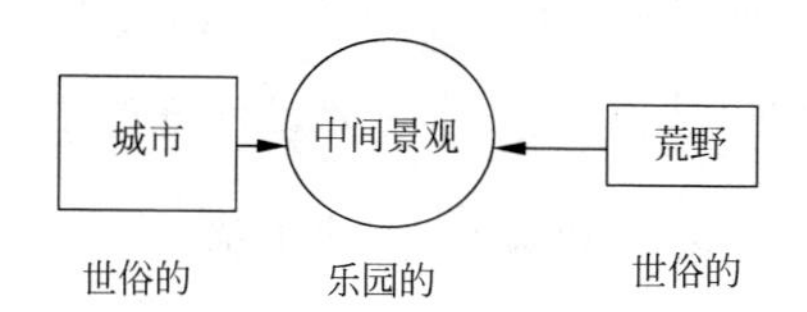

自耕农的“中间景观”一边受到城市的威胁，另一边受到荒野的威胁。实际上在这个时期里，城市在扩张，中间景观也在扩张，荒野的面积则因为前二者的扩张而缩小。

5. 19世纪晚期的价值观

6. 20世纪中期和晚期的价值观

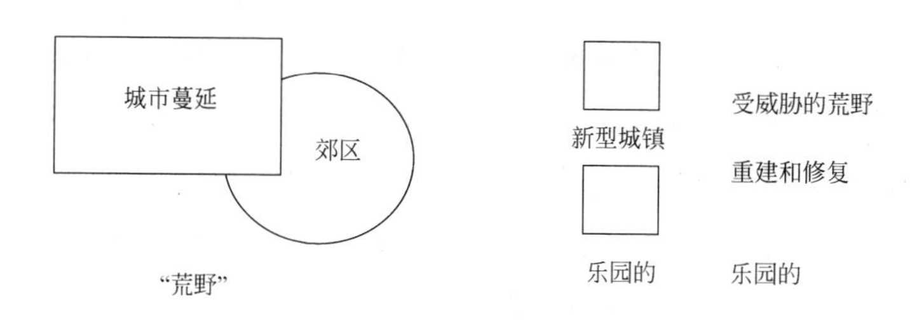

生态理念

图 9 荒野、花园和城市(续)

杳以冥冥兮，乃猿狖之所居；山峻高而蔽日兮，下幽晦以多雨。[1]”

106 到了汉朝末年(25—220年)，对田园的欣赏在士大夫之间风行起来。仲长统(180—220年)生活在那个政治动荡、叛乱频发的年代，他在《昌言》里写下了自己向往的生活：

使居有良田广宅，背山临流，沟池环市，竹木周布，场圃筑前，果园树后。舟车足以代步涉之艰，使令足以息四体之役。养亲有兼珍之膳，妻孥无苦身之劳。良朋萃止，则陈酒肴以娱之；嘉时吉日，则亨羔豚以奉之。踟躇畦苑，游戏平林，濯清水，追凉风，钓游鲤，弋高鸿。讽于舞雩之下，咏归高堂之上。安神闺房，思老氏之玄虚；呼吸精和，求至人之仿佛。与达者数子，论道讲书，俯仰二仪，错综人物。弹南风之雅操，发清商之妙曲。消摇一世之上，睥睨天地之闲。不受当时之责，永保性命之期。如是，则可以陵霄汉，出宇宙之外矣。岂羡夫入帝王之门哉！[2]

士大夫阶层在统领华夏文明的两千多年里，始终徘徊在城市与乡村的诱惑之间。城市能实现他们的政治理想，代价却是要服从严苛的儒家制度与遭遇非难的风险。在乡间，他们脱下朝服，却能在品味、研习道家思想的过程里享受天伦之乐。中国的士大夫与乡村之间有着根深蒂固的联系。头脑灵活、人脉通达的人士会选择离开乡村去往城市，在阴晴不定的官场里拿着朝廷的俸禄；但

---

① Robert Payne (ed.), *The White Pony: An Anthology of Chinese Poetry* (New York: Mentor Books, 1960), p. 89.

② Arthur Waley, Life Under the Han Dynasty: Notes on Chinese Civilization in the First and Second Centuries A. D., *History Today*, 3 (1953), 94.

艾伯华[1]发现他们也常常会居住在城郊豪华的小村舍里，诗意地称为“草堂”。在草堂里，他们是一群修道者，从心理上抗拒儒家传统的束缚，也就是当“城中政局不稳，面临政治风险的时候，他们会选择暂时隐居；而当城里的情况好转以后，这些‘道士’又会重返城市，成为一群‘儒士’。[2]”

欧洲人对乡村的喜爱与对城市的抗拒之情在以下三个时代的文学作品里都得到了反映。首先是在古希腊和亚历山大大帝的时代，然后是在罗马帝国奥古斯都的时代，接下来是 18 世纪现代浪漫主义的时代。其实在亚历山大之前，人们就已经产生了向往乡村的情感。比如雅典人在旷日持久的伯罗奔尼撒战争期间（公元前 431—前 404 年）就感受到了对田园生活的强烈向往。但田园诗在古希腊文学中并不显得突出。在亚历山大时期，出现了大型城邦，使得社会开始抗拒复杂的城市生活并向往朴质的乡村生活。忒俄克里托斯[3]的田园诗就是对乡村宁静生活的表达。下面几句诗记录了在科斯岛上，诗人在盛夏时节对丰收的感悟，我们看看他是如何描绘乡村之声的：

107

> 茂盛的榆树和白杨树在我们头顶上方窃窃私语。圣洁的河水从仙女洞潺潺淌出，从我们身旁流过。绿荫丛中，知

---

[1] Wolfram Eberhard(1909—1989)，美国学者，专攻东亚社会学。——译者注

[2] Wolfram Eberhard, *Conquerors and Rulers: Social Forces in Medieval China*, 2nd ed. (Leiden: E. J. Brill, 1965), p. 45.

[3] 忒俄克里托斯（约公元前 310—前 250 年），古希腊诗人，是欧洲田园诗的首创者。他传下的诗有二十九首，描写西西里美好的农村生活和自然风景，风格清新可爱。——译者注

了鸣叫，云雀歌唱，鸽子低吟，蜜蜂嗡嗡地掠过泉水。四围的一切都充满着丰收果实的芬芳。梨子、苹果掉落在地，滚到我们的脚旁。李树的枝条因结实太多，沉甸甸地垂到了地面上。[①]

与奥古斯都罗马的雄伟壮丽相对照的是牧歌式的乡村，维吉尔[②]和贺拉斯的诗歌对乡村有着详尽的刻画。维吉尔的家乡在曼图亚市[③]附近的波河平原之上。他的诗让人想起，曾经的牧场上长着山毛榉和橡树，牧羊人赶着牲口走来走去。诗里描绘了一片美好和幸福的理想大地，在它的魅力之下，每一个人也都有与它相关联的悲伤。但维吉尔的世外桃源(Arcadia)[④]遭受到了双重威胁：一边是罗马帝国，另一边是沼泽与裸岩造成的恶劣环境。贺拉斯在罗马帝国蒂沃利[⑤]不远处的乡村找到了灵感和慰藉。他之所以在那里隐居，部分是因为身体有恙，还是因为年纪增长，对简朴生活的兴趣在逐渐增强。他在赞美乡村生活的时候常常拿城市作对比。为了衬托出与世隔绝的幽谷中的宁静，他描绘了罗马城市里污浊的空气、虚浮的繁荣、充满竞争的商业环境与暴力泛滥的欢乐[⑥]。

---

① Theocritus，The Harvest Song，trans. A. S. F. Gow，*The Greek Bucolic Poets* (Cambridge：Cambridge University Press，1953).

② Publius Vergilius Maro，罗马奥古斯都时代的诗人。主要作品有《牧歌集》《农诗集》等。史诗《埃涅阿斯纪》代表了罗马帝国文学的最高成就。——译者注

③ Mantua，意大利北部城市。——译者注

④ 阿卡狄亚(Arcadia)，古希腊一山区，人情淳朴，生活愉快，常用来意指世外桃源。——译者注

⑤ Tivoli，意大利北部城市。——译者注

⑥ Gilbert Highet，*Poets in a Landscape* (New York：Knopf，1957).

18世纪,欧洲的文化人把大自然神话了。特别是哲学家和诗人们,大自然对于他们来说是智慧、灵性与圣洁的象征。在大自然里,人们可以获得宗教般的情感、美善的道德,以及对上帝与人之间关系的神秘理解。在18世纪初,人们对乡村环境的赞美更像是一种反奥古斯都式的情绪表达,而不是对赞颂自然或者自然本身的兴趣。塞缪尔·约翰逊[①]在1751年曾说道:"事实上,很少有作家没有表达过对乡间个人幸福生活的赞美之情的。"这个时期的文人们都城市化了,因为城市里有大家都渴望的机会、政治、利益,尤其是在伦敦。作家们也会对自身所在的环境唱反调。18世纪上半叶创作的新古典主义诗歌中就充斥着隐退乡间的主题,表达了 108 渴望离开这座"被低级趣味所强暴的同性恋之城"去追寻平凡简朴生活的情感。绅士们去往乡间是为了获得一种孤独,由此来激发研究与思考的动力。威廉·申斯通(William Shenstone)经常"去树荫之下寻求宁静",这样才能把自己从世俗追求的刺痛中解放出来[②]。而亨利·利德勒正如前文所言常常去往乡间从事阅读,而不是纯粹地欣赏大自然。在某种程度上,乡村情怀也会染上一层浓重的忧郁。诗人描述他们如何从"孤独转向苦思与沮丧,在夜间退色的大自然中只能找到伤痛般的快乐。在黑暗寂静、深不可测的夜色里,在朝着教堂方向的无光之处,在荒无人迹的废墟当

① Samuel Johnson,英国作家、文学评论家和诗人。重要作品有长诗《伦敦》《人类欲望的虚幻》《阿比西尼亚王子》等。——译者注

② George G. Williams, The Beginnings of Nature Poetry in the Eighteenth Century, *Studies in Philology*, 27 (1930), pp. 583-608.

中……只能感受到人的渺茫与宿命里的死亡。[1]”然而到了 20 世纪中叶，出现了一种更为豪迈与雄壮的欣赏大自然的气魄，这种气魄越过了乡间，上至峻岭，远达海洋与沙漠。

在北美洲，“腐败的城市、蓬勃的乡村”这种理念广为人们所知，甚至成为一种常识。人们不断地在说：一开始，腐化堕落的欧洲和欣欣向荣的美洲形成了令他们喜悦的对比；接着，美洲的制造业开始发展起来，带来了大城市建设的如火如荼，这种对比关系就逐渐演变成唯利是图的东部沿海地区与维持着美善正直的农业腹地之间的了。托马斯·杰斐逊[2]在推广列奥·马科斯(Leo Marx)所谓田园理想的过程中起到了举足轻重的作用。众所周知的是，杰斐逊对文学当中的“田园”意象十分熟悉，能灵活运用希腊语去引用忒俄克里托斯的诗句，也对拉丁语的诗歌甚为喜欢。在青年时代他就勤奋阅读了詹姆斯·汤姆森(James Thomson)的诗。汤姆森是早期通过诗歌的方式展现上帝之手如何在大自然中运作的一位诗人，诗句平静而庄重。杰斐逊认为“如果上帝真心希望自己能发现一个人，其心胸宽阔到足以拥有最博大的真诚，那么，那些在大地上辛勤劳作的人都是上帝所选中的”。相反，“如果把健康的政府比喻成健康的人体，那么住在大城市里面的那些乌合之众

① Cornelis Engelbertus de Haas, *Nature and the Country in English Poetry* (Amsterdam: H. J. Paris, 1928), p. 150.

② Thomas Jefferson(1743—1826)，美利坚合众国第三任总统(1801—1809)。是《美国独立宣言》主要起草人与美国开国元勋中最具影响力者之一。——译者注

就像是酸痛的感觉，只能给自己的大环境添乱。[1]”

在欧洲浓厚的文学传统中，依然保留着对乡村的热爱——我们能看到，有人喜爱着乡村的房屋和土地，也有人愿意花心思去装扮它们，这在从古至今的文学作品中得到了体现。在美国“乡间的乐园能让人们的美德发扬光大”这一理念也登上了政治的舞台。109 美国第三任总统希望将国家财富与权力置于农业理念之下，该观点获得了美国公众的赞同。在19世纪，吃苦耐劳、品德高尚的农民形象成为了美国民族精神的象征。这样的理念并没有阻止或妨碍财富的聚积与技术的进步，美国依然发展成为了一个制造业大国。然而，该理念绝非是一种空洞的修辞，它具有的情感渗透进了美国的文化当中，表现在看低城市、迁往乡村、乡间欢度周末的行动当中，以及自然保护运动等方面。这样的理念在政治层面上也表现得很明显，例如表现在“因‘地方主义’的兴起而反对国家体制化教育的行动当中，表现在国会农业部门握有的权力当中，表现在政府对农业的特殊补贴当中，表现在选举系统允许农业人口的投票权重超出其所占总人口比例的规定中。[2]”

---

① Thomas Jefferson, *Notes on Virginia*. Query 19. For a source book on rural behavior embracing the history of rural-urban thinking, see Pitirim A. Sorokin, Carle C. Zimmerman, and Charles J. Gilpin, *Systematic Source Book in Rural Sociology*, 3 vols. (Minneapolis: University of Minnesota Press, 1932).

② Leo Marx, *The Machine in the Garden* (New York: Oxford University Press, 1964), p. 5.

荒　　野

不管现实的生活条件是怎样的，乡村始终被人们视为与城市相对立的地方。作家、卫道士、政客甚至社会学家们都将乡村与城市视为一组基本的对立物。然而从另一个角度来说，原始的大自然和荒野才是与人造的城市相对立的一方，而不是乡村。乡村是一种中间景观(middle landscape，列奥·马科斯自创的术语)。在农耕神话中，乡村是去平衡城市与荒野两个极端的理想中间景观。这种二元对立环境的调和态同我们所见到的其他传统文化中的结构相似，比如说美洲的中间景观就等同于印度尼西亚的“madiapa”。但在印尼人的世界观中，山和海才是永恒相互对立的两极，城市与荒野是西方历史流变中产生的一对矛盾——有些时候，矛盾双方的意义会发生反转，在这样的反转过程中，城市与不断扩张中的农田(即中间景观)都被视为了纯粹大自然的对立面。在这样的框架中，我们可以去回顾荒野所具有的含义。

在《圣经》里，荒野具有两种矛盾的意象。一方面，它是一片荒芜孤寂之所，被上帝判罪，有魔鬼在那里四处游走。“他们的地……又因耶和华猛烈的怒气都成为可惊骇的。”[①]《耶利米书》(25:8)；亚当和夏娃被赶出伊甸园之后，去往长满荆棘与蒺藜的“受诅咒之地”；基督也在旷野里受魔鬼的试探。《圣经》里的这些话都在强调荒野所具有的消极意义。而另一方面，荒野也被视为：(1)避难所

110

① 本自然段译文引自《圣经》(和合本)。——译者注

和默想神的地方，(2)被拣选之人经受试炼和洗净罪孽之处。先知何西阿[①]在《何西阿书》(2:14)里提到了西奈[②]旷野[③]中的婚礼:“后来我必劝导她，领她到旷野，对她说安慰的话……她必在那里应声，与年幼的日子一样，与从埃及地上来的时候相同。[④]”在《启示录》第1章第9节与第17章第3节里，先知[⑤]指出旷野的环境能让处于默想状态的基督徒免受世界的搅扰，能更加清晰地看见至圣者。

基督教的禁欲主义传统对待荒野的态度始终保持着一种二元对立观。约翰·卡西安[⑥]认为，一方面修道士来到荒野是为了与魔鬼公开斗争；另一方面，在“辽阔荒野所具有的自由中”，他们在

---

① 何西阿，《圣经·旧约全书》里《何西阿书》一卷的作者，是公元前8世纪的一位先知。——译者注

② 西奈旷野，位于西奈半岛。西奈半岛是北接地中海南临红海的三角形半岛。其西部边界是苏伊士运河，东北部边界为以色列与埃及的国界。西奈半岛南端的西奈山是摩西领受耶和华所颁布的十诫之处，因此，“西奈”这个词对于以色列人来说具有至高无上的意义。——译者注

③ 在《圣经》(和合本)里 wilderness 均被翻译为旷野。《圣经》(和合本)旧称官话和合本，是今日华语人士最普遍使用的一本，所以本书中关于圣经语句的翻译均参照和合本。——译者注

④ 关于“婚礼”的意象是在《何西阿书》第2章16节中体现出来的:“耶和华说，那日你必称呼我伊施(就是我夫的意思)，不再称呼我巴力(就是我主的意思)(And it shall be at that day, saith the LORD, that thou shalt call me Ishi; and shalt call me no more Baali.)，即耶和华愿做祂的选民以色列人的丈夫之意。——译者注

⑤ 这里原文为 Seer，将其翻译为“先知”是考虑文法的顺畅。其实段义孚在这里指的是耶稣的门徒约翰，而约翰并不是一位“先知”，先知的职分在新约时代已经结束了。约翰只是于主后90—95年流放于拔摩海岛期间看见了关于未来世界的异象，由此写下了《启示录》。——译者注

⑥ John Cassian，约公元360年出生，卒于435年，可能是高卢人，公元4—5世纪基督教神学半贝拉基主义(Semi-Pelagianism)的代表人物。——译者注

寻求享受“能与天使般祝福相比拟的生命”。对禁欲主义者来讲，荒野既是魔鬼的出没之处，也是人类与世界和睦相处的福地。禁欲主义对待野生动物的态度也存在矛盾性：这些动物既是撒旦的奴仆，也是修道士与僧人生存环境中不安定的乐园里的居民。在早期基督教的历史中，僧人在荒野里住的小屋，以及在世俗世界里的教堂，都被视为乐园在大地上具体而微的反映。它们给周围的地域染上了神圣的色彩，所以，人们可以从中一窥乐园当中的圣洁。①

在美国，至今还存在着对荒野模棱两可的态度。新英格兰的清教徒相信他们在新世界当中开启了一个全新的教会时代，这就是在上帝守护的荒野里像花园般繁荣的改革宗教派②。而另一方面，也像约翰·艾略特(John Eliot)所说的：“荒野什么都没有，只有繁重的劳作、无尽的渴望和来自荒野本身的诱惑。”马特·科顿(Cotton Mather，1663—1728)在它的作品中表达了对待荒野的矛盾态度，这种态度我们在新、旧约全书里也能看到。在他的思想里，荒野被视为敌基督③的帝国而存在，充满了可怖的危险——魔鬼、恶龙与飞行的火毒蛇。而在另一种心情下，他认为北美的荒野是上帝旨意里为改革宗教会确定的庇护之所。

马特·科顿在世的时候曾一本正经地讲述过森林里的魔鬼与

---

① George H. Willams, *Paradise and Wilderness in Christian Thought* (New York: Harper & Row, 1962).

② reformed Church，又名归正宗或加尔文宗，是基督教的一宗派，发源于瑞士，加尔文是其主要创始人之一。——译者注

③ Antichrist，为圣经通行译法，或译伪基督、假基督。意思是以假冒基督的身份来暗地敌对或意图取缔真基督的一个或一些人物。——译者注

恶龙，他卒于1728年。同年，弗吉尼亚的乡绅威廉·伯德[①]在第一次见到阿巴拉契亚山的时候，却以一种浪漫式的情趣对当地的景观进行了描绘。当眼前的山景被迷雾挡住的时候，他遗憾地说道："荒野的景色丢失了！"当他必须离开那里的时候，他恋恋不舍地说，这片荒野"是那样的原始，那样的令人愉悦！"因此，当马特以一种昏暗的神学视角去透视荒野之时，伯德却透过当时流行的浪漫主义彩色眼镜去观赏它。但对拓荒者来说，他们却不会对荒野抱着欣赏之情，为了生计，荒野是需要去战胜的对象，是对生计的持续性威胁。在殖民时代的初期，传教士们都将荒野视为魔鬼的住所，只有少数地方被当作教会的庇护之地。然而在整个18世纪期间，拓荒者与文学绅士之间的鸿沟在不断地扩大，前者将荒野视为障碍，后者却是在谙熟欧洲自然神论哲学家与自然诗人作品的前提下，以旅行者的眼光去看待荒野的。

111

随着美国人口的增长，农田与居住区迅速往西部推移，东部地区的文学家与艺术家们越来越深刻警醒到荒野正在迅速消失的现实。约翰·奥杜邦[②]于18世纪20年代在俄亥俄谷旅行搜集鸟类样本的时候，反复见证了森林遭到破坏的情景。当托马斯·科尔[③]

---

① William Byrd，英国文艺复兴时期的作曲家，罗马天主教徒，莎士比亚的同时代人。代表作包括圣歌集，升阶经，键盘曲集《内维尔夫人曲集》《处女时代》中的一部分作品。——译者注

② John James Audubon，美国著名鸟类画家，其作品《美洲鸟类》被誉为19世纪最伟大和最具影响力的著作。——译者注

③ Thomas Cole(1801—1848)，美国画家，哈德孙河画派的创始人之一。其关于纽约和新英格兰的浪漫主义风景画最为著名。代表作有《白山峡谷》《美洲湖景》《奥克斯博》等。——译者注

看见大自然被摧毁的时候，他感叹道："每一座山丘，每一条峡谷都变成了玛门的祭坛！"并认为荒野会在几年之内完全消失。威廉·布莱恩特[①]也抱着同样的悲观之情。他在1846年于大湖区的旅行之后预见到，荒野和树林将来都会被农舍和旅店所取代。目光敏锐又能言善辩的人，比如说亨利·梭罗[②]，也在呼吁保护大自然。这产生了一定的影响力，比如黄石公园(1872)与阿迪朗达克森林保护区[③](1885)就是全世界第一批出于公共利益考虑而设立的自然保护区[④]。

到了19世纪末，荒野的美好品质开始具有了一定的复杂性。它象征神圣，能引起人们的深思。在荒野的孤寂当中，一个人能够远离玛门的诱惑，进入到更深邃的思考当中去；荒野还能与西部开拓者的意象连接起来，使其自身具有一种典型的美国人气质，而且能与不断进取、坚忍不拔的男子汉气概联系在一起。人们越来越向往荒野，就像向往乡村那样，是对城市生活无论在现实层面还是想象层面都感到失败的结果。但是向荒野进军的行动并不是农耕理念的延伸，这两种理念在某些方面是相互对立的。其实乡村(而

112

① William Cullen Bryant，美国诗人，新闻记者，美国最早的自然主义诗人之一。他创作了大量以自然界为主题的诗篇，如《黄昏漫步》《秋林》等。——译者注

② Henry David Thoreau(1817—1862)，美国著名作家、自然主义者、改革家、哲学家。主要作品《瓦尔登湖》。——译者注

③ Adirondack Forest Preserve，位于纽约州的北部。——译者注

④ Roderick Nash, *Wilderness and the American Mind* (New Haven: Yale University Press, 1967); David Lowenthal, The American Scene, *Geographical Review*, 58 (1968), pp. 61-88; Robert C, Lucas, Wilderness Perception and Use: The Example of the Boundary Waters Canoe Area, *Natural Resources Journal*, 3, No. 3 (1964), pp. 394-411.

非城市)的扩张才是对荒野最直接的威胁。中间景观所在的区域可能具有三种典型的意象:田园风光中的牧羊人、庄园树下读书的乡绅和农场里的佃农。然而这三者都与荒野的价值没有任何关联。定居的佃农与自由自在的拓荒者是没有共同点的,而隐居知识分子闲散的气质与荒野中男子汉气概的罗斯福主义(Rooseveltian)也是相互对立的。

很少有人会注意到"保护荒野"这种说法所具有的反讽含义。"荒野"是不能被客观定义的,因为它更多地体现一种心态,而不是对大自然本身的描述。今天,当我们去谈论保护荒野的时候,这个概念已经不具备它本身应有的意义了。《圣经》里面表达出的对荒野的恐惧与敬畏之情,是人类社会远远比不上的、也是人类所不能理解的。今天,"荒野"这个词象征着自然的秩序。但是从人们的心态上讲,真正的荒野其实存在于不断蔓延的城市当中(图 10d)。

9. 环境与恋地情结

113 恋地情结是关联着特定地方的一种情感。在对这种情感的本质进行分析之后，我们将转而去探讨能为恋地情结提供意象的地方与环境之特征，所以，这种情感远远不是游离的、无根基的。尽管环境能为恋地情结提供意象，但并不意味着环境对恋地情结具有决定性的影响，也不代表环境拥有强大无比的能唤起这种情结的力量（像第 8 章的很多案例所表明的那样）。环境可能不是产生恋地情结的直接原因，但是却为人类的感官提供了各种刺激，这些刺激作为可感知的意象，让我们的情绪和理念有所寄托。感官刺激具有潜在的无限可能性，而每个人的脾气秉性、目的以及背后的文化力量都决定着他在特定时刻所做的选择（爱或价值观）。

环境与极乐世界

人类对环境抱有怎样的憧憬呢？我们无法仅仅通过观察现实中的环境去了解。有一种方法或许可以接近这种憧憬，那就是去114 考察人们认为死后的世界是什么样子的。很多宗教认为人死之后灵魂归于天国，但并非所有人类族群都认同来世和极乐世界，佛教里涅槃的概念就明确表达了对这种地方的否定。虽然恋地情结不属于佛教的教义，但现实中的佛教寺庙通常都修建在极其美丽的地方。除了佛教与神秘主义的禁欲宗教以外，在世上许多地方，人们都相信有一种或许在天上、或许在地平线以外、或许在地下存在的来世。毫无疑问的，这些地方的形式和当地的地理环境十分契合，只是都去掉了令人伤心痛苦的那些要素。于是，各种天堂的样式彼此之间比其对应的大地更为相似。澳洲土著人的“桉树王国”位于大海之外或者天空之上，与澳洲的地表景观颇为相似，但是要富饶得多、肥沃得多，那里有数不尽的飞禽走兽。科曼奇人[①]认为日落之处是一条大峡谷，比他们居住的阿肯色峡谷长十倍、宽十倍。在那理想之境没有黑暗、没有暴风雨，到处都有水牛和麋鹿那样的走兽。格陵兰岛的爱斯基摩人认为，人死后的美好世界在地下，那里充满了阳光，有永无止境的夏天，充沛的水、鱼和飞鸟，海豹、驯鹿垂手可得，或者它们刚好就在沸腾的巨大水壶里。

具有持续吸引力的环境

人类不断憧憬着理想之地。地球上存在各种各样的问题，使人类无法将它视作最终的家园。而在另一方面，任何一个地方也都需要人类（至少是某些人）对它保持忠诚。无论在哪里，当我们要去称呼某一类人群的时候，我们都会提到他们的“家乡”，并且是带着最甜美的意味去谈“家乡”这个词。苏丹[②]的环境会让外来者

① Comanche，北美印第安人的一族，曾在从普拉特河到墨西哥边境一带生活，现居住在俄克拉何马州。——译者注

② Sudan，苏丹共和国，位于非洲东北部，红海沿岸，撒哈拉沙漠东端。——译者注

感到单调、乏味，但是埃文斯·普理查德①却说他很难让那里的努尔人②相信在他们的居住地以外还有更美好的家园③。在纷繁芜杂的现代社会中，每个人对环境的品味都是不一样的。有些人喜欢长年居住在狂风吹刮的沙质平原上。阿拉斯加人(Alaskans)因长年累月冰天雪地的生活似乎爱上了那里的环境。而大多数人还是喜欢像家一样的环境，尽管偶尔会去到沙漠寻求一下审美的刺激。广袤的干草原④、沙漠和冰原的环境常常令定居者望而却步，不光在于其脆弱的生态，还在于不断遭人厌弃的景观和艰苦的生存环境，一看就不像个能栖身的地方。而在富饶的平原上，人们会在开阔的空间里，用树木与房屋合围营造出庇护的感觉。自然环境本身也能产生庇护的感觉，比如说广袤的热带雨林，与世隔绝的、富裕的热带岛屿，地形相对封闭、资源丰富的山谷或者海滨。在第7章里，我们谈论过热带雨林的封闭环境满足了巴姆布提族俾格米人(BaMbuti Pygmies)和雷利人(Lele of Kasai)在物质与精神上的深层次需求。大森林的环境同样是哺育人类的襁褓，如今，林中的小屋依然是某些想做隐士的现代人渴望的地方。另外还有一些自然环境，它们在历史上吸引着不同地区的人，诱发着他们的幻想与崇敬之情，这些环境包括海滨、山谷和岛屿。

115

---

① Evans-Pritchard(1902—1973)，英国社会人类学家。他通过对苏丹努尔人的人类学田野研究所撰写的《努尔人》(1940)一书，已成为人类学的经典著作。——译者注

② Nuer，生活在琼莱州及上尼罗河州部分地区的部落联盟，是一个5000年前就已存在的古老民族。——译者注

③ E. Evans-Pritchard, *The Nuer* (Oxford: Clarendon Press, 1940), p. 51.

④ steppe，在地理上特指西伯利亚一带没有树木的大草原。——译者注

海　　滨

海滨的庇护所是人类所青睐的环境，其原因不难理解，它的几何形状具有两方面的吸引力：第一，海岸凹陷的特征与峡谷能形成安全的意象；第二，水域造就的开阔地平线会激起人们的冒险欲。另外，水和沙也能“接纳”人的身体，而在大多数情况下人的身体只能享受同空气和大地的接触之乐。森林中，人被包裹在了阴暗的深处；而沙漠环境又完全暴露了人的身体，使人体不断忍受烈日与地表的残酷。沙滩的环境尽管也同样是在烈日的曝晒之下，但沙质的地表能生发一种愉悦感，沙粒会钻进脚趾缝里，海水也能为人体提供支持与接纳。

若追溯到非洲旧石器时代的早、中期，我们就会发现易于栖居的海滨或者湖岸可能是人类最早的家园。如果说森林的环境使人类的祖先负责感知和移动的器官得到了大幅进化，那么海滨的栖居可能促使了人类乏毛特征的出现，这一特征将人类与猿、猴区别了开来。关于人类远古时期进化诱因的理论往往不够确切。但是，人类在水里的敏捷表现却是显而易见的。这样的天赋在灵长类的动物当中并非广泛存在，除了人类，只有恒河猴在海边觅食的时候才表现出来。难道我们最早的家园正是位于海滨或者湖岸的伊甸园吗？卡尔·索尔[1]描述了海滨得天独厚的地方：“没有什么

① Carl Ortwin Sauer(1889—1975)，美国地理学家。1923—1957年在加州大学伯克利分校任教。最有名的著作之一是《农业的起源与扩散》(*Agricultural Origins and Dispersals*)，1952。1927年，索尔在一篇名为《文化地理学的近期发展》(Recent Developments in Cultural Geography)的论文中论述了文化景观是如何叠加在物质景观的基础之上而形成它自身的。——译者注

环境比海滨更具有吸引力了。大海,尤其是潮涨潮落的海岸,为人类提供了饮食与学习的最佳环境。它对人类需求的供应是持续不断且多样化的,它使人类的技能得以发展,它的宜居环境使人类的动物行为发展成了文化。①”

116 生活在热带、温带海岸地区的原始人几乎都是游泳、潜水的高手。进一步说,人在水中行动的性别差异微乎其微,这表明人们可以在水中平等地参与劳作,并公平地享受运动之乐。卡尔·索尔认为娱乐与谋生行为相结合或许是吸引原始男性个体的重要原因,能吸引他们从海洋获取生计来源,这比男性在陆地上作为猎手的时代更久远。同时,该过程也使得互惠型的家庭开始萌芽。史前时期的贝丘遗址(shell mounds)表明海洋与湖岸地区为人类提供了丰富的生存资源,能支撑起的人口密度远远超过依赖于打猎和采集的内陆地区。或许是到了发达的农业时代,像新石器晚期,人类才开始在内陆地区大量聚集,但在河中捕到的鱼也依然是重要的食物来源。

在现代社会,总的来看,渔业人口比内陆地区的农业人口要贫穷一些。但这些渔业人口之所以能持续存在,主要并不是出于经济效益的缘故,而是因为其传说般的远古生活方式给人带来了满足感。在整个19世纪里,海滨环境为人类提供了快乐与健康,使其越来越受欢迎,经济产出不再是最大的吸引力了。每到夏季,就有大量欧美人士去海滨度假。1937年,花一个星期或更长时间外

① Carl O. Sauer, Seashore: Primitive Home of Man? in John Leighly (ed.), *Land and Life* (Berkeley: University of California Press, 1963), p. 309.

出度假的英国人大约有 1500 万。1962 年,英国有 3100 万人口去了海边,相当于全国人口的 60%、度假人数的 72%。至此海滨度假已成为全英国最受欢迎的一种方式。游泳一直是最受人们欢迎的,并且是老少皆宜的运动项目。到 1965 年,其他任何单一运动项目的参与人数都比不上游泳的一半[①]。但正如吉尔伯特(E. W. Gilbert)指出的,滨海游泳项目受欢迎的现象也是最近才开始出现的,英国岛屿的性质并没有使人们过早地对海岸环境产生兴趣,而是在人们逐渐相信海水浴与健康之间的关系后,保健爱好人士才逐渐从内陆的温泉转向了海滨。英国的理查德·拉塞尔(Dr. Richard Russell)医生打响了海水浴的品牌。他在 1750 年出版了一本书,其中谈到了海水对内分泌疾病产生的疗效。在随后一个世纪中,这本书的内容在抑郁症人群和追求享乐的欧洲人士间广为流传。或许还因为铁路交通的发展,海滨度假胜地在 19 世纪 50 年代以后更进一步地蓬勃涌现了出来。海滨的一日游、周末游和季度游的大量出现,这个二战结束以后的新现象,反映出了中低 117 阶层与中产阶层人口的不断壮大和汽车使用量的剧增[②]。经济与技术的因素可以对越来越多的人涌向海滨的现象给予解释,但它们都不是让海滨具有如此吸引力的根本原因,其真正的原因还在于人们对大自然有了新的认识。

---

① J. Allan Patmore, *Land and Leisure in England and Wales* (Newton Abbot, Devon: David & Charles, 1970), p. 60.

② E. W. Gilbert, The Holiday Industry and Seaside Towns in England and Wales, *Festschrift Leopold G. Scheidl zum* 60 *Geburtstag* (Vienna, 1965), pp. 235-247.

在美国，在海滨游泳出现之前，内陆地区的温泉浴是人们首选的追求健康和娱乐的方式①。尽管海水浴在18世纪末已经出现了，但它的流行却始于更晚的时候。因为从事海水浴需要克服心理上的拘谨，所以制造商推出了一种特殊设施，让海水浴者在进到水中和从水里出来的时候可以被遮挡。同时，游泳作为一项男女混合的运动项目也会让人心存顾忌。19世纪晚期，海水浴的人士通常都是穿着全套衣裤下海的。然而随着社会环境的巨大变化，拘谨的礼仪逐渐被普遍的常识所取代。20世纪之后，游泳成为了美国最常见、最受欢迎的户外运动。从19世纪20年代开始，美国东海岸的沙滩总是会季节性地爆满。和其他竞技项目不同，游泳弱化了人与人之间物质和地位上的差异，它不需要昂贵的运动器材，因此适合于全家人参与，不管是小孩儿、老人还是残疾人士都能享受滨海世界的恩惠。这项运动的流行程度也能够反映出一个国家民主情怀的高低。

山　谷

尺度适中的山谷和盆地对人类也具有很强的吸引力。它是一种生态高度多样化的环境，无论河流、洪泛区还是坡地，都能给人提供很多适宜的生存条件。人类在这些地方可以方便地获取水资源——由于人体无法长期储存水分，谷中的溪流、池塘和山泉则提

① Foster R. Dulles, *A History of Recreation: America Learns to Play*, 2nd Edition. (New York: Appleton-Century-Crofts, 1965), pp. 152-53, pp. 355-356.

供了即时的水源。如果水量足够大，还可以作为天然的航道。农民喜爱山谷里的肥沃的土壤。但这里也存在着劣势，特别是对只具有简单工具的原始人来讲会十分不利。像河漫滩上生长的杂草，虽然有时能让人们躲避猛兽，但要将它们清除掉却是十分困难的。平坝上的排水不畅、瘴气弥布、洪水侵害和气温骤起骤伏所带来的威胁都要比高坡上的严重得多。这些地区的土质尽管肥沃但厚重紧实。山谷中只有部分地区的困难可以被克服或忽略，使人们开展农耕，而洪水侵蚀的大片沼泽地都是荒芜的。人们基本上定居在谷底两侧干燥多石的阶地之上。而也正是这种中等尺度的山谷与盆地环境才使得人类迈出了向着村庄农业式定居生活的第一步。 118

山谷就像子宫和襁褓，凹陷的地形能保护和哺育生命。有一种假说认为，当人类的祖先走出森林来到平原上的时候，就立即开始寻找能让身、心、灵都受到保护的洞穴。人造的庇护场所是一种凹进的建筑物，它能保护人体免受烈日的曝晒等等环境威胁，让人的生理机能得以正常运行。最早的居住方式通常是半地下式的，这种建筑物弱化了人们对地上构造的需求，也让居住者和大地能更亲密地接触。山谷是具有阴性而且神秘的场所，是人类生物性的迈伽拉[①]。山顶等高处皆象征通向天堂的阶梯，是众神的居所。人类在山丘上修建神庙与祭坛，那里虽然不是人类的住所，但在遭受侵略时却可以被当作避难处。

① megara，爱琴海边的一处峡谷名，也是希腊古城名，源于希腊神话。

岛 屿

似乎岛屿与人类的想象力始终是联系在一起的，它没有热带雨林与海滨地区的生态多样性，同人类进化的关系也不大。它的重要性主要体现在人类的想象中。许多宇宙起源的假说都认为，世界最初是像水一样的混沌，陆地刚刚显露出来的时候就是一些大大小小的岛屿。原始的小山丘最初也是岛屿，生命就在上面孕育。很多传说都认为，岛屿或是亡灵的所在地，或是长生不老者的居所。岛屿也象征着人类堕落之前的恩福和纯真，大陆上的疾病无法侵染那里，因为有海洋相隔。佛教的宇宙观认为，象征着“尊荣之地”(excellent earth)的四个岛屿(四大部洲)位于世界外部的海洋中。在印度教的信条中，有一座遍地是宝石的芳香岛(essential island)，那里有散发着甜香气的树木，储存着不老不死水(magana water)。中国也有类似的传说，比如位于东海、与江苏隔海相望的三座仙山——蓬莱、方丈和瀛洲。马来亚的森林中居住着塞芒人(Semang)和萨凯人(Sakai)，他们想象出了一座盛产水果的岛屿乐园，在那里，折磨世人的一切疾病都被清除掉了。这座岛屿位于天堂，必须从西方才能进入。在一些波利尼西亚人[1]的想象中，极乐净土也是一座岛屿，这是理所当然的；但在西方人的想象世界里，岛屿也占据着最为重要的位置。我们来大体上讲一讲。

恩福岛的传说最早出现在古希腊，相传这个地方每年会丰收

① Polynesian，是位居大洋洲东部波利尼西亚群岛的民族群体。——译者注

三次。距离希腊遥远的凯尔特(Celtic)地区也有类似的传说：普卢塔克[①]曾讲述过一个凯尔特岛的故事，在那里，人们不必辛勤劳作，气候十分宜人，空气中充满了芳香。在信基督教的爱尔兰(Christian Ireland)地区，异教里的浪漫史逐渐演变成了具有教诲性的圣徒奋斗的故事[②]。比如整个中世纪广为传颂的圣·布伦丹[③]的故事，其中，科伦福特修道院长(Abbot of Clonfort，d. 576)变成了一名航海英雄，他发现了一个与世隔绝的、充满福泽的安息之园。在12世纪盎格鲁-诺曼(Anglo-Norman)的另一个版本中，布伦丹努力寻找遥远海域中的一座小岛，据说这座小岛上因为虔诚的信仰是一个荣光闪耀的家园，"那里没有肆意的狂欢，那里能闻到来自乐园的芬芳，并得到无限的供养。"

119

在中世纪，人们想象大西洋中散布着大量的海岛，这样的想象一直持续到了大探险的时代，比如，直到19世纪下半叶，"Brasil"(巴西)这个词在英国海军部的理解里，还保留着盖尔特语中的喻

① Plutarch(约46—119年)，罗马帝国时期的传记作家、伦理学家。现存传世之作有《传记集》和《道德沦集》。——译者注

② 这里指公元6—7世纪爱尔兰凯尔特人的基督教，它与大陆罗马教会走的是一条完全不同的路径，但他们所持守的基督教神学思想却反映出巴西流、约翰·卡先(John Cassian)、耶柔米、奥古斯丁、亚他拿修等人的影响，因此是正统的基督教教义，故此被称为"基督教爱尔兰"。这段时期，异教的维京人不断侵袭爱尔兰，但逐渐被凯尔特人的基督教所同化。——译者注

③ St. Brendan，也被称为"航行者""旅行者"或"莽夫"，是爱尔兰早期的一位圣徒，也是大西洋探险故事的英雄。8世纪的《布伦丹游记》中记载了他的航海冒险故事，这部爱尔兰史诗于10世纪初译为拉丁文，记载了布伦丹和其他几位修士航行大西洋并到达"上帝应许圣徒之地"的故事。——译者注

意即“上天保佑的”[1]。到1300年，曾经名噪一时的吉祥群岛(Fortunate Isles)已经与圣·布伦丹群岛齐名。哥伦布推崇的一位地理学的权威人士——红衣主教皮埃尔·代利(Pierre d'Ailly)曾十分严肃地指出：根据吉祥群岛肥沃的土地和宜人的气候来判断，这座人间乐园肯定位于圣·布伦丹群岛的附近。据说庞塞·德·莱昂[2]就曾前往佛罗里达寻找不老泉(Fountain of Youth)。但由于佛罗里达在他的想象里是一座岛屿，所以，他便用传统岛屿的视角去欣赏那里的原始美。1493年，欧洲人所理解的新世界(New World)仍然是一座花园般的岛屿。而到了17世纪，新世界却延展成为了一片一望无尽的大陆，这深深震惊了那些曾认为它是阳光海岛的殖民者。[3]

18世纪，关于岛式伊甸园的想象又被人重新拾起，就像对待南太平洋地区科学探险所产生的反讽结果一样。路易斯·德·布干维尔[4]不相信任何文字所记载的伊甸园，但他对塔希提岛[5]的日

---

① Carl O. Sauer, *Northern Mists* (Berkeley and Los Angeles: University of California Press, 1968), pp. 167-168; W. H. Babcock, *Legendary Islands of the Atlantic*: A Study in Medieval Geography (New York: American Geographical Society, 1922).

② Ponce de Leon，西班牙征服者，1513年3月27日他到达了今天佛罗里达的海岸，但因不知已到达美洲大陆，因此认为当地是一座岛屿。因发现该地正好为复活节，且四处生长着华丽的植物，因此命名为佛罗里达。——译者注

③ Howard Mumford Jones, *O Strange New World* (New York: Viking, 1964), p. 61.

④ Louis de Bougianville(1729—1811)，法国海军军官，是法国第一位完成环球航行的探险家。——译者注

⑤ Tahiti，港台称为大溪地，是南太平洋中部法属波利尼西亚社会群岛中向风群岛的最大岛屿，物产丰富。岛上居民称自己为“上帝的人”。——译者注

渐重视使这座岛屿成为了公认的“伊甸园”。库克船长[①]的航海在很大程度上证实了人们对南太平洋群岛的渴望。自然主义者乔治·福斯特(George Forster)随同库克船长历经了第二次航海,他发现与之前在空旷海面上航行的单调乏味所不同的是,此次航海遇见的岛屿都具有特殊的魅力。19 世纪,传教士们向热带群岛的伊甸园意象发起了攻击[②]。但在另一方面,造访过这些岛屿的知名作家,像赫尔曼·麦尔维尔[③]、马克·吐温、罗伯特·路易斯·史蒂文森[④]以及亨利·亚当斯[⑤],都让这些岛屿的声望倍增。群岛 120 的魅力胜过了反面宣传的影响,游客们蜂拥前往那里。这也使得这些岛屿具有了另一层含义,即短暂的逃避。人们并不是在所有的历史时期都对伊甸园与乌托邦岛屿的意象抱有重视的态度,至少在 20 世纪并不很重视。但人们似乎也需要这种精神寄托,它能够让人们逃离充满生存压力的大陆地区[⑥]。

① Captain James Cook(1728—1779),英国皇家海军军官、航海家、探险家和制图师。他曾三度奉命出海前往太平洋,成为首批登陆澳洲东岸和夏威夷群岛的欧洲人,也创下首次欧洲船只环绕新西兰航行的记录。——译者注

② 18 世纪,南太平洋群岛上盛行食人风俗,有英国传教士在传播基督信仰的过程中被当地人吃掉,像约翰·威廉、詹姆斯·哈里斯两位宣教士。——译者注

③ Herman Melville,19 世纪美国最伟大的小说家、散文化和诗人之一。著名小说有《泰比》《奥穆》《玛迪》,合称《波利尼西亚三部曲》。——译者注

④ Robert Louis Stevenson(1850—1894),苏格兰小说家、诗人和旅行家,浪漫主义代表作家之一。代表作有《化身博士》《金银岛》《儿童诗园》等。——译者注

⑤ Henry Adams(1838—1918),美国历史学家、小说家。代表作《亨利·亚当斯的教育》。——译者注

⑥ Henri Jacquier, Le mirage et l'exotisme Tahitien dans la litteraturé, *Bulletin de la Société des Oceaniennes*, 12, Nos. 146-147 (1964), pp. 357-369.

希腊的环境与恋地情结

恋地情结的意象来源于周围的环境现实。人们特别重视环境中令人敬畏的、在生命历程中能提供支持和满足的那些要素。当人们的兴趣和能力发生变化的时候，环境的意象也会跟着发生变化，但意象依然是来自于环境的——那些曾经被忽略的要素，现在则清晰地显现了出来。下面我们来谈谈早期希腊、欧洲和中国的环境在恋地情结里所起的作用。

大海、沃土和群岛在古希腊的想象世界中是很核心的元素[①]。众所周知，希腊人依靠海洋为生，几小片沃土就能展开生计。岛屿对他们来说就是海洋里的安全停泊处，是生命的绿洲。

人们对待大海的态度是充满矛盾的。海洋对人类的生计至关重要。它非常美丽，但其中也蕴藏着黑暗、危险的力量。在荷马史诗中，大海是反复出现的场景[②]，它经常被描述为交通要道。当风平浪静的时候，它能展现出"酒红色的"美丽；当它愤怒的时候，能将水手和船只吞没掉。在公元前6世纪，古希腊人的航海技术发展到了一定程度，使得爱琴海的居民对家乡周边的水域十分熟悉，这令雅典人感到十分骄傲。埃斯库罗斯的作品曾令波斯的先民们

---

① H. Rushton Fairclough, *Love of Nature Among the Greeks and Romans* (New York: Longmans, Green & Co., 1930).

② F. E. Wallace, Color in Homer and in Ancient Art, *Smith College Classical Studies*, No. 9 (December 1927), p. 4; Paolo Vivante, On the Representation of Nature and Reality in Homer, *Arion*, 5, No. 2 (Summer 1966), pp. 149-190.

都承认，自己是从希腊人那里学会观察大海的："当暴风雨照亮天空，去眺望远方海中的平地。"作品《被缚的普罗米修斯》描写了大海有"数之不尽的狂笑"。在欧里庇得斯的作品里，同他的先辈们所写的一样，大海不管是平静的还是狂暴的，总是会对人类的处境显现出一副惯常的微笑[①]。晚期希腊文化的(Alexandrian)诗歌继续传达着大海迷人的一面。忒俄克里托斯让达芙涅斯[②]在岩石底下"面朝西西里的海水"而歌唱。另一方面，大海也会显露出冷酷无情、毫无怜悯之心的意象。在《伊利亚特》中，普特洛克勒斯控诉道，因阿喀琉斯并非人类父母生下来的，而是诞生在灰色的大海与陡峭的崖壁之间，所以，他的灵魂会令他命运多舛。在其后，收录在《希腊诗选》的作品里，都充满了对海难中死去的无名水手的哀悼之情[③]。 121

正如欧里庇得斯所言，大海灰暗的意象使人们对陆地的渴望变得更加强烈，就像"佛里吉亚[④]丰裕的大地"和"狄尔克(Dirce)肥沃的绿色耕地"。荷马在《奥德赛》(第五卷)里描述道，主人公疲惫不堪地同大海搏斗着，当海浪将他抛至浪尖的时候，他望见了陆地就在前方，诗人说道：

> 有如儿子们如愿地看见父亲康复，父亲疾病缠身，忍受剧烈痛苦，长久难愈，可怕的神灵降临于他，但后来神明赐恩惠，

---

① H. Rushton Fairclough, *The Attitude of the Greek Tragedians toward Nature* (Toronto: Roswell & Hutchinson, 1897), pp. 18-19, p. 42.

② Daphnis，希腊牧神，被希腊人视为田园诗歌的创始人。——译者注

③ Samuel H. Butcher, Dawn of Romanticism in Greek Poetry, *in Some Aspects of the Greek Genius* (London and New York: Macmillan, 1916), p. 267.

④ Phrygia，小亚细亚中部一古国。——译者注

让他摆脱苦难；奥德修斯看见大陆和森林也这样欣喜，尽力游动着渴望双脚能迅速登上陆地。[1]

在《希腊诗选》里，从一位濒死丈夫的口中道出了他对大地的依恋和对大海的恐惧之情：

我叮嘱你，亲爱的孩子，去喜爱农夫们的生活和他们的锄头吧。不要带着欣喜的眼光去看险恶大海上与狂浪拼搏的繁重劳动。就像亲生的母亲要远远好过后娘一样，同样地，陆地也要好过灰色的海洋。[2]

就像对待大海一样，人们对待岛屿的态度也是充满矛盾的。荷马史诗里很少有青草郁郁葱葱的岛屿，而盛产蔬果的岛屿也总是潜伏着库克罗普斯[3]的威胁。另一方面，古希腊也创作了祝福之岛(Island of the Blessed)的神话，岛上的生活安逸舒适。伊萨卡岛[4]是一座并无特殊之处的地方，但在《奥德赛》里却备受奥德修斯的赞美，就连忒勒马科斯和雅典娜都对它赞不绝口。这座岛屿的主要意象在于，它是一座从海底冲出海平面的山，上面四处游走着山羊而不是马匹，有贤惠的奶妈，有流淌的山泉，还有肥沃的土地。

---

① 译文选自王焕生译《奥德赛》，人民文学出版社，2003年。——译者注

② *The Greek Anthology*, trans. W. R. Paton (New York: Putnams, 1917), Ⅲ, p. 15.

③ Cyclopes，希腊神话中的独眼巨人。——译者注

④ Ithaca，希腊西部艾奥尼亚海中群岛之一。——译者注

欧洲的风景与风景画

曾经的恋地情结已无可挽回地消失了。我们仅仅能从遗留的文字、艺术与工艺品中去理解当时的情感。在第 12 章，我们会尝 122 试从人们居住的物质环境——道路与房屋中去重拾过去的环境态度与价值观。下面我们先从视觉艺术的角度来进行论述。首先，包含了风景元素的早期绘画作品都能清晰地表达出那个时代的环境和人们对风景的品味。然而，我们却很难去诠释画作当中的事物，因为艺术家的技法都归向了某一个流派，他们所要表达的与其说是人在自然界中的经验，不如说更多是他个人的技法。因此，画出来的景观只是大概地反映了对现实情景的意象，我们不能仅凭视觉艺术提供的线索就判断出当时的人们是如何看待某一个地方的，也无从判断艺术家的个人喜好，但我们却可以将这些风景画视为那一时代广为流行并为人们所欣赏的特定结构化产物。

风景画的画面里大致地安排了自然物与人造物，安排自然元素的目的仅仅在于为人的行动提供背景。因此，风景画出现在了欧洲艺术史上相对较晚的时期。比如洛伦泽蒂[①]创作的油画《乡间好政府》(*Good Government in the Country*)可以追溯到 14 世纪的初期。理查德 · 特纳(Richard Turner)认为，在这幅画里，这名意大利画家第一次给裸露的岩石覆盖上泥土，并种植了树木和

① Ambrogio Lorenzetti(1290—1348)，意大利画家，他的作品受到拜占庭风格以及经典艺术风格的影响，并将这些风格融入自己的思想，创造出一种独特的绘画风格。代表作有《圣母子荣登圣座图(圣母与天使和圣徒)》。——译者注

庄稼,也第一次展现出了遥远的距离[①]。这幅画的目的并不在于想准确地表达现实,而是为了达到说教的目的,以表达好政府能够带来的益处,其中之一便是乡村的繁荣。如果仔细观察洛伦泽蒂的这幅画作,会发现其中包含了托斯卡纳的风景元素。那么在欧洲,画作里什么时候出现了能被清晰辨认的风景呢?或许最早是在1444年,瑞士画家维茨(Konrad Witz)创作的《捕鱼的神迹》(*Miraculous Draught of Fishes*)。画作中展现了一个戏剧性的场景,其背景描绘非常准确,一眼就能看出是日内瓦湖岸的景观。

为什么艺术家会选择性地刻画风景里的特定事物呢?答案或许并不简单地是学术训练的结果,也不仅仅在于他所掌握的绘画技法,或他所处的时代里大自然的象征意义,或他周围特定的风景元素。在风景绘画发展的初期阶段,"山谷中的河流"是个流行的主题,可能因为它是让画家们最容易把握的基本绘画视角。山峰能为画家提供竖向的维度,它们也象征着充满危险的荒郊野外。从古希腊时代到中世纪,山峰总是被刻画得突兀、陡峭、嶙峋、遥远、难以亲近和神秘莫测。不过,人们要从具象派元素的象征意义中解脱出来并非易事。像达·芬奇的风景画,山峰几乎都表现得如同中世纪般突兀和怪诞,山峰所具有的这种形象一定与达·芬奇本人的想象有关。但达·芬奇与中世纪以及与他同时代画家的不同,他是一位自然界的敏锐观察者,对他来讲绘画更像是一门科学,一种严谨地去认知现实环境的方式,而非仅仅只是一种对美学

123

① A. Richard Turner, *The Vision of Landscape in Renaissance Italy* (Princeton, N. J.:Princeton University Press,1966),p. 11.

的沉醉[1]。最早一幅归在他名下的画作展现的是15世纪阿尔诺河谷的风景。后来他多次描绘了阿尔卑斯山的风景，选择性地表现了其地质形态的坚硬挺拔以贴近他本人内心的卓尔不群。另外在他笔下，地中海盆地白云灰岩所组成的山峰也呈现出一片片光秃秃的陡崖。

除了高山与河谷，森林的环境也影响着早期的欧洲艺术家。尽管森林在中世纪遭遇了大规模毁坏，但它依然占据着广大的陆地。从1400年起，法国诺曼底地区流行起打猎运动，这为贵族阶层创造了新的娱乐环境。在满足嗜杀天性的过程中，上流阶层开始学会去欣赏大森林的美景。一些展现大自然生机勃勃景象的图片也出现在了体育类的书籍里。亚维农[2]的壁画展现了打猎、捕鱼和放鹰狩猎的场景。彩绘本的《最美时祷书》(*Très Riches Heures*, 1409—1415)描绘了追逐猎物的场景。北欧和中欧绘画里出现森林景观的时间，比南欧的同类绘画延续得更长。当意大利的画师们都致力于大型肖像画的创作之时，德国画家阿尔特多费尔[3]创作了《乔治大战恶龙》(*Landscape with St. George and the Dragon*)，画作中的主角圣·乔治几乎被隐没在了茂密的大森林里。这幅画作表现了作者对自然界生机勃勃多样性的关注，表达出了“原始森林内部空间的厚实、稳固与沉静的气氛，这种气氛

① André Chastel (ed.), *The Genius of Leonardo da Vinci: Leonardo da Vinci on Art and the Artist* (New York: Orion Press, 1961).

② Avignon，法国南部地名。——译者注

③ Albrecht Altdorfer(1480—1538)，德国画家和版画艺术家，多瑙河画派的领导者。——译者注

似乎只是被圣·乔治与恶龙的激斗稍稍打搅了一下而已。[1]"作者之所以选择森林作为战斗的背景,原因在于《圣经》认为森林是危险与邪恶的所在。作者对森林内部空间的细心观察,比如对阳光下树梢的精致描绘,都展现出了他对森林美学品质的敏锐捕捉——森林与人相比是处于核心地位的。

与视觉艺术类似,文学作品一开始主要集中于对花园、丰裕农场以及牧歌风景的鉴赏,过了很久才表达出对荒野的欣赏之情。124 最初,人们向往花园中的宁静平和,但后来打猎活动流行开来,它将贵族与阔太太们都带进了大森林里。花园是一种人工的艺术,它的设计和传达出的意象都表达了一种浓厚的宗教情结而不是真实的自然形态。在对农场与乡村景观的描绘中,环境的真实一面展现了出来。洛伦泽蒂画的圆形山丘上覆盖着小片树林和农田,这清晰地表现出了托斯卡纳地区的风景。《最美时祷书》中的多数月份都展现出了现实牧场上的细节,它们与奇异的山峰背景形成了鲜明的对比。在乔凡尼·贝利尼[2]的作品《圣弗朗西斯》(*St. Francis*)中,我们看见了光芒四射的恋地之情。作品无意中展现出了真实的风景,却将圣·弗朗西斯从崎岖的维纳山搬迁至了更适宜于去衬托角色的风景当中,也就是由绿色的原野与整齐的树林所构成的前景,那是对威尼斯风景的刻画,它与白云岩小丘所构

① Benjamin Rowland, Jr., *Art in East and West* (Boston: Beacon Press, 1964), p. 74.

② Giovanni Bellini(1427—1516),意大利威尼斯派画家。主要作品《在花园里苦恼》《小树与圣母像》《诸神之宴》。——译者注

成的背景相互衬托了起来[1]。

学院派提倡一种风格,这种风格禁止人们去感知现实的世界。在英国,18 世纪上半叶所谓的 Augustan 文学时期,作家们都是站在维吉尔和贺拉斯的视角去看待乡村世界的。英国的风景画家们也很少去描绘我们今天所认为的典型的英国景观——切尔吞山[2]、科茨沃尔德[3]与肯特郡[4]。他们从事修业旅行回来就形式化地画出了那些风景。这种形式是从克劳德・洛兰(Claude Lorrain,1600—1682)、萨尔瓦多・罗萨(Salvator Rosa,1617—1673)那儿继承下来的。充满古典气息的废墟、松树和柏树取代了英国本有的自然景观。盖恩斯伯勒(Gainsborough,1727—1788)曾经创作了著名的油画《安德鲁斯夫妇》(*Mr and Mrs Andrews*);在这幅画的背景里,萨福克(Suffolk)的乡村景观散发着无穷魅力。他曾经被人们公认在鉴赏景色方面最在行,但即便是他,也渐渐放弃了对自然景观的热爱,转而去崇尚巧夺天工的造景技法,从而把萨福克描绘成了神话中的幻境[5]。荷兰的绘画对英国影响至深。荷兰人提倡近距离观察大自然,远离想象中的浪漫主义文学式景观。根据尼古拉・佩夫斯纳(Nikolaus Pevsner)的说法,克罗姆[6]与康斯

---

① Turner, *Vision of Landscape*, p. 60.

② Chilterns,英国东南部的丘陵地带。——译者注

③ Cotswolds,位于莎士比亚之乡的南面,此地具有浓郁的英国小镇风味。——译者注

④ Kent,位于英国东南部。——译者注

⑤ Kenneth Clark, On the Painting of the English Landscape, *Proceedings of the British Academy*, 21 (1935), pp. 185-200.

⑥ Crome(1768—1821),一位带着 18 世纪的艺术风格进入 19 世纪的英国画家。1803 年他在家乡洛里奇创立了"洛里奇艺术家协会",后人称之为"洛里奇画派",该画派致力于寻找将英国美术发展到完美境界的途径和方法。他的水彩和油画精美,画风深受荷兰派风景画家的影响,类似雷斯达尔。他对乡村的原野、沙丘、丛林、茅舍等散发泥土气息的景色倾注了毕生精力。——译者注

特布尔(John Constable)“都受到了17世纪荷兰风景画家的影响，那些画家把自己正直的品格融入到了其祖国的风物所激发出的情感里”。佩夫斯纳还说道：

> “荷兰与英国的气候相似，靠近大海、空气清澈。吉尔丁(Girtin)、透纳(Turner)[①]、克罗姆和康斯特布尔都转向了对氛围的研究，令英国每天的风景都显得活泼，充满生气。同时他们发展出了一种开放的写生技艺以诠释不断变化中的自然界。”[②]

当环境现实与宗教热情或者科学探索的好奇心相结合起来的时候，恋地情结就会更加充分地表达出来。贝利尼从基督教博爱的视角去看待大自然，于是没有一件事物可以被轻贱。从驴子的耳朵到岩石的缝隙，都被鲜明而准确地刻画了出来。他的作品里有一股雨后乡村的清新之感。如果说它们看起来是古朴的，是因为它们沐浴在了一种超凡脱俗的光芒里，脱离了现实环境中的雨雪风霜和日月晦明，这与现代风景画是不同的。另一方面，莱昂纳多(Leonardo)则用科学的眼光来描绘大自然，他所画的动物、山峰都体现出深厚的解剖学和地质学功底[③]。

直到18世纪末19世纪初，大自然都没有引起欧洲富裕阶层的兴趣，从那以后才渐渐被越来越多的人重视。观察大自然成为了一种时尚的休闲方式。女士们和先生们在沿着海滩漫步的时

① Turner(1775—1851)，西方著名风景画家之一。——译者注

② Nikolaus Pevesner, *The Englishness of English Art* (New York: Praeger, 1956), pp. 149-150.

③ Kenneth Clark, *Landscape into Art* (London: John Murray, 1949).

候，会捡起一块卵石或化石来观察，会记录植物与天气的状况。艺术家与文学家竞相效仿科学家，也想摆出一副超然的样子去观看大自然。拿卢克·霍华德[①]来说，他所画的各种各样的云就有很大的影响力。1803 年，霍华德设计出一种浓缩气化物的分类方法，此工作不仅仅影响到了当时尚在雏形的气象学，也影响到了整个时代的审美感。德国的歌德得知此事后，还写诗描绘了最新分类出来的云——层云、卷云和卷积云。自然哲学家兼业余科学家卡尔·古斯塔夫斯·卡洛斯(Carl Gustavus Carus，1789—1869)在他的小册子《关于风景画的九封书信》(*Nine Letters on Landscape Painting*)里呼吁同辈人要致力于研究天气和地质规律。卡洛斯的观点也影响了像克劳森·达尔(Clausen Dahl，1788—1857)、卡尔·布莱辛(Karl Ferdinand Blechen，1789—1840)这样的德国著名风景画师。比如说，布莱辛先前热衷于隐居着修道士与游侠的浪漫主义景观，而后转向了对大自然的研究[②]。在英国，霍华德的分类方法使得约翰·康斯特布尔的注意力转向了天空和云彩，并刻画出了云彩的多种形态。他在一份手稿里写道："1822 年 9 月 5 日早上 10 点，遥望东南方，凛冽的寒风从西边吹了过去。刚刚出现的明亮的灰色云层飞快地掠过了河床，悬在中途的半空中，十分契合地映衬着奥斯明顿的海岸。"在 1835 年的一封书信里，他写

① Luke Howard(1772—1864)，英国皇家学会院士，19 世纪英国制药学家，业余气象学家。在今天以其对云的分类工作而闻名于世。——译者注

② Kurt Badt，*John Constable's Clouds*，trans. Stanley Godman (London：Routledge & Kegan Paul，1950).

道:“三十年后的今天,相对于姊妹艺术[1]来讲,科学成为我思想里更为重要的一部分,尤其是对地质学的研究。[2]”其实这句话里体现出的科学超然有一定的误导性,因为康斯特布尔也同样会在深126 深的宗教意识中去亲近、了解大自然。像华兹华茨一样,自然界对于康斯特布尔来讲,就是对上帝旨意的揭示,怀抱着谦卑的心灵去描绘自然景观是对真理与道德进行表达的一种方式。

中国的环境与恋地情结

中国的地貌风光与欧洲的大相径庭。欧洲北部和西部的农场地区大体上呈现出了波浪式的地形。和缓的起伏与不同类型的冰川沉积物结合在一起,而较高的陡崖又显现出了基岩坡面。宽阔谷地当中的肥沃农场与草原覆盖的丘陵搭配在一起,土层深厚的地区还生长着一片片茂密的阔叶林。相反,中国的地形缺乏平缓的起伏,除非是在偏远的地区,否则很少有广阔的草原点缀着树丛的景观。中国的大部分人口都生活在两种相对极端的地形里:冲积平原和陡峭山地。山地由于缺乏宽广的山前平地就显得比实际的更为高大峻峭,冲积扇看起来直接向山脉的侧翼蔓延而上。唯有四川盆地是聚集了大量人口的非冲积平原,小地形内的相对高差可达千米,比欧洲西部的坡地显得更为崎岖。

---

① 在西方文艺理论中,诗歌与绘画一向被称为是姊妹艺术。——译者注

② L. C. W. Bonacina, John Constable's Centenary: His Position as a Painter of Weather, *Quarterly Journal of the Royal Meteorological Society*, 63 (1937), pp. 483-490.

但与欧洲相同的是，中国人通过诗词传达出的对某一个地区的自然情感比可视艺术要早得多。从汉代以来，诗词就蕴含了对特定地方的情感表达，并采用了像“登柳州城楼”[①]或者“望洞庭湖赠张丞相”[②]这样的题目。这些诗词简洁明了，相比起来，英国描写大自然的诗歌情趣就要差远了。乔纳森·斯威夫特[③]曾公然批评英国的诗歌风格，认为它们“冗长无趣、平淡乏味，为什么会这样！”中国的诗词比绘画更能展现出对大自然的情怀。诗人有时会抓住画家容易忽视掉的易逝景观，比如“床前明月光，疑是地上霜”，以及“日照香炉生紫烟”。诗人也会关注乡村景色并记录村庄中的日常事件，这些都是常常被画家们所忽略的。陶渊明在《归去来兮辞》里写他回归田园时的经历：三径就荒，松菊犹存，他在花园里漫步，时而驻足观看，“云无心以出岫，鸟倦飞而知还。景翳翳以将入，抚孤松而盘桓”[④]。

陶渊明的诗是具象化的。这样的意象能唤起被语言渲染过的景观图像——云彩在山间飘荡，宁静的村舍里，诗人怜惜地扶着一棵孤松。在其后500年，这样的意象才出现在了绘画当中。在陶渊明的时代，景观在诗歌中得到了图像化描述，才凸显出重要性，但景观的描绘方式却不是自然主义式的。甚至到了唐代，云彩的 127

① 全名为《登柳州城楼寄漳汀封连四州》，是柳宗元写于唐宪宗元和十年（815年）的诗。——译者注

② 《望洞庭湖赠张丞相》是孟浩然写于唐玄宗开元二十一年（733年）的诗。——译者注

③ Jonathan Swift（1667—1745），英国—爱尔兰作家，讽刺文学大师。代表作《格列佛游记》《一只桶的故事》等。——译者注

④ Tao Yuan-ming, The Return, see Robert Payne (ed.), *The White Pony: An Anthology of Chinese Poetry* (New York: Mentor, 1960), p. 144.

画法依然是生硬、刻板的,山峰只是呈现为象征性的尖顶,亭台楼阁与人物活动位于前方,占据了画面的绝大部分。直到宋代初年,纯粹对景观的描绘才出现,并力图去捕捉一个地方的特质。但当时的艺术家们却并不背着画架外出写生,去实地记录一个地方的事物。相反,他们只是在几个时辰或好几天里亲临大自然,在那里徜徉,吸收天精地华,之后才返回画室进行创作①。对他们来讲,大自然只是在道家神秘主义的方式下去经历的对象,但这种方式并不妨碍他们以分析性的态度去观察大自然。生活在 11 世纪的郭熙②认为,艺术家不能仅仅只是将景观复制在纸张上。例如,他不赞成生活于浙江或江苏的画家总是去展现中国东南地区的贫瘠景观,而生活于西北的画家屡屡画出巍巍昆仑。另一方面,他也推崇准确观察大自然的态度,他在《林泉高致》里的言辞仿似一名地理学者:

> 山有戴土,山有戴石。土山戴石,林木瘦耸;石山戴土,林木肥茂。木有在山,木有在水。在山者,土厚之处有千尺之松;在水者,土薄处有数尺之檗。水有流水,石有盘石;水有瀑布,石有怪石。瀑布练飞于林木表,怪石虎蹲于路隅。雨有欲雨,雪有欲雪;雨有大雨,雪有大雪;雨有雨霁,雪有雪霁;风有急风,云有归云;风有大风,云有轻云。大风有吹沙走石之势,轻云有薄罗引素之容。店舍依溪不依水冲,依溪以近水,不依

---

① Michael Sullivan, *The Birth of Landscape Painting in China* (Berkeley and Los Angeles: University of California Press, 1962).

② 郭熙(约 1000—约 1080),北宋画家、绘画理论家。——译者注

水冲以为害。或有依水冲者,水虽冲之,必无水害处也。[1]

中国人把描绘地理景观的艺术形式称为“山水画”。他们从陡立的山峰与扇状的平原这两种典型的地貌形态之交合中抽象出了风景画里的垂直与水平两条主轴。此二元素,山与水,在宗教和美学的价值观上并非处于同等的地位。尽管道家强调“上善若水”,128 但山依然占据着优先地位。山峰特有的孤立性是水域和平原所没有的。中国有“五岳”的说法,但河流就没有如此崇高的意境了(这与印度的情况是不同的)。把信仰倾注在山体里,是中国现实主义风景画的基础,这尤其体现在陕西华山、安徽黄山、江西庐山等著名山峰,以及南方地区的很多名胜当中。若将这些山峰拍成照片,看起来就像是出自某位大师的手笔[2]。中国艺术家并非意图展示真实的地质形态,但他们能够敏锐地捕到捉景物里的某些代表性元素,并通过作品呈现出来。约瑟夫·尼达姆(Joseph Needham)认为他在中国的风景画里能找到大量的地质要素,像单斜、背斜、河流冲蚀谷地、海蚀谷地、U 形冰蚀谷以及喀斯特地貌[3]。

中国的造园艺术是一门与绘画和诗歌十分相近的艺术。在这三种艺术形式当中,我们都可以找到萨满教、道教与佛教的影响因素。就像绘画一样,园林景观艺术也强调垂直山体与水平方向的

① Kuo Hsi, *An Essay on Landscape Painting*, trans. Shio Sakanishi (London: John Murray, 1935), pp. 54-55.

② Author de Carle Sowerby, *Nature in Chinese Art* (New York: John Day Company, 1940), pp. 153-168.

③ Joseph Needham, *Science and Civilization in China* (Cambridge: Cambridge University Press, 1959), Ⅲ, pp. 592-598.

水体和平地之间的相互衬托关系。在西方观察家们看来，运用风化的石灰岩块来表现山体似乎显得不够真实。这一套园林组合的形式与欧美人对真实景观的体验相去甚远。然而具有反讽意味的是，丹麦地理学家马尔特·布戎(Malte-Brun，1775—1826)却挑剔中国人的园林缺乏想象力，说它们只是对大自然形象的精确模仿而已，这一说法具有历史性的意义。

> 如果说他们能在花园与空地的布局形式中发现一种美的话，那是因为真实的自然界以一种奇特却颇有图像化的方式被复制了下来。石头摇摇欲坠地悬在半空中，桥梁横亘在鸿沟之上，矮小的冷杉生长在陡峭的崖壁上，宽阔的湖面、奔腾的激流、泛起泡沫的瀑布，以及矗立在这一片乱糟糟东西当中的锥形宝塔——中国的宏大景观就是这样，同时其微观园林也是这样。[①]

① Conrad Malte-Brun，*A System of Universal Geography*，trans. J. G. Percival (Boston：Samuel Walker，1834)，I，413.

10. 从宇宙到景观

公元1500年到1700年的欧洲，中世纪垂直的宇宙观渐渐转 129 变为一种新的理解，即世俗地呈现世界的方式。垂直渐渐被平面所取代，旋转的宇宙全景变成了平展的自然片段，也就是所谓的景观。在这里，“垂直”指的是空间中多层次的事物，充满了超越性的意义，而且还与特定的时间概念相关联。一个强调垂直轴的世界模式常常符合循环的时间概念。一种文化的历法中如果有循环往复的节气，则很可能孕育出一种垂直分层的宇宙观。人类倾向于形成垂直分层的空间观念，并形成循环往复的时间观念，这依赖于由人的本质属性产生出的一种独特的视角，即能从具有隐喻性的感知中辨识出这种垂直维度。人类的本质具有两面性，可以扮演两种角色：一种是世俗的、社会的，另一种是神秘的、神圣的，前者与时间相连，后者超越了时间。这些角色可能被不同的层级或种姓成员所扮演，这样便出现了社会阶层；或者，这些角色也可能会被同一个人在不同场合所扮演。

尽管垂直的宇宙观在地理大发现时代之后已逐渐衰落，但这种世俗化的影响力还是未能波及世界其他地方，那些远离城市文 130 明和商业价值观的欧洲地区也没受到多少影响。大多数人，尤其是农民，依然固守着分层的宇宙观，体验着循环的时间，这样的状态一直持续到了20世纪上半叶。

分层的宇宙

原始人的宇宙观具有一些共同的特征。我们先来看看布须曼人和他们的世界。布须曼人生活在卡拉哈里沙漠荒芜的环境中，拥有非常简单的物质文化。他们典型的社会经济单元由大约20个人所组成，这样一个单元或许分散生活在好几百平方千米的地域内。从水平方向看，在他们的生存空间里，资源贫乏且面积有限；但垂直空间的开阔性却弥补了地理条件上的限制。尽管他们每天都要在地上寻找食物，强迫自己去注意地上的植物根茎、受伤动物的脚印，但他们还会常常眺望天空，天体是他们世界中的一部分。星辰也是人生大戏里的一部分。他们有时用诗歌表达天体的运行，例如基可维族布须曼人的诗文：晨星被太阳追赶掠过了天际，最后融化在了太阳的炙热里。星辰还能指明时间节律。伊丽莎白·托马斯讲道，某一天晚上，她在基可维部落的营地里看见一名布须曼人，后者正在架子上烤一只鸟，鸟的毛已经被拔光了。她问布须曼人是否烤好了，布须曼人瞧一眼这名来客，看一眼那只鸟，又望望天空，然后摇了摇头说，这只鸟还没烤好呢，因为星星还没升得足够高[①]。

布须曼人世界中的垂直轴具有简单的几何特点，它可以被隐

① Elizabeth M. Thomas, *The Harmless People* (New York: Vintage Books, 1965), p. 220.

喻性地诠释为超越了社会性与生物性的一种生存需求。为了生存，布须曼人发展出了相互依存的关系网，使个人主义、占有欲和争强好胜的情感都被压抑了。举止得当与合作精神是生存的关键要素。水平的或生物性的平面主宰了布须曼人的生活方式，但世俗的活动也会被另一种周期性的行动所打断，这样的行为脱离了物质的需求，也不符合人际关系的惯常节律。比如，人们通常会在晚上围着篝火舞蹈，白天的各种约束与责任都放下了。在这种场合下，一位母亲可能会有时安安静静地抱着孩子坐在一边；但有时 131 她也会将孩子置于地上而不顾，自个儿冲到舞群里。

西伯利亚和中亚地区最主要的环境特征是辽阔的地平线与开阔平坦的景观，而当地的游牧民却拥有许多种分层的宇宙观。西伯利亚人与中亚人的世界是多层次的：天空、大地与地下世界三个层次串连在了中轴上。阿尔泰(Altaic)的民间诗歌描述天空有若干层次，有三层的、七层的和九层的，甚至还有 12 层的半球体，在北极星下方一个叠着另一个。天空也往往以具象化的方式被描绘出来。雅库特人(Yakuts)认为天空是很多张拉平的鼓皮拼在一起。布里亚特人(Buriats)认为天空像一口倒扣的大锅，它一升一降地运行着，上升的时候，大地与天空之间裂开一条缝，就会刮起大风。塔塔尔族人(Turko-Tartars)想象中的天空就像是一顶帐篷或屋顶，庇护着大地和大地上的生命，而星辰则是天幕上的孔洞，天堂之光透过它们照射下来。流星的闪耀意味着“天空的裂缝”或“天堂大门”的敞开，是适合于祈祷的吉祥时刻。天空的穹顶由一根柱子支撑着，天神们驱赶着星辰围绕这根轴转动。

人类的庇护所就是一个小宇宙，圆形的帐篷或房顶代表拱形的天穹。房顶的开口可以让烟到达北极星。北极星在宇宙性的想象中被诠释为各种支撑天幕的柱子，或是多层天穹上的联通的孔洞。对阿尔泰人来说，中轴穿越了这些孔洞，并将天空、大地和地下世界串连在了一起。沿着这根柱子，诸神降临于大地，亡灵下到阴间，甚至于入了神道的萨满教祭师也会沿着这根柱子飞上飞下。在准备仪式的时候，萨满祭师会支起一种特别的帐篷，一棵桦树立在中间，树冠从帐篷中央的孔洞伸出去。同时，桦树被分为了九段，象征着九重天，萨满祭师要沿着它往上攀爬[①]。

中纬度地区农民的宇宙图景彼此之间没有多大差异。他们依照季节的规律而生活，季节又直接与太阳的高度和星辰的位置相关。天象对地上的生命具有决定性的影响。太阳与星辰坠落在地平线以下，意味着存在一个与天堂相对的地下世界。我在前面描述了农民的分层世界，比如村居印第安人、埃及人和苏美尔人的分层世界，除此之外，还有其他很多的案例。农民的生活空间是受到限制的，他们对自己的村庄、邻里和集市以外的世界知之甚少，他们所了解的范围不过也就几十平方千米。水平空间的局限性被亲密的地方性知识和天顶的高度所弥补。他们的世界会令人惊讶地对现代观念产生抵抗力。拿中国来说，20 世纪 60 年代早期，政府将现代观念引入当地后没有能够动摇村民垂直的宇宙观和轮回的

132

① Uno Holmberg, *Siberian Mythology*, IV, in J. A. MacCulloch (ed.), *Mythology of All Races* (Boston: Marshall Jones Co. 1927); Schuyler Camman, *The Land of The Camel: Tents and Temples of Inner Mongolia* (New York: Ronald Press, 1951); Mircea Eliade, *Shamanism: Archaic Techniques of Ecstasy*, trans. W. R. Trask (New York: Pantheon, 1964).

节气或节日观。当村民们完全意识到他们的生活更多是受到了处于同一个平面的国内其他地区事件(供需规律或国家政策)的影响,而不是太阳和月亮运行的影响之时,他们的宇宙观才彻底崩溃了。同时,原有历法之下的节日活动也跟着衰落了,代之以西方城市居民目前正在享有的各种节假日。

自然、景观与景色

世界观的变化体现出一种从宇宙到景观的轴向演变,这或许可以从“自然”(nature)、“景观”(landscape)和“景色”(scenery)三个词意思的变化当中体现出来。这三个词的现代用法具有相同的含义:景色和景观通常可以相互替换,并且都意指自然。然而,词义的融合却削弱了词义本身。如果将自然这个词与景色、景观等同起来看的话,则去掉了其中大部分的核心意义。而后面两个词又被视为同义,也是忽略了它们精确词义的。

这三个词中,“自然”的地位在现代用法里被贬抑得最厉害。这个词最终还是承袭了古希腊前苏格拉底时代“自然界”(physis)的意思,它意指所有的、任何的事物。在哲学中一提到“自然”,就会指很多东西,比如鞋子、船舶、火漆、卷心菜或国王。“自然”就是“在上是天堂、在下是大地,众水涌流于地下”的存在。而到了中世纪,为了迎合亚里士多德的宇宙观,学者与诗人们的自然世界收缩了,不再意指一切事物,而仅仅指变化无常的尘世。虽然月球轨道之上的诸天依然是分层的,不在自然界的范围之内,但它们的主轴依然是从烈焰腾腾的天空往下垂直延伸,穿过了空气与水直到大地的。而在过去几个世纪中,“自然”失去了更多的外延[①]。今天,当人们谈起大自然的时候就只剩下乡间和荒野了。就像我前面提到过的,“荒野”这个词几乎失去了所有能让人敬畏的力量。大自然已经失去了它的高度与深度,它的魅力变得很小,神圣的庄严感也变得很弱。在这最微弱的感知当中,“自然”这个词唤起的想象就同乡间、景观和景色所唤起的想象类似。

133

词义变化最小的是“景色”(scene 或 scenery)。scene 这个词原意是舞台,指希腊或罗马的戏剧。今天人们普遍接受的是第二层含义:景观或风景,如画的景色,或景观的绘画作品。一种比较过时的意思是“感觉的移动呈现”,这使我们想到这个词最初与舞台和戏剧的关联。今天依然有“别现眼了!”(don't make a scene!)这样的说法。但是 scenery 这个词很少带有感情成分,沿着高速公路两旁的景色虽美,但大家也不过是给予一瞥,至多拿出相机来拍拍照而已。

scenery 与 landscape 这两个词几乎同义,它们之间的微小差异也反映出它们有不同的起源。scenery 传统上是指剧场里的虚拟世界,“behind the scene”的说法表明了 scenes 的非真实性。尽管一座园林可能被修建得美轮美奂,但若没有与主人生活息息相关的事物,就会像道具和演员之间的关系一样,人们不会探究舞台布景和演员本人的生活之间有什么联系。这两个词的区别在于,landscape 从感觉的源头来看意指真实的世界,而非艺术或虚构的

---

① C. S. Lewis, Nature, *in Studies in Words* (Cambridge University Press, 1961), pp. 24-74.

世界。在荷兰，landscape 最早特指集中连片的农场或篱笆围起来的土地，也指一小片领地或行政单元。而到了 16 世纪末，这个词传到英国后，就脱离了与大地的联系而融入了艺术的内涵，指的是站在特定立场上的观望，并且还是一种艺术性的观望。Landscape 后来还用于指人物标准像的背景。这样，这个词就完全同虚构的世界结合了起来[①]。

欧洲世界观的轴向转换

对于中世纪的人来说，上下移动的绝对性是很容易理解的。大地位于宇宙层级的最低处，向大地移动就是向下移动。现代观念则认为，星辰距离我们非常遥远。带着现代人的目光去眺望夜 134 空，如同一名学者那样观测，仿佛在眺望逐渐模糊于迷雾之中的大海。而中世纪的人却认为，星辰的距离并不遥远，向上眺望高耸的宇宙就像眺望一座伟大的建筑物一般。中世纪的宇宙既广阔又有限。那时候的诗文里没有像广场恐惧症这样的说法。中世纪的人也无法想象帕斯卡[②]在面对无垠宇宙中的永恒寂静时所感受到的恐惧[③]。

---

① J. B. Jackson, The Meanings of "landscape" *Saetryk of Kulturgeografi*, No. 88(1964), pp. 47-50; M. W. Mikesell, Landscape, in *International Encyclopeadia of the Social Sciences*, 8 (Macmillan and Free Press, 1968), pp. 575-580.

② Blaise Pascal(1623—1662)，法国数学家、物理学家、哲学家。

③ C. S. Lewis, *The Discarded Image* (Cambridge University Press, 1964), pp. 98-100.

物理学的证据

欧洲世界观的轴向移动体现在了不同方面的文化与学术著作当中。就拿水循环来说，它曾经是、现在还是被人们视为给大地的物质带来秩序的系统。我们现在认为水循环基本上包含了海洋与陆地之间的水与蒸汽的交换过程。强调水平地理运动形式的水循环概念最早是在17世纪出现的。而更早的水循环概念只包含一个维度，即垂直的维度。亚里士多德的《气象学》与中世纪的分层宇宙观表达的意思是："轻的水上升进入空气中；到达空气后，当其自身再一次精炼，就萃取出火元素的光芒。它们还可以沿着相反的顺序变回来……"（奥维德《变形记》）。物质沿着垂直轴转换形态的古老说法是水循环观念的前身，它局限于去关注水元素沿着中轴转化的过程。物质运动的过程给人们提供了灵魂与上帝之间超然联系的意象。灵魂如同露珠一样蒸发而起，最后融入天堂。上帝则从高处赐下灵粮滋养干涸的灵魂，就像雨露浇灌干涸的大地一般。当水循环在寻求自身的水平维度之时就失去了它隐喻性的力量，变成了纯粹的物理过程，丧失了超越与象征性的意义[①]。

文学的证据

人们都知道中世纪的绘画十分欠缺透视技法。在文学领域，中世纪的诗歌也缺乏后来严格意义上的错觉艺术手法。在乔叟眼

---

① Yi-Fu Tuan, *The Hydrologic Cycle and the Wisdom of God*, Department of Geography Research Publication No. 1, University of Toronto Press, 1968.

中,自然界完全是位于前景的,他几乎不去描写景观。刘易斯(C. S. Lewis)认为,中世纪甚至伊丽莎白时代的想象力对前景事物的处理方式都是去鲜明生动地描绘色彩与行为,而很少去把握事物的尺度。巨人与侏儒都存在,但他们的身量大小缺乏一致的界定。而《格利佛游记》对人物尺度的细致把握是个伟大的创举[①]。中世纪的艺术家很清楚一条规律,即随着事物与观察者之间距离的增大会让它看起来变小,但是艺术家却几乎不会去运用透视技法。马歇尔·麦克卢汉(Marshall Mcluhan)认为直到莎士比亚的时代,人们才把三维透视法应用在了景观文学的形象当中。《李尔王》里有这样的例子[②],埃德加劝说失明的格洛斯特站在多佛的悬崖上,对眼前壮观的景色描述道:

135

> "来,先生;我们已经到了,您站好。把眼睛一直望到这么低的地方,真是触目惊心!
>
> ……
>
> 在海滩上走路的渔夫就像小鼠一般,那艇停泊在岸旁的高大的帆船小得像它的划艇,它的划艇小得像一个浮标,几乎看不出来。澎湃的波涛在海滨无数的石子上冲击的声音,也不能传到这样高的所在。我不愿再看下去了,恐怕我的头脑要昏眩起来,眼睛一花,就要觔斗直跌下去。"[③]

① Lewis, *The discarded Image*, pp. 101-102.

② Marshall McLuhan and Harley Parker, *Through the Vanishing Point: Space in Poetry and Painting* (New York: Harper Colophon Books, 1969), p. 14.

③ 译文摘自朱生豪译《李尔王》,云南人民出版社,2009 年。——译者注

风景画的证据

在欧洲风景画的历史里我们找到了向水平视角转换的最有力的证据。墙上挂的一张毛毯只能起到装饰作用,不会破坏墙面的垂直感,但一幅风景画却能在墙上打开一扇窗户,透过它人们能获得一种水平方向的视角。意大利文艺复兴时期的别墅,墙壁上都绘有风景画,主人不但可以用它们炫耀房屋的尺寸、样式,还能营造一种开阔远景的错觉。

在14世纪,英国和法国的绘画最早出现了纵深的空间感。初期,人们尝试把人物刻画为停留在狭小水平空间里有感知的存在物。后来,随着人物造型的三维化,人物所处的场景就有景深了[①]。到15世纪,这种视角广受欢迎,渐渐出现了一些新方法去表达空间与明暗,这些新方法能科学地增强视角的几何特征,并采用了统一的尺度去刻画物体的尺寸。15世纪,荷兰的艺术家对如何在微型人像画中营造空间感进行了研究,他们成功了,一方面因为采用了透视法,另一方面因为采用了光和影。休伯特·范·艾克(Hubert Van Eyck)的作品《威廉公爵登陆》(*Landing of Duke William*)是将空间感营造在微型人像画中的一个典型例子。这幅画的前景以威廉公爵和他的白马为中心,沿水平空间后退,大海与天空的相接处则通过弯曲的海岸线和缩小了尺寸的船只来表现。

透视法采用汇聚于一点的直线去营造强烈的视觉效果,但在

136

① D. W. Robertson, Jr., *A Preface to Chaucer: Studies in Medieval Perspectives* (Princeton, N. J.: Princeton University Press, 1962), p. 208.

自然界中是没有直线的。欧洲艺术家在几何学应用的基础之上产生了两种解决方法。一种是将景观中的物体沿着汇聚的正交直线组织起来。例如,保罗·乌切诺(Paolo Ucello)创作的树林里的狩猎聚会,当中的树木、猎犬都沿着聚焦于中央消失点的正交直线组织了起来。另一种方法是采用河谷作为人物的背景:一道河谷加上其向内汇拢的侧翼,以及上游地区逐渐变小的宽度,人为制造了在自然界里最接近于单点透视的条件。

光线与色彩的运用可以增强空间的凹凸效果。就拿太阳来说,中世纪绘画里的太阳就像一个金色的盘子挂在天空,没有投射出任何阴影,也没有起到任何统摄的作用。到了 15 世纪,太阳被降至地平线去照射地上的景物。克拉克爵士(Kenneth Clark)在赞许真蒂莱·达·法布里亚诺[①]的绘画时说,他第一次在画作中将太阳表现得不再是一堆拼凑物里的一个符号了。在乔托的作品《逃亡埃及》(*Flight into Egypt*)(1423)里,太阳是位于地平线上的。这样,这幅小型风景画中光与影的形式都集中统摄于太阳,它是一切光的源头[②]。于是,景物的背景活了起来,在风景中表现出了纵深感。在 17、18 世纪,金色的盘子被地平线的淡蓝色条纹所替代,从这一高亮的背景出发,光与色逐渐暗淡下去,渐变为前景部分柔和的棕色与深绿色。暖色渐渐凸现出来,而冷色则逐渐隐退下去。

---

① Gentile da Fabriano,意大利哥特派画家,14 世纪晚期至 15 世纪最重要的艺术家之一。他主持建设了当时许多主要的意大利风格艺术大厅。作品包括威尼斯多奇宫的壁画、罗马圣拉兰特教堂的壁画、蛋彩画《博士来拜》等。——译者注

② Kenneth Clark, *Landscape into Art* (London:John Murray,1947),pp. 14-15.

对比中国人的态度

中国的风景画始兴盛于11、12世纪。它们不同于欧洲的传统，不会重视水平方向和沿水平方向的景深。起初的中国风景画137常常画在立轴上，书法作为画作的一部分，也是把汉字从上到下写在卷轴上。这样，景观里的元素就有层次地排列了起来。值得我们关注的是自然元素组织方法的差异。中国风景画中的人物都显得很小。山峰提供了垂直的意象。在中国人的观念中，山是自然界的主要元素。与其说画作里展示的是一处景观或一片地方，不如称其为“山水”，是对山和水的重新组织。相反，欧洲风景画的早期阶段，人物、教堂塔楼或十字架则成为了垂直面的主体，因为它们才是承载核心意义的事物，而处于背景中的事物则是在水平方位上的。另一项差异在于，中国画从未发展出以严格数学为基础的直线透视法，而这种方法在欧洲曾一度盛行。中国的绘画中也有透视法，但透视的立足点是游移变化的，不存在单一的消失点。这样，景观元素就被刻画得好像人的目光可以随意变换水平方位进行纵深观看一样。此外，中国的绘画也很难表现出景物在一天里的时刻。画作里没有关于时刻的场面，没有东升的太阳，也没有黎明和黄昏的光线，可以将我们的注意力引向地平线。

建筑与园林景观：达到空间拓展与视觉响应的效果

中世纪的大教堂

建筑园林景观，包括其中的绘画，都反映出人类对世界抱有的宗教审美观。欧洲中世纪的大教堂表现出人类向往高度的建筑理念。教堂的拱顶、高耸的尖塔象征着中世纪垂直的宇宙观。哥特式的大教堂让现代人感到手足无措。一名手持相机的游客会被这座教堂的美深深吸引住，中殿的廊道、袖廊、辐射状的小礼拜堂和拱顶的跨度都具有很强的美感。游客需要找到一个合适的位置以安放相机，但发现没有哪一个角度可以把教堂里的景物全都囊括进画面。人们在参观大教堂的内部时需要走来走去，不停地转动脑袋。一名现代游客在大教堂的外面，或许可以往后退到一定的距离以拍摄全景，但是在中世纪则是不太可能的，因为其他建筑物紧紧挨着大教堂让人不能往后退。另外，从远处观看大教堂也会损害它的高度和体积所带来的震撼力，墙面上的细节也看不清楚。中世纪的大教堂是让人去体验的事物。它是一个厚重的文本，需要人们带着敬虔的心去阅读，而不是一种仅供参观的建筑形式而已。事实上，教堂上有一些雕像与装饰物，人们根本就看不到，它们是给上帝看的。相比之下，华盛顿特区的华盛顿大教堂，其正厅的轴线与合唱团所处的轴线偏离了 1°11′38″，这种刻意的误差是为了增强人们从西门进入时的视觉感受[①]。

布局均衡规整的(isometric)花园

花园可以反映出特定的宇宙观与对待环境的态度。中国的花园是作为与城市相对的一方而发展起来的。不同于城市的方方正正,花园所具有的线条和空间讲求自然之趣。城市反映出人类社会的阶层,而花园则表达着自然界的随意。在花园中,人们放弃了社会差异观,可以不顾他人的目光,自由自在地沉思并同大自然对话[②]。人们设计花园的目的不是为游客营造几个最佳观景点,观赏行为其实是观赏者与事物之间所进行的一种知识与审美的互动,因而设计者力图把观赏者也囊括到环境当中去。当游览者漫步在羊肠小道上的时候,就总是能充分接触到不断变换的景物。

近东与欧洲有着十分复杂的园艺学历史。在历史上,设计理念变化有它的变化趋势,即竖直向上延伸空间逐渐转化为沿水平方向展开空间。这种趋势强调造景,用笔直的道路、成排的树木和线性延展的水池来加大景深。近东与东地中海盆地古时候的花园不存在最佳的观景角度,它们只是具有大概的方形格局:围墙近似于方形,内部划分出了果园、树丛和池塘。从远处观看尼布甲尼撒王在巴比伦时代(公元前605年)修建的空中花园,仿佛它是同青山连接在一起的。空中花园的这种形式可能是受到了阶梯状山坡

---

① Richard T. Feller, Esthetics of Asymmetry, *Science*, 167, No. 3926 (March 1970), 1669.

② Nelson I. Wu, *Chinese and Indian Architecture: The City of Man, the Mountain of God, and the Realm of the Immortal* (New York: Braziller, 1963).

造园术与金字塔形式的影响。金字塔就是天空与大地相连接的象征。

修道院的回廊与花园都是让人沉思的地方。人们用"乐园"这个词来形容封闭式的花园与廊道的建造技术。处于花园中央的喷泉和流淌的小溪象征着伊甸园中的地理景象。花园为修道者们提供了蔬果和草药。这些地方不是用来悦人眼目的,它们的设计也不是为了体贴人情怀。它们以方形作为基本的形态特征。13 世纪末的作家佩特鲁斯·科利桑德斯(Petrus Crescentius)认为,理 139 想的花园是建造在平地上的方形格局,当中划分出种植芳香植物和其他花卉的地块,喷泉修建在花园的正中央。科利桑德斯并没有明确平民与贵族或者国王的花园在基本形态上具有怎样的差异,他认为主要的区别只是在于尺寸上,比如贵族的花园可能有将近 10 万平方米,里面还有天然的泉水①。

布局错落有致的(perspective)花园

对古希腊和古罗马的花园我们知之甚少。公元前 5 世纪,雅典人非常热衷于社交与公共生活,不愿意缩在私人花园的庇护当中。然而在公共聚会地点,人们对树木的使用方法可能逐渐演变为了公园的建造技术。宗教祭祀的活动常常发生在郊外的树林里、泉水旁或岩穴当中,这些地方需要具有神圣意义。对古罗马人来说,本着共和理念的严苛哲学妨碍了休闲花园这种无聊轻佻事物的繁兴。这些事物是到了公元前 2 世纪末才开始出现的。当

① 引自 Julia S. Berrall, *The Garden* (New York: Viking, 1966), p. 96.

时，古希腊文化开始广泛影响到了古罗马社会。公元1世纪，皇帝与贵族修建的别墅规模都十分宏伟，这些别墅里面有模仿古希腊风格以及照搬古希腊景观建造的规范式花园(formal gardens)，但是后来人对这些花园的设计细节所知不详。

庞贝人的花园很小，因为它们仅仅出现在城市里，郊区没有。尽管如此，它们展示出了郊区华丽别墅的庭院才可能有的两个特征，一是房屋与花园相互穿插，二是有中轴线。典型的庞贝庭院里，主起居室的门都面朝通往花园的走廊的中央，人们能从房屋里纵览整座花园。景观的纵深效果有时能通过透视技法得到增强。树木、喷泉和远处尽头墙壁上的绘画都能强化这样的效果。文艺复兴时期的别墅与花园复制了古罗马的样式，两个时期都强调了视觉效果[①]。但文艺复兴较古罗马时期别墅墙壁上的风景画更能营造出远距离的空间错觉。到了中世纪，崎岖不平的地貌阻碍了人们建造体量巨大的景观，花园都按层次排列着。而设计师为了将远处的自然景观囊括进来而成为园林景观的一部分，可能需要把这些层次排在一条直线上。把园林景观与大自然的背景轮廓匹配起来能够营造出一种开阔壮丽的空间感。

人们追求空间在水平方向上的延展和宏大的景象，这种做法在稍晚时候的欧洲西北端，也就是在平缓的地表上，达到了无以复140 加的程度。安德烈·勒·诺特尔(Andre Le Notre)的艺术使人们相信，人类可以将自己的审美情趣加诸在大自然的身上。花园就

① Georgina Masson, *Italian Gardens* (New York: H. N. Abrams, 1961), pp. 15-16.

是用来展示的,它可以使人获得荣耀。当法兰西的太阳王[1]从凡尔赛宫里的卧室向外眺望时,他能够俯览整条中央街道,设计利用了扁平的开阔水域和排列成行的树木,让他所看到的景象比实际的街道显得更长。这种试图展示人类意志的设计其实是无法传达出大自然的气息或超凡的神圣感的。凡尔赛宫里面也有很多石头建造的男神、女神像,但它们看起来都只是像侍卫和仆役而已。大臣们建议路易十四不要轻易启动这项会耗尽他所有财富的工程,何况这项工程还需克服巨大的地形障碍。但这位太阳王并没有被吓倒,他视察后自鸣得意地说:"这些困难是可以克服的""这正好证明了我们的力量!"英国人也经常吹嘘自己的国家有凡尔赛宫般的宏大景观。其中最让人自豪的景观之一是博福特公爵(Duke of Beaufort)位于巴德明顿的地产,这里总共有 20 条辐射状的大道通向远处的乡村。据说,一位绅士为了得到公爵的宠信,就在这地方栽种了树木,于是就增强了该处的远景效果[2]。

到了 18 世纪,所谓自然风格的景观开始在英国流行起来。自然风格的景观与规范式景观一样,都被视为艺术作品与工程师们的杰作。它避免了直线条、大道路和平展式水池的设计,但力求赏心悦目、令人难忘的设计目标却并没有什么变化,只是采取了更巧妙的方式表达了出来。例如朗塞洛特·布朗(Lancelot Brown)设计的辉煌连续的景观起始于房屋建造的地方。他用一

① 路易十四亦被称为太阳王,统治了法兰西帝国 72 年之久,是欧洲统治时间最长的君王。——译者注

② Edward Malins, *English Landscaping and Literature 1660-1840* (London: Oxford University Press, 1966), p. 8.

丛丛的树木作为屏障来凸显出景观的深度，让人从屋里看出去景色非常美观而且不突兀。他还会站在对面从反方向再看这个景观，甚至于从多个视角来审视它，因而自然式的园林就比规范式的园林拥有更多的最佳观景点。

通过以上一些综合分析[①]，我们可以看出，人们越来越强调将花园视为一种为房屋而存在的环境。同时，花园也是一个通过设计数目有限的视点来操纵人类审美经验的地方。其实花园原本是为视觉而存在的。人类的视觉具有最强的空间识别能力。因为对这一感观的长期使用，我们便将世界看作了由线、面、体清晰界定的一种空间实体。而其余的感官则教会我们，世界是一个丰富多彩且不具焦点的环境。无论是 17 世纪的规范式园林还是 18 世纪自然式花园景观都不具备吸引我们听觉、嗅觉与触觉的魅力。在如此受限的空间里，唯一无拘无束的视角只能是朝向天空了，所以声音、香味和质地的微妙效果有必要被纳入进来。

141

象征与神圣：前现代的回应

大自然披戴的神圣光环突出了人类对自然界的审美态度。当景观不再作为大地之灵的栖息之地时，就只能被视为日常俗务的

① 另外两部著名著作是：Richard Wright, *The story of Gardening* (New York: Dover, 1963), and Derek Clifford, *A History of Garden Design* (London: Faber & Faber, 1966)。

背景了。前现代人的宇宙观是多层次的,大自然中充满了象征性,人们可以从不同层次去解读其中的事物,并能唤起充满情感的回应。我们都知道语言有一词多义或歧义性。在我们日常所用的语言中,都充满了象征性和隐喻性,更遑论诗词歌赋里。相反,科学的目的则是要努力消除这种语焉不详的可能性。传统社会当中,无论日常性还是仪式性的话语,都有着丰富性和多义性,但现代社会所追求的却是透明性和如实性。

象征的深度

在科学出现之前,人类对世界做出回应有两种典型的方式,一是做出象征性的诠释,二是归因于鬼神,这二者紧密相关。所谓象征性的诠释,例如中世纪的艺术家们,他们与后世更富于现实性的艺术家们不一样,描绘一个精神性的事件,和描绘一个物质性的普通环境,在处理方法上没有什么区别。同一幅画作里的人物、服饰与手工艺品既可以被视为司空见惯的事物,也可以被当作从精神世界里现出的灵光。几乎任何一幅关于末日审判的壁画中都有一辆农用拖车,它象征着以利亚[①]被接升天时的火马火车[②]。

隐喻性的思维忽略了科学分类的严格限定。科学术语“山地”

① 以利亚,公元前9世纪北以色列王国的先知,其名字意义为“耶和华是神”,《列王记下》第2章11节记载他乘坐神的火车火马和旋风被接升天。——译者注

② Owen Barfield, Medieval Environment, in *Saving the Appearances* (New York: Harcourt Brace Jovanovich), pp. 71-78.

和“谷地”指向不同的地貌类型，但在隐喻性的思维当中，这些词语同时具有“高”与“低”的价值涵义，可进一步意指男性和女性的二元对立，以及相互对立的性情与气质。在第三章中，我们讲述了人类如何将世界划分成一些协调的系统。对外地人而言，一个系统里的元素相互之间似乎并没有什么关联，但对当地人来说它们却体现出了自然而然的关系。中国人、印尼人、北美洲的村居印第安人彼此之间对某一种现象进行调和的方式有着巨大的差异，但是他们都将世界上的各种要素例如土、水、火与其他事物例如颜色、145 方向、季节以及性格和文化特征关联了起来。像中国人的“金”就关联着秋季、西方、白色和悲伤。在现代社会以情感的方式将相互分离的现象关联起来的做法其实是很突出的。科学工作者在没有防备的时候也会将秋天、落日与忧郁、惆怅关联起来；将春天与希望关联起来。

符号是意义的仓库。意义来自在时光里不断积累起来的深厚经验。这些经验尽管植根在人类的生物性里，但往往有着神圣和超越世俗的特性。符号来源于独特的事件，因此，它们在不同的个体之间、不同的文化之间都存在着差异；又因为符号来源于为大部分人类所共享的经验，所以它们又具有普适的特征。不同人群诠释天空、大地、水、岩石和草木这样的自然物的方式都比较接近。但一些特定的地方和事物，比如松树、玫瑰、泉水和果园，则可能被赋予独特的意义。

a. 开放的景观与垂直的愿望

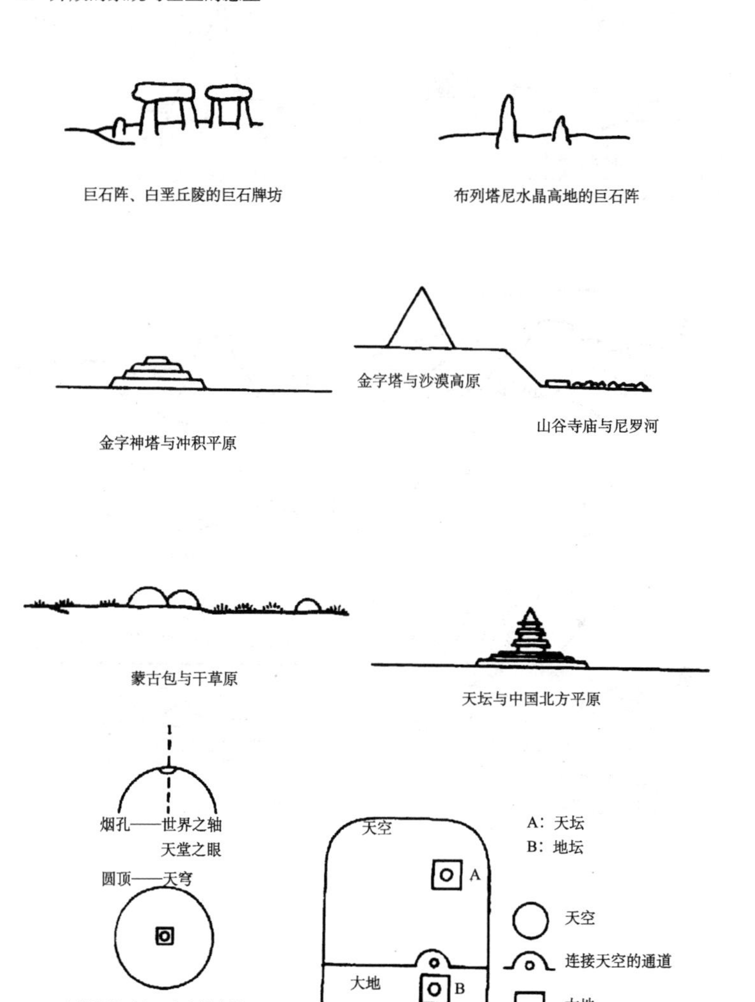

b. 胜过大地的力量

帕特农神殿。取自Pynx“雅典娜……她的看台位于最高处，她的庇护就像盾牌一样守卫着这座城市，同时向敌人发出警告，不管他是人类，还是神灵。”

圣米歇尔山位于火山颈的顶端，法国勒皮伊

c. 神圣景观

吴镇的画(1280—1354年)

古希腊女神形态的景观
波拉考拉的赫拉·
阿卡埃伊亚

波拉考拉的陶土俑女神像
(如斯库利(Scully)的作品)

湖中的一个sieide(sieide指景观之力完全集中在了一个岩石凸起物的状态)

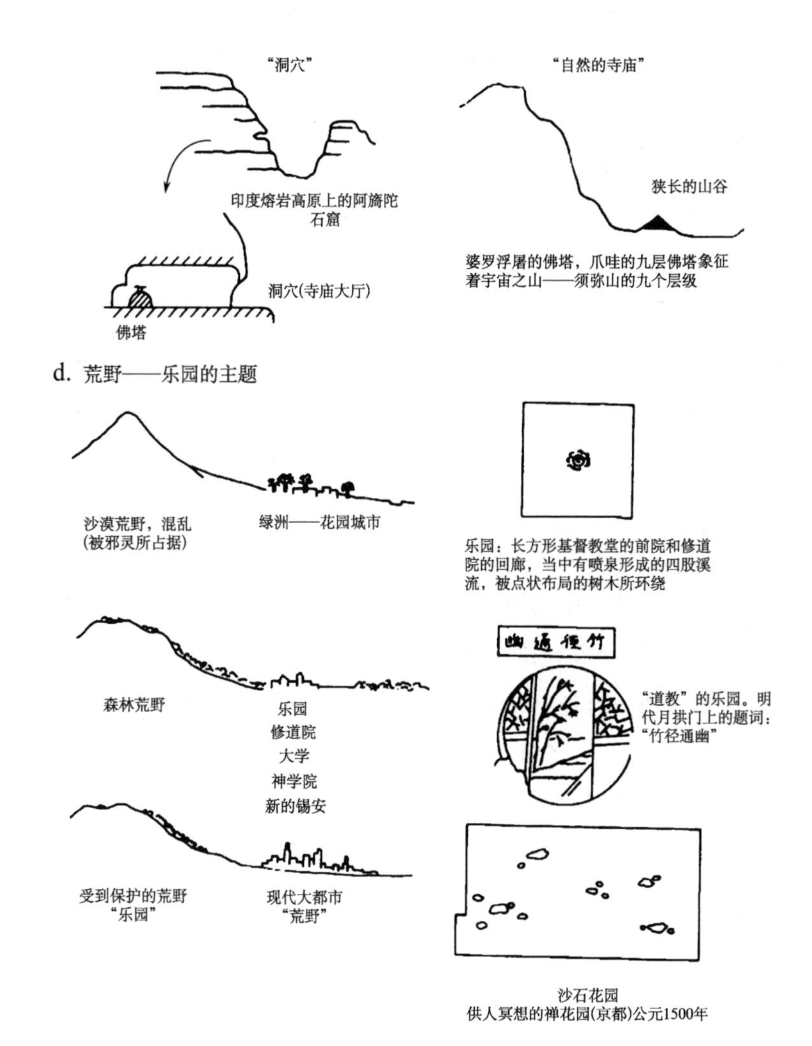
“洞穴”
印度熔岩高原上的阿旃陀石窟
洞穴(寺庙大厅)
佛塔
“自然的寺庙”
狭长的山谷
婆罗浮屠的佛塔，爪哇的九层佛塔象征着宇宙之山——须弥山的九个层级
d. 荒野——乐园的主题
沙漠荒野，混乱(被邪灵所占据)
绿洲——花园城市
乐园：长方形基督教堂的前院和修道院的回廊，当中有喷泉形成的四股溪流，被点状布局的树木所环绕
森林荒野
乐园
修道院
大学
神学院
新的锡安
“道教”的乐园。明代月拱门上的题词：“竹径通幽”
受到保护的荒野
“乐园”
现代大都市
“荒野”
沙石花园
供人冥想的禅花园(京都)公元1500年

图 10　象征景观

花园在最深层次的意义上可能象征着大地的阴门，表达了人类渴望放松的情感和对丰裕多产的信念[①]。然而特定的设计和内容，都与特定文化所赋予的意义相匹配。例如，中世纪欧洲修道院里的花园就是比照着乐园的样子设计的。乐园的理念通过一些事物传达了出来，这些事物一般出现在绘画作品里而不是在实景里；它们包含了基督教传统里表征神圣的诸多符号，像百合花象征着纯洁，红玫瑰象征着圣爱，草莓象征着公义，三叶草象征着三位一体，而花园桌子上摆放的苹果则提醒着人类的堕落与基督的救赎。

公元前2世纪左右，中国汉代的皇家园林修建在了长安城外。这是最早的封闭式景观之一，人们对它的描述十分详细。它的面积十分广阔，围墙里面有山峰、树林、河湖，还有宫殿和各样人造景观，体现出了道家的神秘信仰。例如，人工挖成的湖里立着尖尖的小岛，象征着传说中的海外三岛。整个园林被视为理想的道教或萨满教的微缩宇宙。在这里，皇帝可以享受世俗与宗教两种生活方式：他激情澎湃地狩猎，在猎杀之后，又与随从们享受歌舞宴乐，还有人穿插表演着各种杂技和戏法。宴会结束以后，他又登上雄伟的高塔，俯瞰全景，在独处当中与大自然对话[②]。

146 大约公元4世纪之后，中国的士大夫开始喜爱园林、喜爱田园诗歌。佛教的发展推动了人们对大自然的关切，也对花园的设计提供了依据，丰富了象征意义。与西方花园不同的是，中国的花园

① Paul Shepard, The Image of the Garden, in *Man in the Landscape* (New York: Knopf, 1967), pp. 65-118.

② Michael Sullivan, *The Birth of Landscape Painting in China* (Berkeley and Los Angeles: University of California Press, 1962), pp. 29-30.

直到19世纪下半叶都还保持着丰富的符号学特征，在此之后，传统价值理念才迅速式微。民国时期的花园保留了大量传统的符号，尽管传达的意义只能被文化程度较高的阶层所理解。在这些地方，满月状的大门象征着圆满，龙、凤、鹿、鹤以及蝙蝠都传达出了特定的含义。石头与水象征着大自然中二元对立的古老主题，体现出了和谐的平衡之力。花卉随着季节的变化传达出了各种不同的意义，它们有的象征着诚实、纯洁、风度和美德，有的象征着好运、长寿与友情。柳树、松树、桃树、李树都是花园里常见的植物，它们都有着各自的含义，像柳树就寓意着风度和友情。当我们步入一座中式花园的时候，楼台亭阁、花草树木中的一点一滴都有可能把我们引入一个世界，让感官、意识和灵性在其中得到极大的拓展。这么多的符号相互补充、彼此丰富，构建起来的理想景观总从整体上传达出"和谐"的理念。

神圣的地方

花园是一个神圣的地方。总的来说，神圣的地方就是圣物的所在之处。无论在什么地方，哪怕是一片树林、一汪泉水、一块岩石，或一座山丘，倘若被人们视为崇高的地点或承载了极重要的事件，都能具有某种神性。倘若米尔斯·伊利亚德[1]所言不虚，那么关于神圣地域的观念最早、最基本的理念指向了世界的中央或中轴的部位。任何一种试图对空间下定义的努力都是试图在混乱中创造秩序，它们的重要意义在于原始的创造行为，并衍生出了这类

---

① Mircea Eliade，罗马尼亚宗教学家。——译者注

行为的神圣属性[1]。不仅仅是用于庇护的原始建筑，还包括房屋和城镇，在传统上都有举行仪式的用途，由此对世俗的空间进行了转化。在每一次仪式中，这类地点都被外来的力量所圣化了，比如一位圣人、一件耀眼的圣物，或者由占星术和风水学所强化了的一股宇宙性力量。这些力量的承载物本身可能是极其卑微的，比如147 蚂蚁、老鼠，它们都可能作为神圣事件显现出来的证据。历史上那些魅力型领导(Charismatic Leaders)们，其出生或死亡的地点都被赋予了超凡的属性。圣祠或墓地的中央是最为神圣的地点，周围的空间都因此被染上了一层神圣的氤氲，当中的所有事物，哪怕是一草一木，都因此而显得超凡脱俗。中国人在很长一段历史时期都将皇陵周围的地域视为天然的公园。在那里，所有的活物都会沾染到圣主亡灵的崇高与神圣。这些地点满足了人们对宗教和游乐的需求[2]。

对古希腊人而言，圣地最重要的元素是它所在的那一片神圣区域，其次才是上面的建筑物。“至于这个地方，很明显是一片圣地”(索福克勒斯[3]《俄狄浦斯在科罗诺斯》)。这片土地不是一幅图画。用现代人的眼光来看，古希腊的圣地只体现出了它画一般的品质，但对公元前4世纪的古希腊人来说，圣地却蕴含着足以统治世界的力量。

---

① Mircea Eliade, Sacred Space and Making the World Sacred, in *The Sacred and the Profane* (New York: Harper Torchbook, 1961), pp. 20-65.

② E. H. Schafer, The Conservation of Nature under the T'ang dynasty, *Journal of the Economic and Social History of the Orient*, 5 (1962), pp. 280-281.

③ 古希腊三大悲剧诗人之一。——译者注

古希腊人把大地作为一种力量进行感知，文森特·斯卡里(Vincent Scully)为我们阐释了这种现象如何对克里特文明和迈锡尼文明在青铜时代以及古风时代晚期的演化产生影响。人们为了迎合大地的力量修建了克里特宫。这个理想的地点是一个山峦合围的谷地，宫殿建在山谷之中。在宫殿的南方或北方有一座锥形的山丘，而在山丘的远方又有另一座更为高峻的双峰山。合围的山谷是自然生成的中央大厅，好似提供庇护的子宫。锥形的山丘象征着大地母性的特征，双峰山也意味着犄角或者乳房。位于内陆地区的迈锡尼人也有着颇为类似的景观态度。他们也向往大地女神的庇护，不同之处是在于，迈锡尼城的所在地是山丘之上，那里才是尊严和权力的处所。后来，迈锡尼人被多利安人(Dorians)所击败，后者并不敬仰大地女神。多利安人把迈锡尼人与大地之间的简单纽带尽数毁去。他们用挥舞雷电的天神取代了大地女神的位置。在克里特，多利安人的要塞是在山峰之上，而不是在谷底。尽管奉献给女神的圣所保留了位于凹陷地形当中的传统特征，但多利安式的神庙则出现在了各种各样的地表形态之上，精巧如雕塑一般，具有纪念的意义。奉献给阿波罗神和宙斯神的庙宇被用来抵抗阴间的权势。阿波罗最大的圣所——德尔菲神庙，位于帕纳塞斯山区中央山丘的低坡上。宙斯是大地之母真正的继承者，他的庙宇占据着最高峰的顶部。奥林匹斯山则是他在北方的象征。供奉宙斯的神庙都位于最大的迈伽拉上，它们似乎是当地景观的主导者而非适应者[①]。 148

---

① Vincent Scully, *The Earth, The Temple, and the Gods: Greek Sacred Architecture* (New Haven: Yale University Press, 1962).

在中国道教的传统里，和多利安人之前的古希腊类似，大自然不断地彰显着德行和权力。而在基督教的传统里，圣化了的力量却赋予了上帝所委派的管理者——人类，而非大自然。人们建造教堂的目的不是为了去迎合大地的灵性，相反教堂本身则会向周围的环境传达出属灵的气息。人们将圣所安置在教堂的东头不是为了去迎合自然界的秩序，而是为了利用太阳东升的自然现象去象征基督复活的教义。基督教的世界普遍都将岩洞和泉水视为神圣的地方。这些地方的守护者不是自然界里的精灵，而是殉道的圣徒或者圣母玛丽亚，他们会奇迹般地显圣[①]。位于旷野中的修道院是乐园投射在未被救赎世界当中的微缩模型。旷野往往被视为魔鬼出没的地方，而修道院的附近则具有已经被救赎了的自然界当中的和谐性，包括居住在其中的动物，它们都像修道院里的人类领主那样和平地栖居在一起。

循环的时间观与线性的时间观

古代人相信大自然的运动是循环的，圆形象征着完美。而现代人遵循着牛顿的革命性思想，认为自然界一切的运动都是单向演进的。宇宙观贯穿于各种地理学和景观思想，其中包含着各种主题，使人们给不断变化的时间概念赋予了诸多解释。

按照自然界反复出现的阶段性现象（例如星辰或地球的自转

---

① Ernest Benz, Die heilige Hohle in der alten Christenheit und in den ostlichorthdoxen Kirche, *Eranos-Jahrbuch* (1953), pp. 365-432.

与公转)，人们会给时间赋予形态。现代人能认识到这些反复出现的现象，但他们却认为这些现象不过是时间长河里的波动旋回而已。时间对现代人来说具有方向性，变化是循序渐进的。基督教的末世论无疑大大丰富了人们所持的渐变论。然而对于中世纪的人而言，他们的时间感与垂直、旋转的宇宙观相契合，因而在本质上是不断循环的。到 18 世纪，线性的、具有方向性的时间观才逐渐占据主导地位，而建筑学与景观学中的空间等距变换原理也才逐渐让位于主张轴向延伸以及放射型布局的开放空间观。该时期的欧洲人不断从事着大探险，他们所了解的地理空间几乎覆盖了全球。

长途旅行与迁徙可能对循环的时间观和垂直的宇宙观造成了破坏，代之以线性的时间观和水平的空间观。旅行者会依赖天空的星辰，但度量时间并不像度量距离那样关键。而航海者把时间差异看得格外重要，主要是因为依据时间可以换算距离。对于北半球的人来说，北极星象征着世界之轴和永恒。古埃及人相信北极星是死后的归宿，因为它的天空区域从来不会降到地平线以下。但对于开拓者、商人和移民来说，向南穿越赤道则证明了北极星并非是不朽的。定居在中纬度地区的人类往往将一年四季视为大自然的恒定规律，就像星辰的运行契合于永恒的意象一样。但若沿着子午线迁移的话，旅行者和殖民者就不仅会体验到四季的混乱，甚至于自然节律本身存在与否都存疑。在赤道地区，曾经普适的季节规律好像都消失了，但当进入南半球的时候，自然节律又都颠倒了过来。

149

11. 理想的城市与超越性的符号

150　城市的出现把人们从艰辛的生存需求和变化无常的自然界中解放了出来。城市作为人类的成就之一，却在今天被我们遗忘了，甚至遭到了贬抑。它曾经是人类的理想，但当环境问题显现，并在工业革命后变得越来越突出时，它好像离我们的理想渐行渐远。在过去人类把城市打造成仪式活动的中心，用宇宙的永恒和秩序对抗自身的脆弱性。古希腊城邦就让人超越了自身的生物性局限，成就了自由人不朽的思想与行动。中世纪德国有一条格言说："城市的空气使人自由"，意思就是指自由人生活在城墙以内，而农奴则居住在外围的乡村。城市地位高于乡村的理念也不断穿插在语词的意义表达中。从亚里士多德的时代开始，"城市"对于哲学家和诗人而言就象征着完美的居住区。市民住在城市当中，而农奴与佃农住在乡村地区。城市是主教的掌权之所，象征着上帝之城；而在远处的荒野里住着异教徒和野蛮人，在农村地区住着农民或村夫。

城市理念的出现

151　这本书的内容会涉及城市，不仅仅因为城市既体现着人类与环境互动的理想（本章），还因为城市本身就是环境的一种（下一章)。关于城市起源的问题无法在这里详细探讨,但却不能完全忽视,因为我们如何看待城市最初的性质,会影响到我们如何评价城市作为一种理想的重要性。比如,倘若经济学的解释被无条件接受的话,那么就很难理解人类为何会对城市抱有忠诚感或自豪感了。经济学认为,城市是经济富余的产物:农业产品不能完全消耗时,就在方便的地点展开交换,渐渐就产生了集市、小镇,最后演变为城市。城市的物质的确来源于周围的乡村。但完全可能出现另一种情况,即某个地区只拥有发达的农业和密集的人口,却没有出现一座城市。新几内亚高原上的农业生产力达到了支撑每平方千米 200 人的程度,但并没有出现城市生活。事实上,早期的城市可能出现在农田单产相对低下的地区。城市出现的核心要素在于中央官僚机构的存在,它有权力向周围农村地区索取食品与服务。像保罗·惠特利所说:"人的欲望是无限的,结果总是可以从最悲惨的农民身上榨取油水,来满足中央官僚的需求。[①]"即便在动物界里,权力都很少通过身体的力量直接表达出来;在人类社会中,权力更是通过对合法性符号的承认来运作的。祭司就是一种具有效力的符号,他是半神的存在,是天堂与大地之间的中保,参与了宇宙的创造,保障着秩序的稳定。

倘若追溯城市生活最古老、最原始的核心,我们看到的不是一个市场或一座军事要塞,而只会看见某个世界超自然创造的理念[②]。

---

① Paul Wheatley, Proleptic Observation on the Origins of Urbanism, in *Liverpool Essay in Geography*, R. W. Steel and R. Lawton, eds. (London: Longmans, Green, 1967), p. 324.

② Paul Wheatley, *The pivot of the Four Quarters: A Preliminary Enquiry into the Origins and Character of the Ancient Chinese City* (Chicago: Aldine-Atherton, 1971).

超自然和现实世界的中间人是一位神祇、一名祭司或一个英雄。创造的地点是世界的中心，它以某种方式被标记了出来。最初，城市或许只是某个部落的圣地，渐渐发展成为了庞大的仪式综合体，包含了各种建筑元素：舞台、走廊、寺庙、宫殿、庭院、阶梯和金字塔。城市超越了生活的随机性，反映出了精确性、秩序性和从天堂里投射而来的可预测性。在文字被广泛使用以前，人们通过口述、仪式，尤其是象征性的建筑物去维护某一套世界观。远古时代城市的居民比新石器时代村庄里的居民更需要生存条件，但由于各种壮观仪式与建筑物的存在，城市中身份卑微的人们也拥有了村民们所没有的东西，那就是能够分享更为宏大的世界里的辉煌灿烂。

152

仪式中心并非总能吸引人们长期定居在它周围。像玛雅的神殿和爪哇的迪延高原（Dieng Plateau），要么位置太偏僻，要么农业生产太落后，不可能吸引大量人口定居于此。除了神职人员、看门人和手艺人出没以外，这些仪式综合体全年大多数时候都是门可罗雀的，只在节日期间才恢复了生气。用现代人世俗的眼光去看，过去那些人竟能长途跋涉，越过千山万水去往一座辉煌的城市，目的仅仅只是为了某种仪式和一些象征性的理由，简直不可思议。曾经有一座城市，名叫波斯波利斯，建于公元前520—前460年[①]。人们普遍认为，波斯波利斯的建造是为了给阿契美尼德王朝（Achaemenid kings）的皇室成员提供住处。它是帝国的首都，宫

① Persepolis，波斯阿黑门尼德王朝的第二个都城。位于伊朗扎格罗斯山区的一盆地中。建于大流士王（公元前522—前486年在位）时期。——译者注

殿的宏伟壮丽彰显了皇室的权力与骄傲。但是后来，从废墟中出土的铭文和石碑显示出这座城市的建造并非出于政治性或经济性的缘由，而是宗教性的。铭文和石碑篆刻的庄严话语宣示出城市的建造是因为神灵的恩典，其建筑物堪称完美。在阿胡拉·马兹达神[①]的感召之下，波斯王成为了神灵与人类的中保。古代近东人能敏锐地感知到生命的脆弱性，因此为了体验永恒与秩序，他们就参与进了宇宙性的事件里；在灿烂夺目的场景中，统治者以中保的身份主持节令性的仪式。波斯波利斯并不是政治性的首都，也不是豪华的君王居所，很少有人住在那里。它只是一座仪式性的城市，是位于地上的上帝之城(Civitas Dei)。[②]

另一个典型的例子是印度次大陆的巴利塔那圣城(Palitana)，它是一座仅仅为神祇而建造的城市。它的圣祠是一座方形结构的坚固围场，筑造在卡提亚瓦半岛的神山谢特朗嘉(Shetrunja)的双峰之上，半是宫殿半是堡垒。一名游客如此描述道：

> "这真是一座寺庙之城，大门内除了几座蓄水池外别无他物。这里是清净之所，每一处广场、走廊、入口和大厅都和欢愉无关。四下里宁静得吓人……两条250码长的山脊夹着沟谷，共同构成了山的最高处。每条山脊和夹着的山谷都被厚重的城墙所环绕，易守难攻。每条山脊的建筑物也被围墙分隔成为几个团块，每个团块里建有一座主寺庙和数量不等的

153

① Ahura Mazda，古波斯拜火教(索罗亚斯德教)里的至高之神。Ahura 字意为贤明、崇高，象征"火"。——译者注

② Arthur Upham Pope, Persepolis as a Ritual City, *Archaeology* 10, No. 2 (1957), pp. 123-130.

小寺庙。每个团块都有厚重的城墙与城门，在日落时分城门会小心翼翼地关闭。①”

对于那些来自印度各地虔诚的耆那教徒来说，巴利塔那是一件不朽之作，是矗立在宏伟的谢特朗嘉山上的大理石建筑，仿佛一座不朽的城堡，来自另一个世界。

宇宙的象征与城市的形式

城市会采用圆形、方形等规则的几何形状来表达它们的宇宙象征性。同时，城市的超越性还能通过金字塔、圣柱和圆顶等垂直方位的建筑形式来强化。两条轴线将一个圆形划分成四等份，这象征着天堂。伊特鲁里亚人(Etruscan)四等分的圆形城市理念实质上就是把神庙投射在大地上，划分四个区域的方式源于解读梦兆时所采用的方法。有些学者用“Roma quadrata”这个术语来特指四等分式的建筑物，罗马城在修建之初就是符合这种理念的一座圆形城市。城市的中心是亡灵的住所“mudus”。这些远古时代的中心、交叉的轴线、四等分的天穹，后来在基督教时代里又融合了十字架和耶路撒冷的意象。维尔纳·穆勒(Werner Müller)认为这些元素在中世纪晚期与文艺复兴时代的城市里都可以找得到②。

---

① *Imperial Gazeteer of India*, XIX (Oxford: Clarendon Press, 1908), p. 363.

② Werner Müller, *Die heilige Stadt: Roma Quadrata, himmlisches Jerusalem und die Mythe vom Weltnabel* (Stuttgart: Kohlhammer, 1961).

圆形可以认为是无数条边的多边形，但世界各地的人在实际应用中都简化成了数目“四”，如方形的四条边、天地的四等份、一年四季和四个基本方位。从数学上讲，方形就比圆形更简易地代表着宇宙。圆形与方形相互存在意义的交叠，但又不尽相同。比如在中国，当两种形状出现在同一个建筑综合体中时，圆形就代表着“天”或者大自然，而方形则代表着“地”或者世俗的人造世界(图 11)。

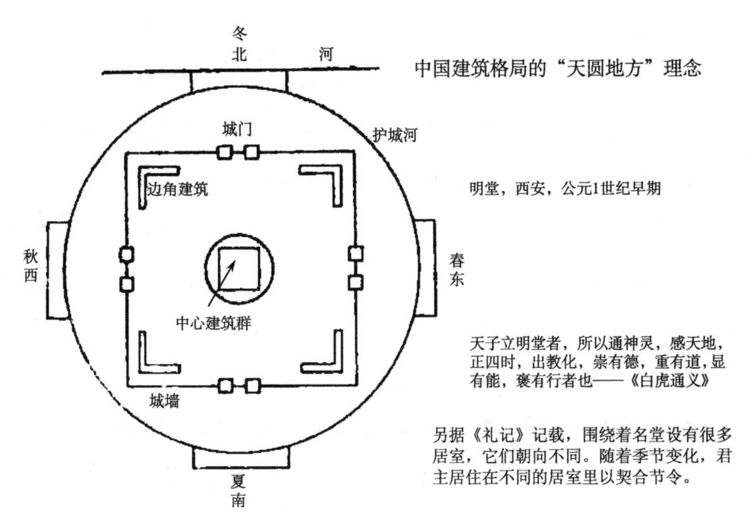

图 11　建筑中圆形和方形的象征意义

圆形与放射状的同心环理念

理想城市的设计往往是圆形的，但在现实中很难实现(图 12)。154
我们该如何评价古代的圆形城市呢？或许已知最早的城市是埃及王朝统治前的圆形聚落，它们都修建了城墙。“镇”的象形文字就是一个封闭的圆，被两根相交的轴线分为四份。难道埃及的城市也像伊特鲁里亚的城市那样被人们视为天穹的模型吗？好像不是，但关于这一点，我们不能确定。在古代，安纳托利亚赫梯人(Anatolia Hittite)的城镇在设计之初就考虑了防御的功能。他们的城镇修建在战略要地上。为了顺应地形特点，城墙的形状修成了椭圆形或多边形。居住区的发展不受任何约束，成为了自然的块状。然而，一些新赫梯人(Neo-Hittite)的居住区则表现出了高度规则化的特点，这会让人们猜想，这样的设计背后是否有象征性的意图。一个典型的例子是山姆城(Sam'al)，又称 Cincirli。这座城修建于公元前 1000 年左右，约 200 年后并入了亚述帝国。两圈近似完美的同心环城墙将城市合围了起来，每圈城墙上都建有上百个方形的塔楼。与早期赫梯人的城市不同之处在于，修建这些环形城墙的时候很少考虑地形的因素。人们可以从三条同样宽阔的大路任选其一，穿过两道城门，进入城市的内部。朝南的一条路 155 地位最高，它通往高地上的城堡。城堡与市中心有一定的距离。环形城墙护卫着城堡，城墙上建有圆形塔楼。次一级的矮墙又将城堡分为了四个区域。城堡的最高处是由四座宫殿、宫殿附属物与一座营房所构成的综合体[①]。

希罗多德曾描述过伊朗米底王国的首都埃克巴坦那[②]，它也是一座同心环状的城市。修建它的故事反映出了乡村演变为理想城市的过程，并且是从非经济学的角度去解释城市起源的。根据

---

① P. Lavedan, Les Hittites et la cité circulaire, in *Histoire de l'Urbanisme*, I (Paris: Henri Laurens, 1926), pp. 56-63.

② Ecbatana，位于现今伊朗境内的哈马丹，被认定为米底王国的首都。米底王国存在于公元前 7 世纪到公元 6 世纪中叶的古波斯地区。——译者注

希罗多德的描述，米底人在摆脱亚述人的统治以后，一直没有建立统一的政权，人民四散在乡村，村民之间常常争吵。在缺乏仲裁机构的情况下，有一个人名叫狄俄塞斯(Deioces，？—前675)，他总是能给出公平合理的意见协调村民间的纠纷，深受人们爱戴。但由于花费了太多时间和精力，狄俄塞斯非常疲惫、无暇自顾，最终放弃了，接着整个地区不法事件横行。村民无法解决当下的各种问题，深陷痛苦之中，于是决定要立一位国王，狄俄塞斯就被选中了。他成为国王后，决定为自己建造一座城市和一座殿宇。因为当时没有哪座村庄可以用来匹配王的尊严，于是人们就修建了埃克巴坦那城，这座城市成为了他们世界的中心。如希罗多德所述，这座新首都的城墙宏伟巨大，一环套着另一环，从外向内逐渐升高。城市地表是一座缓丘，迎合了空间的布局，又融入了艺术的加工。城市共有七道城墙，墙垛为彩色，最外围一圈为白色，接着依次为黑色、深红色、蓝色、橙色、银色，最内一圈为金色，环绕着狄俄塞斯的宫殿。城市的不同圈层可能由不同种姓的人口所填充。国王和贵族居住在最内层。社会阶层不断降低、人口数量不断增加的居民则依次向外填充面积不断增大的各个圈层，同时地势也在不断下降。普罗大众则居住在最外圈的城墙之外。于是，七道环状的城墙就构成了上升的阶梯，象征阶序性的宇宙，取代了过去分散的村民与大地直接相连接的世界模式[①]。

柏拉图的理想城市将圆与方的元素融合在了一起。传说亚特兰蒂斯的岛形大陆是由同心环的陆地与水域所构成的。城市中心

① Herodotus, *History*, Book I, pp. 96-99.

圣山上的卫城被一系列圆形的城墙所环绕。最外一圈裹着黄铜，第二圈裹着锡，第三圈也是紧挨着城堡的一圈闪烁着红铜色的光芒。卫城中心耸立着供奉海神波塞冬及其妻子的神庙，以稀有的156 黄金为装饰。在另一种理想城市的描述中，柏拉图认为城市应当位于国家的中心。首先，神庙应当有围墙环绕，建在卫城之内。整座城市乃至整个国家都是从这一点开始向外辐射的，辐射线将周围的地域分为 12 个部分，每个部分的大小由土地的生产力来决定①。柏拉图是受到什么影响才构思出了这种理想城市？我们无从知晓。他只是粗略地描绘了城市的布局。亚特兰蒂斯城堡的原型可能是受到了前希腊时代防御工事的影响，还有可能是受到了公元前 460 年左右曼坦尼亚(Mantaneia)环状城墙的影响。由于宗教美学的缘故，单独的中心建筑物一般呈现为圆形，像古希腊埃皮达鲁斯城(Epidaurus)的圆形庙宇(Tholos)。柏拉图或许也知道波斯帝国的首都被设计成了同心环状。但更为合理的解释，是因为柏拉图所理解的圆形、方形、颜色和数目体系反映出了毕达哥拉斯的宇宙论原理。如果不进行大的改造，宇宙性的图式很少能在崎岖的地表上实现出来。阿里斯托芬对圆形的概念、几何形状的城市给予过关注。在作品《鸟》中，他取笑过柏拉图及其学生，以及那些呆板的规划师们。

阿拔斯王朝哈里发②的首都，萨拉姆的麦地那，也就是老巴格

---

① Plato, *Critias*, pp. 113, 116; *Laws*, Book V, p. 745.

② Abbasid Caliphs，哈里发，伊斯兰教职称谓，中国穆斯林俗称“海里凡”。阿拉伯语音译，原意“代理人”或“继位人”。阿拔斯王朝是哈里发帝国的一个王朝，始于 750 年，定都巴格达，直至 1258 年被灭。——译者注

达，是伊斯兰世界中一座规模宏大的圆形城市（图 12）。由于传统的伊斯兰建筑不是以圆形为主，那么阿拔斯王朝首都的设计可能就源于萨珊王朝[①]波斯人的影响了，像位于巴格达东南方泰西封[②]的圆形设计，以及法拉什班德城（Firuzabad）的同心环设计。后者的主干道呈放射状，每条都指向表盘上的一个点位，分割出来的十二个区域以黄道十二宫的名字命名。萨拉姆的麦地那城始建于公元前 762 年，由一百万名工人以飞快的速度建造起来，以保证哈里发曼苏尔（al-Mansur）在第二年就能顺利将政权迁移到这座城市。这座城市共有三道正圆形的环形城墙，城门位于四个象限点处。圆形城市的中心耸立着一座接近 200 米见方的宏伟宫殿。圆形的绿色穹窿使殿宇的中心部位显得更为高大。穹窿上的人马雕像离地 30 多米，人们在巴格达的任何一处都能看得见它。宫殿旁耸立着大清真寺。这座圆形城市的其他建筑物还包括了各种公共机构，像国库、军械库、档案馆、土地税所、皇族内务府和哈里发儿子的宫殿。市民们都居住在城墙以内。但这座城市却并不鼓励商业性的建筑出现在如此完美的星象学秩序里。商人的聚居区都分布在码头附近。萨拉姆的麦地那与所有的圆形城市一 157 样，都没有能够维持它们的最初格局。在建成一百多年之后，郊区的不断扩展使得城市的空间逐渐饱和，最后越出了城门，初期的格

① Sasanian Empire，祚始自公元 224 年，651 年亡。萨珊王朝取代了被视为西亚及欧洲两大势力之一的安息帝国，与罗马帝国及后继的拜占庭帝国共存了超过 400 年，被认为是伊朗或波斯最具重要性和影响力的历史时期之一。

② Ctesiphon，伊拉克著名古城，亦译“忒息丰”。位于首都巴格达东南 32 千米处。——译者注

局就瓦解了①。

在中世纪的欧洲，以上帝为中心的世界观使城市的设计倾向于采用于环形放射状的模式。圣·奥古斯丁的上帝之城就是环状的结构。中世纪有大量对耶路撒冷的图形描绘，它们都显示出中心是圣殿、外围是环形城墙的格局。但是，现实中的城市建设却很少受到这种观念的影响。绝大多数中世纪的城镇都是市集的所在地，它们有基本的自治权。在它们发展成为城市以前，可能是一些非经济性的中心地，是世俗人士的或者神职人员的大本营。在这些地点周围聚集了一群寻求庇护的商人与农民。由于缺乏规划，城市增长的方式或许刚好就是以城堡或修道院为中心，商店、民居与道路在周围蔓延，整座城市就逐渐发展成为圆形城墙所环绕的环形放射状了。城市中心高大的建筑物多由石头砌成，基座会用一些更便宜的材料。这些建筑的中心是一座教堂。教堂本身作为朝圣之地，其威仪统领了周围的房屋与道路。如葛金②所言："中世纪的圆形城市并不罕见。"像位于贝尔格(Bergues)、莎贝拉(Aix-la-Chapelle)和卡尔卡松(Carcassonne)附近的布拉姆(Bram)、马利纳(Malines)、米德尔堡(Middleburg)、诺林根(Nördlingen)，以及杜罗河畔的阿兰达(Aranda de Duero)，都是著名的例子。不过，也有一些聚落的平面规划体现出了理想城市的几何秩序，例如

① Guy Le Strange, *Baghdad during the Abbasid Caliphate from Contemporary Arabic and Persian Sources* (Oxford: Clarendon Press, 1924); Jacob Lassner, *The Topography of Baghdad in the Early Middle Ages* (Detroit: Wayne State University Press, 1970).

② Erwin Anton Gutkind(1886—1968)，德国建筑师、城市规划师。——译者注

法国的布里夫(Brive)。这座小镇的中央有一座修道院和宽阔的广场。修道院面朝东方,是小镇中轴上的心脏。城墙大致呈圆形,共有七座城门。同心环的街道与七条主干道全都从教会的中心区域向外辐射。但布里夫与正宗的理想城市又有所不同:布里夫是从中心向外围延伸开去的,而不是从外围城墙(也就是最初的界墙)向中心发展起来的[①]。

从1150到1350年,由于阿尔比圣战和英法之间旷日持久的战争,大量防御性城镇(法文称 bastide)被建造起来,尤其是在法国南部。自由宪章加上安全保障使得大量民众聚集到这些中心地。欧洲中世纪的防御性城镇已经有了人为的规划,它们形态各异,大多数为网格状,有的为环形放射状,还有的为不规则形状。环形放射状的城镇通常围绕着一个中心元素展开,比如一座教堂或一片开阔的空地。尽管这些新城镇最初的建设思想是希望获得上帝的庇护,但它们往往不具备宇宙的象征性格局。当时的风俗 158 是在城镇内部修建两条正交的道路,指向东南西北,并以此为基础构建整座城市[②]。

相比于中世纪来说,理想城镇的设计理念在文艺复兴与巴洛克时期显得更为流行[③]。这样的潮流最先出现在了意大利,比如

---

① E. A. Gutkind, *Urban Development in Western Europe: France and Belgium* (New York: Free Press, 1970), p. 41.

② Joan Evans, *Life in Medieval France* (London: Routledge & Kegan Pall, 1959), p. 43.

③ Helen Rosenau, *The Ideal City: In Its Architectural Revolution* (London: Routledge & Kegan Paul, 1959), pp. 33-68; R. E. Dickinson, *The West European City* (London: Routledge & Kegan Paul, 1961), pp. 417-445.

活跃于15世纪到16世纪的阿尔贝蒂(Alberti)、费拉来得(Filarete)、卡特里奥(Cataneo)等人的设计。这些理念后来又在法国和德国得到了延续。这些设计作品都是理想城镇设计的杰作,当中的圆与方堪称完美,比如说费拉来得的理想城镇斯福钦达(Sforzinda)。这座城镇由一个圆形和两个正方形所构成。两个正方形组成一个八角星,其中一颗星指向东、南、西、北四个基本方位,而另一颗星则指向东北、西南、东南与西北四个次方位基点,外围是圆形的城墙。教堂、市政厅与其他公共建筑物都位于城镇中心区域。道路从中心区域向外辐射,直到八角星的每个拐角处。另外,像乔吉奥·马丁尼(Giorgio Martini)、吉罗拉莫·玛吉(Girolamo Maggi),以及德国建筑师丹尼尔·斯柏克林(Daniel Specklin)的理想城镇都是八角星的环形放射状设计。文森佐·斯卡莫齐(Vincenzo Scamozzi)在1615年设计的理想城镇总共有12个角,外轮廓大致呈现为圆形,但内部防御工事的道路设计又是按照网格状排列起来的。

文艺复兴时期的圆形设计很少被付诸实践,真正变为现实的一个典型例子是帕尔马诺瓦(Palmanova),它修建于1593年,是威尼斯统治下的一座防御据点。它的基本形状为九边形,外围用三角形的防御突出物搭建起星形的轮廓。城市的中心市场为六边形,正中央矗立着一座高塔。整座城市的道路被设计为环形放射状。帕尔马诺瓦的设计在很大程度上受到了斯福钦达的启发,设计师很可能是斯卡莫齐(Scamozzi)。在阿尔贝蒂以后,文艺复兴时代的设计师都喜欢采用圆形轮廓嵌套多边形的圆形防御城设计。由于他们对维特鲁威[①]和柏拉图的理念重新产生了兴趣，这样的设计偏好被进一步强化了。但从实际建造情况来看，城镇还是更多地采用简单的网格状道路，以及矩形或不规则的外轮廓，而非环形放射状的设计。

闭合的圆圈象征着完整与圆满，圆圈上出现了一个开口则意味着向无限性的延展。17 世纪与 18 世纪初期，设计师广泛采用了辐射与汇聚这两种元素，这是典型的巴洛克式风格，表达了喜爱夸饰与放荡不羁的时代意识形态，同时也暗示着整个社会正朝着政治中心化的结构演变[②]。扇形的城市区块设计给乡村的无限延展留下了余地，也只有逃出拥挤的城市，乡村才能得以拓展。凡尔赛城与卡尔斯鲁厄城（Karlsruhe）就是两个杰出的代表，它们表达了巴洛克时代对权力与辉煌的崇尚。在凡尔赛城，三条笔直的大道汇聚在宫殿前方的达姆广场。而卡尔斯鲁厄城的 32 条放射状轴线交汇在侯爵城堡的正前方，其中九条轴线具有街道的功能，剩余的 23 条都呈扇状的形式向周边广袤的森林辐射开去。城镇中心地带由一座宫殿所占据，公共建筑物在侯爵的宅邸正前方环绕着广场。贵族居住的双层建筑聚集在尹尼尔齐克尔区，而平民百姓住的单层建筑物则在外围地区不断向远处蔓延。

159

在中世纪，巴黎的核心区域是同心环的结构，其汇聚点位于西提岛上的巴黎圣母院大教堂。当路易十五希望在这座大都市人潮

---

① Vitruvius，公元 1 世纪初的罗马工程师，全名叫马可 · 维特鲁威。代表作《建筑十书》为一部建筑学巨著。——译者注

② Lewis Mumford, *The City in History* (New York: Harcourt Brace Jovanovich, 1961), pp. 386-409.

最汹涌的地带展示他的皇威时，他并不希望在已有的中世纪格局上再强加上以他自己为中心的环形放射。就像 1746 年荣获帕蒂奖(M. Patte's prize)的城市设计所展现的那样，路易十五真正希望的是能在巴黎修建 19 座皇家广场，它们都是由圆形、正方形配合放射状的街道所构成的星状区域，每一个星状区域的中心部位都矗立着一尊神圣国王雕像。但是，巴黎星状区域的辐射道路只能在普通的大路处戛然而止，不能向远处延伸很远，这与郊区住宅型小镇的扇状道路是不同的[①]。

首都象征着民族的自豪感与勃勃雄心。当一座首都或核心城市被建造起来的时候，设计师往往会采用圆环、广场与辐射状大道所构成的巴洛克式风格，这在美学上能将一座城市烘托出来。美国的华盛顿、澳大利亚的堪培拉都是这方面的例子。20 世纪的新城镇采用了圆形的模式，在更小的尺度上反映出了不同的社会思想。其中一些设计源于 1898 年埃比尼泽・霍华德[②]的思想。霍华德设想的田园城市也是环形放射状的(图 12)。他将圆形的花园与公共建筑物所构成的环线布局在了城市的中心区，居住区、空地和公园则处于外围。这种现代市镇的基于居住和通勤而定的格局并不具备巴洛克城市那种炫耀夸饰的意义，与古米底人的首都埃克巴坦那谜一样的宇宙性象征更是相去甚远。但是，它们毕竟

① Pierre Lavedan, *Histoire de l'urbanisme: Renaissance et temps moderns*, Ⅱ (Paris: Henri Laurens, 1941), pp. 358-363; Sibyl Moholy-Nagy, *Matrix of Man: An Illustrated History of Urban Environment* (New York: Praeger, 1968), pp. 72-73.

② Ebenezer Howard(1850—1928)，20 世纪英国著名社会活动家、城市学家、风景规划与设计师，"花园城市"之父，英国"田园城市"运动创始人。——译者注

都采用了环状的模式，因为它们都追求一种社会空间秩序的意象；归根结底，该意象依然是从头上的宇宙投射下来的。

矩形的理念

方与圆的结合既象征着完美又述说着宇宙，但如果单拿出来，160 各自的意义就不那么清楚了（图 13、14）。如前文所述，理想中的宇宙是圆形的，却用矩形作为框架表达了出来。当象征宇宙的圆形秩序呈现于大地之时，就演化为了一个矩形，每条边都指向了基本方位。众所周知，人们丈量土地最简便的方法就是使用阡陌系 161 统。同样，中央机构对新城镇与新田地进行统一管理所采用的工具也是矩形网。然而，哪怕是在中古时代，人类的思维比在现代拥有更多象征性的寓意时，矩形建筑物的存在本身并不能说明它们诠释出了宇宙。例如，古埃及工匠居住的村落与防御城镇的方形结构、古希腊希波达玛式（Hippodamian）的矩形城市设计、古罗马的军事屯田（centuriated landholdings），以及中世纪栅格式的防御城镇，它们的建造都只是为了生活便利和发展经济。

但我们也能找到证据来证明，在不同时代与文化中，矩形也能象征宇宙，至少矩形被人们视为最适宜组织社会的理想框架。例如，在旧约时代，神对以西结先知说：“你们所献的圣供地连归城之地，是四方的：长二万五千肘，宽二万五千肘。[①]”城市东、南、西、北四面城墙各有三座城门，每座城门都按以色列各支派的名字命名。“城四围共一万八千肘。从此以后，这城的名字，必称为耶和华的

① 原文引自《圣经》（和合本）《以西结书》（48:20）。——译者注

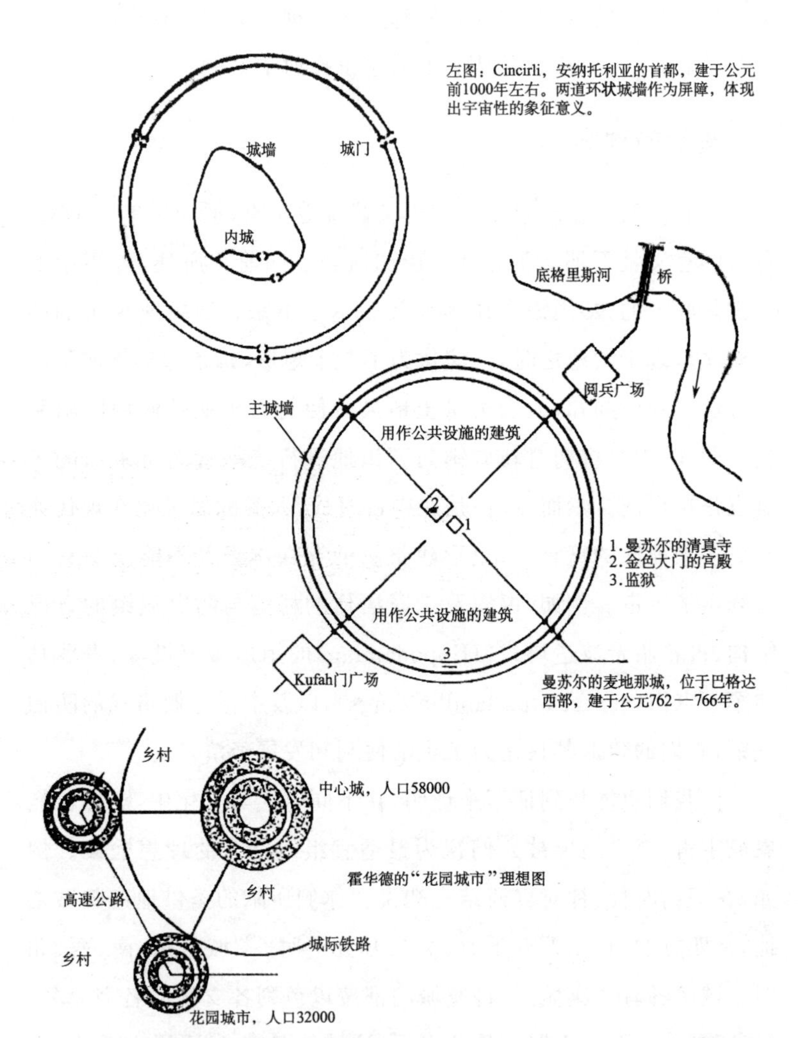

图12 构造空间：圆形的理想城市

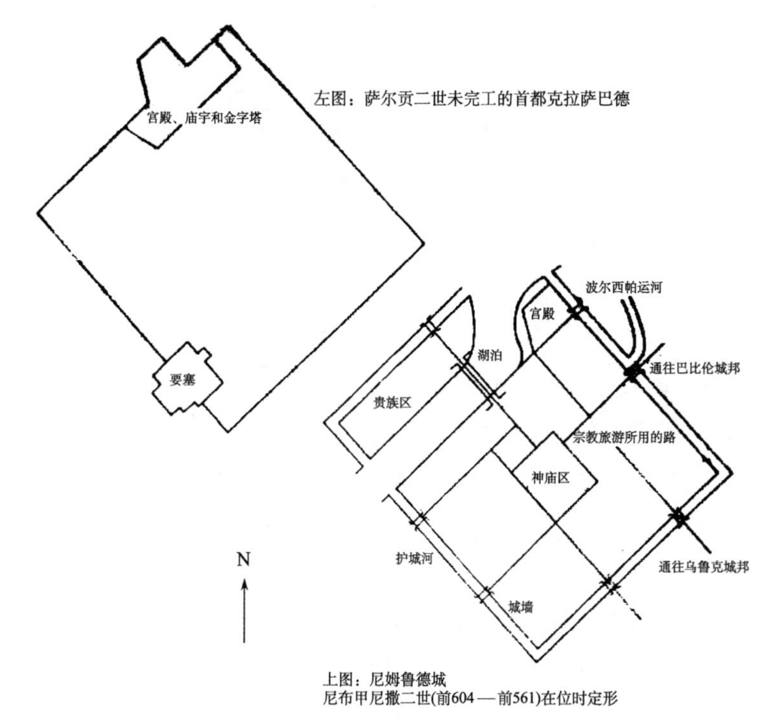

图 13　构造空间:矩形的理想城市,每一个街角都指向基本方位

所在。[①]"在《启示录》里,天上的耶路撒冷是等距正交的形状,"城是四方的,长宽一样。天使用苇子量那城,共有四千里,长、宽、高都是一样。[②]"像先知以西结一样,圣·约翰[③]也看见了城墙上的十二座城门。

在埃及的前王朝时代,也出现过圆形的防御性城市。与苏美

① 原文引自《圣经》(和合本)《以西结书》(48:35)。——译者注

② 原文引自《圣经》(和合本)《启示录》(21:16)。——译者注

③ 圣·约翰,耶稣十二门徒之一,《启示录》的作者。——译者注

尔的不同之处在于，尼罗河地区拥有一个统一的政权，所以就没有为自治城邦的出现提供任何机会。古埃及城镇的考古证据比较缺乏，因为那些城镇都是由易腐的材料建造而成，民居乃至宫殿都是由软泥、木头所建造，唯独丧葬纪念碑由石头建造。现存比较知名的遗迹是新王朝时代的首都阿肯纳顿(Akhenaton)。这座城市的部分地区在公元前 1396—前 1354 年重建，所建的部分就是方形的。其中央宫殿呈南北向布置，与皇室大道相平行，显示出设计感，但除此之外再也看不出有任何设计规划过的痕迹了。重要人物似乎都居住在主干道的大宗土地上，旁边是普通人的居住区，而穷人则将自己的房屋搭建在了其他建筑物的缝隙处[①]。

在埃及，以宇宙规律为基础的正交设计理念仅仅体现在为亡162 灵建造的建筑综合体上。在公元前 2700 年的萨卡拉[②]，史上第一座宏伟的方形阶梯状金字塔被设计出来，它属于法老昭赛尔(Zoser)。旧王朝与中王朝时期，在皇家宪章的支持下，金字塔与神庙构成的仪式建筑物旁出现了许多城市，它们为金字塔的建筑工人与泥水匠们提供了居所。金字塔竣工以后，这些城市就继续留给祭司阶层使用，在那里为皇室成员举行各种丧葬仪式。农民与工人在划拨给他们的土地上劳作，为纪念性建筑的维护工作和各种仪式的举行提供物资。为了配合与基本方位对齐的金字塔，毗邻的城市修建的时候也严格对齐东南西北。迄今为止所知最大的金字塔之城拉罕(Lahun)就是给那些修建塞努塞尔特二世(Senusert

① H. W. Fairman, Town Planning in Pharaonic Egypt, *Town Planning Review*, 20 (1949), pp. 33-51.

② Sakkara，埃及境内一个古代大型墓地，位于开罗以南约 30 千米。——译者注

Ⅱ,公元前1897—前1879)金字塔的祭司和工人们准备的。紧临城市的工人村落也为矩形,例如阿肯纳顿东边的工人村落,它们修建在拉罕城约500年以后,并且都与基本方位对齐。那么,我们又面临一个问题需要诠释:矩形设计是怎样既回应象征的需要,又满足实际之需求的[1]?

公元前1000年,亚述人(Assyrian)的城市设计是典型的正方形(图13),这主要是源自埃及,而非苏美尔的影响,因为苏美尔的古代城市多是不规则的形状或者是椭圆形的,而且其中的房屋与道路基本上也欠缺设计与规划。亚述的第二座首都,宏伟的尼姆鲁德城(Nimrud),修建于公元前9世纪上半叶。它是占地面积近360公顷的矩形综合体,被泥和砖砌成的围墙所环绕。配备防御工事的内城位于底格里斯河畔,里面有宫殿、庙宇、公共建筑物和富人的宅邸。外部建筑物则为大多数居民提供了生存的空间,此外还开辟出了一些宽阔的土地、公园与动物园。这座城墙环绕的矩形城市被分为了内外两个部分:内部是神圣官方管辖区,外部是平民建筑区。萨尔贡二世(SargonⅡ,公元前721—前705)未完工的首都克拉萨巴德(Khorasabad)基本上是一个完美的正方形,它的四角与基本方位对齐,坚固的城墙包围着300公顷的土地。这个城市被要塞保卫的部分,包括金字塔、庙宇和宫殿这些元素,不位于城市的中心地带,而是在城的西北侧,紧紧抵住城墙甚至凸出城墙——直到现在我们还没搞清这种设计的初衷。

① Alexander Badawy, *A History of Egyptian Architecture* (Berkeley and Los Angeles: University of California Press, 1968).

美索不达米亚南部的巴比伦和波尔西帕(Borsippa)两座城市在形状、方位、内部空间格局上都与亚述北部的城市有着共同的特点。希罗多德曾经描绘过巴比伦,尽管在细节上不够详尽,但体现出了其精髓。他说,巴比伦是一座:

163

> "矗立在广袤平原上的正方形城市。其富丽堂皇的程度没有哪一座城市可以与之媲美。首先,它被宽阔、深不见底的护城河所环绕,河对岸耸立着高大绵延的城墙。铜制的城门(塔?)就有上千道之多。城市被幼发拉底河宽阔的激流分为两半。城中道路笔直,楼房有三四层那么高。"[①]

164

事实上,尼布甲尼撒二世(公元前604—前561)时期建造的巴比伦城是矩形而非正方形的。城市的四角只是与基本方位大致对齐而已。筑有众多防御工事的两道城墙包围着405公顷的土地,主干道系统连接着八座主门。从城市中心区域直到幼发拉底河的东岸都是圣地,其间矗立着供奉主神马杜克[②]的神庙,它是巴比伦的至圣之所,还有一座号称"天地之基"的巴别塔。波尔西帕城的设计和建造其实也归功于尼布甲尼撒二世。与巴比伦相比,波尔西帕城的形状更接近于正方形,显得更为规整,它的四角同基本方位对齐,闭合城墙所环绕的市中心处也有大量的塔形建筑。[③]

在古代与中古的近东地区,城市的形状、方位、空间布局和建筑风格,以及我们已知晓的社会组织、与时间有关的宗教信仰,其

---

① Herodotus, *History*, Book I, pp. 178-180.

② Mardak,巴比伦的主神。——译者注

③ Paul Lampl, *Cities and Planning in the Ancient Near East* (New York: Braziller, 1968).

实都体现出了城市所具有的宇宙性特征。但如果要从当时的文献里去寻找这些设计背后的意义，就不是一件简单的事情了。然而在中国，支撑性的文献要丰富得多，我们很容易从中去诠释传统城市背后的社会宇宙观。

中国传统城市的形式与布局反映出了中国人的宇宙观。人们运用巨大的土制环状物将秩序化、神圣化了的世界从偶然性的世界中分离出来(图 14)。在商朝，为城市或者建筑物选址的过程都需要祭祀活动，牺牲品既可以是动物，也可以是人。周朝初年，城市设计师实际上是巫师，他们披着特制的长袍、佩着宝石，向龟甲乞灵。城市中心区以及外围的边界都被严格地界定、得以圣化。最先建起来的部分是城墙、社稷坛和太庙。为了与大地的方形相吻合，祭坛的形状也设计成了方形。

直到 10、11 世纪，尽管面临剧烈的社会经济变迁，中国的城市设计依然保留着大量的古老象征元素。公元 3—6 世纪的政权分裂以及北方蛮夷的不断入侵，都未能破坏城市建造的基本礼制。隋、唐两帝国重新统一了中华政权，而首都长安城的建造格局则反映出了功能性与象征性的双重考虑。

这些象征性是怎样体现出来的呢[1]？礼法典籍和传统观念都表明了皇城所应该具有的特征，包括与基本方位的对齐，城墙环绕的方形格局，代表十二个月份的十二座城门，供皇室成员居住同时兼有发布政令功能的特殊区域，公共集市位于闭合城市的北部，中 165

① A. F. Wright, Symbolism and Function: Reflections on Ch'ang-an and Other Great Cities, *Journal of Asian Studies*, 24 (1965), pp. 667-679.

轴线从宫殿围墙的正南门延伸至外城墙的正南门，太庙和社稷坛两处神圣地域分别位于中轴线的两侧。这样的设计意义很明确。皇家殿宇位于城市的中心，象征世界的中心。世俗的中心，如市场，同宗教仪式的中心分隔开来。统治者坐在明堂之上，面朝南方发号施令，而商业的地位仅仅配得上放在他身后。严格符合这种理想设计的案例并不存在。设计理念中的某些元素能追溯到很久 166 以前，比如中轴线对准正南正北。而另一些元素出现的时间要相对晚一些，例如对空间领域的清晰区分。内部的宫城与市场分离开来，以及平民百姓出现在宫城里的现象，似乎是北魏（公元495—534 年）兴建其都城洛阳的时候才出现的[①]。

长安城也并非严格按照上述理想模式修建起来。唐代的长安是一座巨大的矩形城市，东西长超过 9500 米，南北长 8600 多米。它坐北朝南，东、南、西三面各有三座城门。社稷坛与皇家祠堂沿南北中轴线合理布局。皇宫所在地背靠北城墙，而非城市中心处，于是就占据了官市本应该所在的区域，市场也被分为了东、西两个部分。

忽必烈的都城元大都是在阿拉伯建筑师的监造下修建起来的。城市的设计严格遵循了中国传统城市的规范性。1273 年，当马可波罗访问元大都的时候，他看见了一座方形的城市，每面城墙都有三座城门。宽阔笔直的道路在城市当中构成了棋盘式的格局。在最外层城墙之内，还有两道城墙围起来两个区域，最里面的

① Ho Ping-ti, Lo-yang, A. D. 495-534: A study of Physical and Socio-Economic Planning of a Metropolitan Area, *Harvard Journal of Asiatic Studies*, 26 (1966), pp. 52-101.

是可汗的宫殿。到了明代，北京的城墙稍微向南偏移了一点，就使得城墙的形状从方形变为了矩形，也使得里面的禁区更靠近中心部位了。郊区在南城墙外面发展了起来，渐渐破坏了城市初期的简单形状。尽管存在这样的偏移，北京城依然是中国传统城市设计的典范之作。

同其他文明相比，中国的城市设计更明确地表达了宇宙的象征性。中国的帝都格局就是宇宙的图案。宫殿与南北中轴线相组合象征着北极星与子午线。皇帝在他的宫殿里面朝南方俯视着全世界。紫禁城的午门开在南城墙上，皇帝就从午门进到紫禁城里，文官与武官则分别从东门与西门进入。天穹的四个象限投射在大地的四个方位或四个季节上。正方形的四条边对应着每日太阳所处的位置或者四季。东方以青龙为代表，象征着太阳东升的方位，指向春季。朝南的一条边对应太阳天顶的位置，指向夏季，由阴阳五行中属“阳”的朱雀来代表。朝西的一条边由白虎象征，意指秋季、黄昏、武器和战争。朝北的寒冷地带则位于人的后背方，由龟蛇来象征，主色调为黑色，水所代表的“阴”为其主元素[①]。 167

贵族与农民都被包含在了这种能反映宇宙观的大地模型当中。这对于农耕民族来说是有意义的，人们必须依靠某种中央集

① F. Ayscough, Notes on the Symbolism of the Purple Forbidden City, *Journal of the Royal Asiatic Society*, North China Branch, 52 (1921), pp. 51-78; R. Heidenreich, Beobachtungen zum Stadtplan von Peking, *Nachrichten der Gesellschaft für Natur und Volkerkunde Ostasiens*, 81 (1957), pp. 32-37; T. C. P'eng, Chinesischer Stadtbau, unter Berucksichtigung der Stadt Peking, *Nachrichten der Gesellschaft*, No. 89/90 (1961), 42-61.

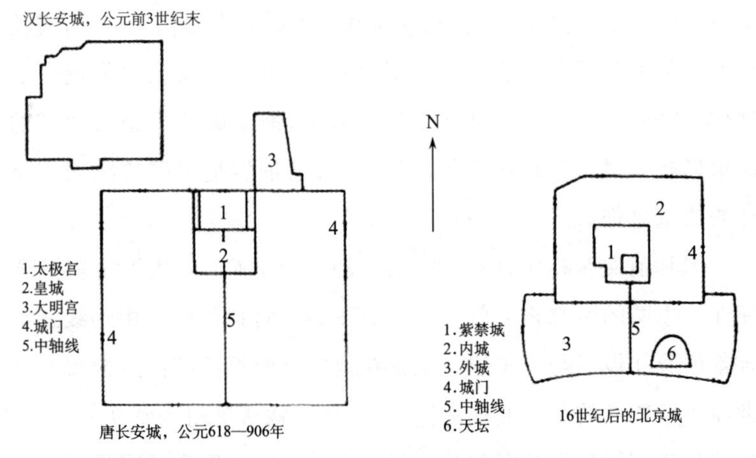

图14 构造空间:矩形的理想城市,与基本方位吻合

权形式去推行历法、兴修水利。但对手工艺者来说,这种模型意义不大,因为他们的工作不受自然循环的影响,对商人来说也是如此,这些行业在社会里没有地位。理想城市崇尚天空的秩序,这与商业的观念并不符合。城市象征着稳固,而商业象征着不断地交换和增长。不过,理想城市的构架长期受到经济和人口扩张的反复冲击,渐渐体现出了市场法则之下才有的新形式。因此在过去的岁月中,中国的理想城市不断地瓦解掉。但是,坚持城市设计中宇宙象征性的基本范式却造就了中国特有的城市主义。

在史前时期,印度次大陆的城市建设繁荣于印度河平原之上。哈莱潘(Harrapan)文化的城镇和纪念碑在体量和技术方面都与同时期的美索不达米亚相类似。或许因为自然环境的过度开发,印度城市的传承性日渐微弱,后来被物质文化较为落后的雅利安入侵者摧毁。迁入的居民多是些农民、牧羊人,他们对当地的建筑遗产没有任何自豪感。在婆罗门的种姓体系中,建筑师与工人的地位是最低的。雅利安人或许后来逐渐吸收了比自己更优越文明的城市价值观念,才渐渐从事城镇设计与建筑方面的行业。在古印度建筑典籍 Shilpashastras 中,广泛流传着一种高度重视建筑业的神圣传统。在笈多(公元 320—480 年)的初年,或许还要更早的时候,印度高级别的设计师在"灵性"上的地位可以与婆罗门相比拟[①]。

印度的城镇设计由神圣的、成文的典籍作保证。"每种建筑物,哪怕是最小的坟堆,其恰当的地点都是严格规定好了的。整座城市的模型建立在天国之城的设计理念之上。当国王想要建造一座城市的时候,他吩咐建筑师说:'将众神的城市带到我这里来吧,将他们的宫殿设计也实现在我的身上,建造一座和他们一模一样的城市。'[②]"理想城镇的设计出现在后孔雀王朝的时代,它们崇尚矩形和正方形的格局,且与基本方位对齐。四条主干道连接四扇城门并交汇于中央宫殿处。根据印度建筑典籍"manasara"的记载,不同的种姓与职业群体被街道分隔开来。所以在这些方面,印度与其他文明的城镇设计十分类似[③]。另一方面,印度的宇宙观更多是在神殿和寺庙中体现出来的,而城市建筑综合体的布局并没有体现出宇宙观,这可以从建筑遗迹上分析出来。所以,这些人

168

① Amita Ray, *Villages, Towns and Secular Buildings in Ancient India* (Calcutta: Firma Muklhopadhyay, 1964).

② A. K. Coomaraswamy, *The Arts and Crafts of India and Ceylon* (New York: Noonday Press, 1964), p. 106.

③ E. B. Havell, *The Ancient and Medieval Architecture of India: A Study of Indo-Aryan Civilization* (London: John Murray, 1915), pp. 1-18.

类聚落的小宇宙观念的确在孔雀王朝时代体现了出来，但多数并不体现在砖瓦水泥上，而是在文学作品当中。

超越性的建筑符号

尽管城市的格局可以认为是宇宙在二维平面上的投射，但它与天堂的连接还需要通过一些竖直的建筑符号来强化，比如说台阶、宝塔、支柱、金字塔、拱门和穹窿。苏美尔人建造的城市在几何形状上几乎没有展示出理想设计的简明易懂性，它们既不是圆形也不是方形。其中的核心建筑物尽管体现出了平衡性和对称性的特点，但都不像是庞大建筑综合体的一部分。东南西北四个正方向几乎没有在设计理念里体现出来。为了迎合吹来的暖风，宫殿与城堡更多布局在了城市的西北方。在设计城市的时候，人们很少顾及宇宙性的象征意义，倒是花了更多心思去凸显出最神圣的建筑物，比如某一个神庙综合体。公元前 4000 年的时候，神庙向广大信众开放，有多个入口引导人们进入圣所。而到了有文字的时期，神庙与普罗大众的距离就渐渐拉开了。最初，人们在庙宇的前方修建了几步台阶，后来到了公元前 3000 年的时候，在阿尔乌凯尔（Al'Uquair）和乌鲁克（Uruk）等古城里就出现了高大的平台。这种趋势发展下去的结果，就是约公元前 2000 年的时候出现了阶梯状金字塔。乌尔金字塔高达 20 米，由三级台阶组成。神庙修建在金字塔的最高处，但也有例外的情况，比如有些作为牺牲坛的神坛，配有一对长号，它们就不是建在最高处的。人们赋予乌尔金字塔多重象征意义：它是从混沌里浮现出来的坚固磐石；其尖顶

169

代表着宇宙的中心,是诸神在大地上的冠冕;作为纪念性的地点,具有献祭的功能;它还是直通向天堂的天梯[①]。

埃及金字塔的伟大时代只持续了几个世纪而已。相比之下,神庙作为美索不达米亚的主要建筑形式则一直延续到了公元前538年的新巴比伦王朝时期。公元前1000年,美索不达米亚的城市像霍尔萨巴德(Khorsabad)、巴比伦,都有类似于方形的结构。它们的四角指向东、南、西、北。与公元前3000年苏美尔的城市相比,它们的内部空间体现出了更为明显的分异与结构性的特征。另外,新巴比伦的城市还包含了垂直的建筑元素,暗示着城市的超越性。巴比伦传说中著名的巴别塔就是一座高达60米的金字塔,被称为"E-temen-an-ki",意思是"天地的寺庙根基"。霍尔萨巴德有两座竖向高耸的纪念性建筑物,分别是金字塔和宫殿,后者矗立在15米高的基座上,可以俯瞰城墙。

中国西汉的长安城尽管与基本方位大致对齐,但并不是矩形的。它的城墙又拐了好多弯,尤其是西北方的一角。这引发了学者的思考,他们认为这种情况正好对应了南斗与北斗的形状。其实,更合理的解释应该是城墙的弯曲是为了迎合不规则的地貌。在这座城墙所围合的建筑综合体内,体现未央宫崇高地位的是其相对高度,而不是坐落于中心的位置。未央宫矗立在夯土台基的最高处,比周围区域高出了15米[②]。这种手法采用了多层高台基

① S. Giedion, *The Eternal Present: The beginning of Architecture* (New York: Pantheon, 1964), pp. 215-241.

② C. W. Bishop, An Ancient Chinese Capital: Earthworks at Old Ch'ang-an, *Annual Report, Smithsonian Institution*, 12 (1938), pp. 68-78.

以突显出整座宫殿的高度，同时它与天空相连接的意境也表现了出来。但后来，这种手法渐渐消失了。中央区域成为了高度的象征。北京的皇宫与大殿就位于一系列城墙所环绕的中心位置。皇帝坐在正堂的宝座之上，向南俯视。南方的大道穿越了一重重大门直到皇宫的位置，喻示着通往深处与高处。

垂直型的象征可以通过各种形式来表达。像方尖碑、尖塔以及穹顶这样的结构都指向某一个方位。圆环是天地的二维表达，170 而穹顶则是天空三维形式的象征，它既可以表现为中亚草原游牧民族的帐篷，也可以表现为北京天坛蓝色的琉璃瓦屋顶，甚至还可以表现为君士坦丁堡的索菲亚大教堂或伦敦的圣保罗大教堂，它们都是苍穹的意象。从技术层面来讲，由于穹顶是木材或石料建造的，所以不能过度延伸。但是在未来，透明的圆顶或许能够笼罩整座城市，但其目的并非要将人的注意力引向苍穹，相反却是要将苍穹隔离在圆顶之外[①]。

我们祖先的住所里面也包含着一个小宇宙，这种信仰在全世界十分普遍。一些古代文明就将诸天与最崇高的住所联系了起来。所以带有星星的蓝色屋顶就成为了埃及墓室和巴比伦宫殿的传统样式，在古希腊与古罗马的神庙里也出现了布满星星的金库。帐篷，尤其是萨满教的帐篷是中亚地区的宇宙之屋。波斯阿契美尼德王朝的诸王一生中大多数时候都居住在砖木结构的宫殿中，但他们也会在有宇宙象征性的帐篷里接受民众的拜谒、举行节庆

① E. Baldwin Smith, *The Dome: A Study in the History of Ideas* (Princeton, N. J.: Princeton University Press, 1950).

典礼。古希腊国王关于神圣帐篷的理念是从波斯沿袭下来的。前伊斯兰世界的阿拉伯人都相信皮革制作的穹窿型建筑物具有神圣的意义,或许所有的闪米特人都持有这样的信仰。穹顶对基督徒来讲也具有极其重要的象征意义。在最初的几个世纪里,叙利亚的传教士都在穹窿型的建筑物里宣讲圣言与施行浸礼,这在一定程度上是效仿了古希腊人和古罗马人为自己的陵墓、纪念碑和公共浴池使用穹窿式设计的做法。到了公元五六世纪,穹窿式设计在教堂里的使用频率越来越高。拜占庭的建筑物有采用穹顶的传统,人们将教堂理解为天堂在大地上的复制品,这种理念其实源于叙利亚,叙利亚又是受到了伊朗、印度、巴勒斯坦和异教徒古老世界观的影响。从拜占庭时代直到 15 世纪,神学家都认为教堂是宇宙的意象,穹顶代表天堂,而教堂所在的地面则代表极乐圣土。文艺复兴时期的建筑师继续以穹窿为核心而展开建筑设计,但他们缺乏对古罗马建筑物的深入思考,没有注意到当中所蕴含的精妙的宇宙观。或许,拜占庭与文艺复兴时代的城市设计拒绝了超凡入圣的观念,但仍旧在教堂里修建了指向天空的穹窿①。

巴西利亚——现代的理想城市

在对理想城市的刻画和对理想城市宗教基础、宇宙象征的描述中,我们始终游走在价值观的探索层面,而这些价值观似乎都与

① Karl Lehmann, The Dome of Heaven, *The Art Bulletin* (March 1945), pp. 1-27.

现代价值理念全然无关——但事实并非如此。当一座现代城市被171无中生有地建造起来的时候，或许也会保留天人合一的古老理念。正如德梅拉·彭娜（de Meira Penna）最近所指出的那样，不仅仅是传统的北京城，就连表达未来主义的巴西利亚也载满着象征性的表达，它深切渴望在大地上建立秩序，并将天穹与大地连接起来[①]。

从政治的角度来看，巴西利亚建造在内陆地区是为了打破以海洋为主导的巴西文明，也是为了开发内陆的土地与矿产资源，更是为了向公民灌输巴西是一个国土辽阔、充满潜力的大陆国家的观念。这座首都代表了国家的集体自豪感。这种新的自豪感萌发在厚厚的绿色原野上。巴西利亚的选址过程充满着传奇色彩。在19世纪最后二十多年中，当多姆·波斯可（Dom João Bosco）穿越巴西旅行的时候，他先知般地预言道，他看见了“一个伟大的文明在北纬15度到20度之间的湖岸上冉冉升起。”波斯可是意大利的一名教育家，被天主教列为圣徒。现在看来，这位圣徒不仅准确预言了这座城市的位置，就连位于湖边的细节都说了出来。事实上，那个地点并没有天然湖泊，而是后来人工建造的。湖泊的规划早于城市规划，是为了营造舒适环境并为这座城市提供水源[②]。

古代城市的建筑师会征求占星师与风水师的意见，在追求“天人合一”的过程中不大会考虑经济因素。基于同样的传统，巴西利

① J. O. de Meira Penna, *Psychology and City-Planning: Peking and Brasilia* (Zurich, 1961), pp. 20-47.

② Philippe Pinchemel, Brasilia—ville symbole ou le mythe devenu realité, *La Vie Urbaine*, 3 (1967), pp. 201-234.

亚在建造过程中也将财政与经济的理性考虑放在了次要地位。时任总统库比契克(Kubitschek)为了这项政绩不惜投入巨额预算。因为总统不是神一样的统治者,所以他这一轻率的举动引发了激烈的争论。建筑师卢西奥·科斯塔(Lucio Costa)也饱受批评,人们说新首都建立之前必须进行详尽的区域研究,甚至要等待通信设备的缓慢发展,但他拒绝采纳这些意见。对于他来说,这座人为打造的首都不是从地上慢慢生长出来的有机体,而是把一个完全想象的世界直接铺在了大地之上。他写道,这座城市的建设"是一种刻意的占有行为,是驯服荒野的开拓者们所持有的殖民者姿态。"

科斯塔设计的巴西利亚呈现为简单的十字状。该形状使人想起了葡萄牙第一批殖民者树立起十字架以标记对一个新国度的所有权的传统,象征着基督战胜了混沌的统治者,同时也使人想到了另一种古老的神圣传统,也就是用两条指向基本方位的交叉线分割大地。

巴西利亚的一根中轴线是弯曲的,所以它往往被喻为一只飞鸟或一架飞机。南北两翼为居住区,而纪念性的东西轴线是它的身体。巴西利亚是一只降临于大地的巨鸟,也是来自天国降临于大地的新耶路撒冷。荣格的心理学认为,鸟是救赎的象征,也是灵性化的标志。巴西内陆荒野的这一片绿洲将人的灵性升华至了天穹。如果这样理解城市的设计显得有些牵强附会的话,那么我们来看看城市里另一个更明显的超越性符号——尼迈耶大教堂。16个抛物线状的支座撑起了教堂的穹顶,构建起了高耸的结构。为了进入教堂内部,崇拜者必须穿越一个地下的碗状通道,象征着

172

越过了“死荫的幽谷”[1]。当人们来到教堂里，会一下子进入一个明亮的世界，目光会被飞拱牵引着直达圣光与祝福的源头。

① the valley of the shadow of death，源自《圣经》《诗篇》(23:4)：“我虽行过死荫的幽谷，也不怕遭害，因为你与我同在；你的杖，你的竿，都安慰我。”意指有上帝的同在便不怕世俗与魔鬼的伤害。——译者注

12. 物质环境与城市生活方式

大多数城市，甚至是所有的城市，都会用一些公共建筑来体现 173 对“超凡”的景仰，例如建一座纪念碑、一组喷泉、一个广场，或者是一条宽度远远超出“平凡”的交通需求的大道。在西方的后文艺复兴时期，这些象征符号在城市的无序扩张过程中地位逐渐丧失。一位强势的统治者可能会在这里或那里布下一个形状规整的空间，以彰显他堂皇大气的格调——但它很容易就被吞没在由错综复杂的小路和摇摇欲坠的房屋织就的裙摆下。

环境与生活方式

所谓生活方式，是指一个民族经济性的、社会性的、脱胎于世俗的活动的总和。这些活动会产生空间格局——后者需要一定的建筑形式和物质条件，而这些建筑形式和物质条件也会反过来影响这些活动的空间格局。理想是生活方式中的一个要素。我们了解理想，是因为它经常通过语言表达出来，也会偶尔通过传世的文学作品予以证实。经济和社会力量在极大程度上塑造了生活方式，但是它们缺少自觉性，这一点不同于理想化的冲动。生活方式 174 一般不会被刻意地用语言表达出来或者刻意地去践行。在多数情况下，如果我们想理解一个民族的生活方式，包括他们对世界的态度，只能从他们的日常生活中和他们所处的物质环境中逐渐积累素材。为了描述没有语言文字的民族对环境有什么样的态度，我会记录下他们的神话传说、宇宙图景，还有他们生活的物质环境以及发生在这个环境里的种种行为。在过去，我们没有其他方法来了解城镇居民的环境价值观。我们只能根据城市环境里的一些因素，比如程式化的理想，以及人们工作、休憩的格局来进行臆测。有些人的理想是住在强有力的、高度整合的社区里，这种理想会有大规模的、物质化的体现，这点我们在前一章里面阐述过了。在这里我们要关注那些普通居民的态度和生活方式，这些人改造自己所处环境的能力是比较有限的。

一个大城市里会包含很多种物质环境。我们先来关注街道。街道看上去是一种很普遍的物质环境，但实际上它们的性质和用途彼此间相去甚远。一方面，它们可能是些羊肠小道，有的铺着石子儿，有的没有铺，人流车流熙来攘往；其吵闹的声音、杂乱的气味和纷繁的色彩都给人们的感官以极大的冲击。另一方面，它们可能是些宽阔、笔直的大街，街边是行道树或者整洁的墙壁，十分壮观以至于显得缺乏生活气息。

人们对街道环境的反应取决于多种因素。对于过往的行人而言，交通工具的类型是重要的信息。从前大多数人都是步行，只是近些年来汽车才成为了人们的宠儿。当然，财大气粗的人每天都能换着样儿地出行，不论是骑在马背上、坐在轿子里还是乘在马车上，养尊处优地端详着城市百态，但有钱人毕竟是少数。在欧洲，自19世纪中叶起，越来越多的中产阶层和工薪阶层人士，逐渐享受到了更好的交通待遇，先是马拉的公共车，而后是有轨电车，最近的 50 年里变成了公共汽车和私家汽车。总体来说，人们在步行和其他通勤方式上达成一种平衡，我们看到的是这种平衡的调节。在中世纪，无论穷富，人们都是摩肩接踵地挤在一条条小路上。社会等级矛盾虽然不可调和，但是在居住地点和出行方式上，不同等级之间是没有空间上的分别的。自 17 世纪以后，越来越多的富人乘坐马车，这导致不同等级的人们之间有了空间的分离，也有了社会的分离。在街道上和市场里，人们之间社会性的秩序越来越难以融合。在 19 世纪的英格兰，人行步道出现了，一行道桩把它与路中央的通行道分隔开。划定它就是为了保护行人免遭那些难以驾驭的机动车带来的危险。但是，即使在维多利亚时代初期[①]，街道上的通行者也大都是行人而不是车辆。上下班时间段，办事员们、商人们、工人们，满当当地挤在伦敦每条街的人行步道上。比如说，每天都要有大约 10 万人走过免费通行的伦敦桥，同样免费的黑衣修士桥每天有 7.5 万人通行[②]。到了 19 世纪下半叶，各式各样的车辆开始频繁地在伦敦制造拥堵，但是用车辆通勤的人依然只是全部通勤人口的一小部分。这与近现代美国的街景形成了鲜明的反差。在洛杉矶，汽车把大街挤得水泄不通，而人行步道上相对来说是空荡荡的；甚至在 20 世纪中叶，洛杉矶有一部分街道根本没有人行步道。在现代的步行街上，处于不同生活状态的人

175

① 维多利亚时代，一般指英国维多利亚女王的统治时代，即 1837—1901 年。——译者注

② G. A. Sekon, *Locomotion in Victorian England* (London: Oxford University Press, 1938), p. 9.

们自由地混在一起,就像在中世纪的小巷里一样;而在现代的大马路上,每个人(或者每小群人),都被限制在一个小机器盒子里。

我们每个人利用街道的时间长短会影响到对街道的感知和评价。相比于传统古城给人的视觉享受,现代城市的建成区在美学方面有诸多不足,关于这方面的论述已经有很多了。但如果到了晚上,我们又该如何评价它们呢?煤气路灯在19世纪的末期还并没有普遍推广,在那之前,城市无论在白天有多么光鲜亮丽,一到日落之后就会陷入一片昏暗。街道和市场在白天虽然吵闹但也有亲和力,此时却变得危机四伏。在中世纪,入夜之后实施宵禁是家常便饭。为了安全起见,家家关门闭户,公共场合一律清场。城镇的生活节奏都受太阳的支配。城里的人们也是一早就起床,晚上回到灯火晦暗的家里,和农民没有什么分别。无论帝国时代的罗马还是唐朝的长安城,无论文艺复兴时期的佛罗伦萨还是乔治王朝时的伦敦,无一不是这样。帝国时代的罗马给它的子民们塑造出了壮丽的景观,当然这一切都只在白天展现出来。家宴可以一直持续到深夜,但正如佩特罗尼乌斯[①]所写到的,醉醺醺的客人们回家都要冒着在那些黑黢黢的、迷宫般的小巷里迷路的风险。现代都市里,社会的大转盘在夜幕降临之后反而转得更快。在夜间,即使是最单调乏味的城市道路上,那些难以言状的卖食品的档口、加油站、二手车交易站也会发射出夺目的光芒和色彩,让那些处于煤气路灯时代的大城市们自叹弗如。下面我们可以去看一些例

---

① Petronius,Gaius Petronius Arbiter(27—66),抒情诗人、小说家,生活于罗马皇帝尼禄统治时期。——译者注

子，感受一下形形色色的城市生活方式。

长安和杭州

在古代中国，城市主要分为两种，即政治型和商业型。政治型城市的产生主要是为了迎合中央集权的政治理念，商业型城市的兴起是为了迎合市场化经济活动的需求。古时候人与社会的关系 176 隶属于天人合一的思想，这种思想在政治型城市上打下了烙印。我们已经了解到，它们的几何形状和空间特质符合天人合一的思想。这里的关键词是秩序。相比而言，商业型城市在社会上和空间布局上都缺乏秩序。让它们独树一帜的是多彩的城市生活，而不是美轮美奂的建筑。一旦理想中的格局规划好了，政治型城市很快就拔地而起；相反地，商业型城市物质环境框架的搭建比较缓慢，取决于它所承载人口的增长速度。随着经济活动和人口规模的增加，政治型城市方方正正的几何形状会渐渐模糊。在城墙以内，商铺的分布会溢出原来设计好的区域；在城墙之外，新兴的市场和城郊会把原有的中心城以及对称的布局淹没在丫丫叉叉、蓬勃发展的城郊地带里。一个商业型的城镇很可能最后会被选作行政中心，甚至于被肇封为帝都。但是这种地位上的改变很难导致城市格局的大规模改变。

在汉代，政治型、理想化的城市有一个特点，那就是用墙围出四四方方的形状。在城市内部，居民区被划分成多个“闾里”，其数量取决于城市的大小。汉朝的长安城有 160 个闾里，彼此间以墙或街道分隔开。汉代时，一个闾里只有一个门可以通往街道，至多一百户人家居于其内，每一户也都有围墙。户与户之间有狭窄的街巷可以通达。如果要出城，居民们必须通过三道门：第一道是自己的家门，第二道是闾里的大门，第三道才是城门。每一道门都有卫士把守，而且在夜间关闭。如此一来，城市就像一个大号的监狱一般。到了唐代，对城市生活的诸多管制似乎放松了一些。每个闾里允许开四个门，而且到了公元8世纪的下半叶，集市可以在晚间营业[①]。

唐代的长安城规模宏大。其面积约为84平方千米，被11条南北向、14条东西向的大街整齐地分割开来，形成了一百多个封闭式的区块。城内的居民将近百万。从功能上讲，城市的中部和北部是行政中枢，东部和西部各有一个官方规划好的贸易区服务于百姓；居住区则星罗棋布，彼此由墙或者街道分割开来。墙在汉代无所不在。城门和家门夜间关闭白天打开，私人生活倒是保持了私密性。房门正对着的是庭院和花园。美就这样被隐藏起来，远离公众的视线，使得大街小巷上的人们都只能看见了无生气的墙壁。相比而言，集市反映出了天人合一城市的诉求和活力。东西两市里，西市相对更繁华。那里繁忙而喧闹，布满了摊位和店铺，汇集了各地的方言。人们到那里去不仅是为了买东西，还可以会朋友、闲聊天；书生们则高谈阔论着哲学和政治。变戏法的、要杂技的、说书匠、戏子，各民族的人都有，取悦着往来的顾客和商贩。

177

---

① Ichisada Miyazaki，Les xilles en Chine à l' époque des Hans，*Toung Pao*，48(1960)，pp. 378-381.

集市上充满着生活的气息，而在刻意的维护下，大街上显得很宁静。街中间是车马走的地方，旁边是人行道、导水的明沟和行道果树。有几条大街宽度可达130余米，相当于纽约第五大道的4倍。不过街边上没有商场，相比于城市的人口规模而言，大街上也没有多少车辆往来。我们看到的大街与我们想象中的有些微妙的不同。与其说它是把城市各地区居民联系起来的纽带，不如说它是把他们分隔开的鸿沟。如果说白天大街上仅仅是通勤量小，那么到夜里它就完全没有存在的意义。一旦到了晚上城门关闭，生活就归匿于房帷之内了①。

长安城作为政治型的城市，反映出了皇权至上的文化理念。在唐代的后期，随着中产阶层的力量扩大、诉求增加，皇权至上的理念逐渐淡化。对整个社会的控制得到了一定程度的放松。城西的市场突破了其边界，与周边的居住区相融合。到了晚间，大门也不再关闭了。饭馆和茶肆数量比从前翻了一番；为了迎合越来越多迈入富商行列的青年人的需求，青楼妓院的数量也显著增加。到了宋代，社会向商品经济发展的潮流并未停歇，而且在逐渐加速。南宋的都城是杭州，这座城市早在承载帝王基业之前就已经是商贸业的重镇。虽然长安和杭州都是人口众多的巨型都市，但它们所拥有的城市生活方式却正好相反：前者拘谨，保持着皇家气度；后者散漫，追求着时尚新潮。这种区别从人口密度上也可见一斑：长安城的人口密度是每平方千米1.25万人，而杭州这一数字 178

① E. H. Schafer, The Last Years of Ch'ang-an, *Oriens Extremus*, 10 (1963), pp. 133-179.

达到了 4.55 万人。

在南宋城市密集的建成区里，唐朝都城所表现出来的形式主义已经难觅踪影。杭州城的城墙并不是四四方方的，有 13 座布局不对称的城门，而非规制定下的 12 座。占据城市中心的是最大的一所生猪交易市场，而不是帝王的居所，帝王的宫闱建在城市的最南端。相比于长安城空荡荡的大街，杭州的街道上步行的、骑马的、坐轿的、乘车的人可谓熙来攘往。除了道路，承担城市物流的还有漕运。大米、煤炭、砖瓦、食盐沉甸甸地压在沟渠里的一条条商船上。仅在城墙里面就有一百多座桥架在渠道上，它们多呈拱形，接驳着城市里繁忙的交通，被车辆、骡马和搬运工挤得满满当当。长安城的大街两边是树木和居民区房子的白墙，杭州的街边上却是面向大街的店铺。在中心街道附近，每平方千米的人口数超过八万。土地的稀缺使得建筑物升高到三五层。商业活动遍布于城市内部和城郊，到处可以看见商铺，买卖着针线、水果、香烛、菜油、黄酱、猪肉、大米、鲜鱼和咸鱼。中心街道边上还有些名声不佳的茶楼，里面吵吵闹闹的，还有歌妓在取悦着顾客。那个最大的生猪交易市场离主干道不远。屠宰作坊入夜不久就开工，到黎明前就关门，每天都有几百头牲畜在那里被屠宰。直到元朝统治者重新实施宵禁之前，南宋杭州城直到深夜还活力不减。尽管当时可能还没有公共照明设施，各色的灯火还是把餐馆、旅店、茶肆的大门和院子照得亮堂堂的[①]。

---

① J. Gernet, *Daily Life in China on the Eve of the Mongol Invasion 1250-1276* (London Allen & Unwin, 1962).

雅典和罗马

在唐长安城和南宋杭州城各自的发展高峰出现之间大概有五百年的间隔。尽管它们都是伟大的古都,但无论是人们的生活方式还是城市形态格局,都几乎没有多少相同点。伯里克利[①]统治下的雅典和屋大维[②]治下的罗马之间也相隔了将近半个世纪。在那段时间里,社会和经济上的变革对人们在物质环境里的行为和 179 对物质环境的感知都造成了显而易见的影响。至少说,帝都罗马的人口可能是古希腊雅典的十倍。不过这两个彪炳于青史的城市也有一些基本的共同之处,其中最明显的特征之一就是城里面迷宫般的羊肠小道。在这点上可以说雅典与罗马比较相似,而不像与它同时期的希波丹姆[③]式城镇一样是棋盘状的格局。另一个共同点是它们都强调市民广场的重要性。这种地方是讨论公共事务或者进行贸易的场所,它们是更广阔世界的一种象征和体现,让雅典和罗马的民众们能聚集在一起,亲身参与和体验一个更为广阔的生活环境。

希腊人以公共生活为荣。他们觉得私人领域都摆脱不开浑浑噩噩无所作为的生物体本能。家庭里个人小圈子的生活固然对于

---

① Pericles(约公元前495—前429),古希腊政治家。——译者注

② Gaius Octavius Augustus(公元前63—公元14),罗马帝国开国君主。——译者注

③ Hippodamus(公元前498—前408),古希腊建筑师,被誉为"城市规划之父"。——译者注

生存和福祉来说至关重要，但是古希腊人认为其中琐事无过于孩子、女人和奴隶，根本撑不起男人的尊严。这种对生活的基本态度体现在希腊古城的建筑上，就是公共建筑都十分雄伟壮观，与低矮粗陋的私人建筑形成了鲜明的反差①。街巷都很窄、蜿蜒曲折，而且基本上都是土路面。在希波丹姆式城镇里，即便路是直的，宽度也不过几米，后来公元5世纪雅典城里的多数道路甚至还要更窄些。在有些路段上，交通流量很大，道路也有一定坡度，会受到风雨侵蚀，因此路面上或许已经铺设了东西。那时候路两侧还没有人行步道。读者们可以想见，在雨后走在没有硬化的路面上是一种什么状况。阿里斯托芬②就写到过，一个老眼昏花的长者如何在狭窄的巷子里摸索着前行的道路，边走边抱怨着脚下的泥泞。雅典的卫生问题从来都不摆在台面上。在公元4世纪之前，可能根本就没人有去注意。泔水和垃圾就那样大喇喇地被人从家里抛到街上，没有人会提醒路过的人，最多是一句敷衍了事的“躲开点儿啊”。于是想要有尊严地走在路上都成了难事。不过雅典市民们曾被告知不应该在公共场所无所事事地游荡，也不要做出一副百无聊赖的样子目光呆滞地盯着街上看。

如果有人想四处逛逛，恐怕他难以如愿，因为真是没有什么可看的。街两边基本上都是房屋的后墙，空荡荡的，最多是那些盖得起二层的人家后墙上会有一扇小窗户。不过，个别的街道还是有些特色，能吸引行人驻足。这条街上有个做橱柜的，那条街上有个

① G. Glotz, *The Greek and Its Instututions* (London: Routledge & Kegan Paul, 1965), p. 302.

② Aristophanes(约公元前446—前385)，古希腊剧作家。——译者注

做陶罐的,再有一条街上有个做人头方形石柱的雕塑家,吆喝着吸引着人们的注意。也只有在市场里,雅典人才能充分体验到城市生活的风情。熙熙攘攘的人流本身就给场景增添了色彩,因为不会所有人都穿一身白。外套和斗篷一般都是发白的,但是年轻人会身着紫色、红色、翠绿色以及黑色的华服。黄色是女性的专属颜色。不过,大户人家的女子一般不会出现在市井当中,因为男人和奴隶们负责采买,同时也只有他们能享受在市场里的种种魅力。每种类型的商品都有自己的一片交易区,所以雅典人可以把会朋友的场所安排在"卖鱼的那儿""卖鲜乳酪那儿"或者"卖无花果那儿"。做买卖是一种很吵闹的事务。人们在讨价还价,小贩们吆喝着自己的货物。在交易核心区的边缘地带,开设着理发馆、香料店、鞋店、马具店以及酒馆。在这些店铺附近有石柱廊,廊下有阴凉之处。采买完毕后,下一项快活悠闲的任务就是会会朋友,聊一聊当天的新闻、时政或者是抽象的问题。展开讨论的场所一般是理发馆、诊所的候诊室,以及其他一些店铺里,于是它们仿佛变成了某种俱乐部或者大讲堂。午饭过后,市民们或许会前往健身房锻炼身体或者更深入地讨论问题。雅典人,无论穷富,都是日出而作,早早还家。夜里是寂静的,想要继续学习或者做生意的人会借着灯光忙碌到很晚。德摩斯梯尼[①]的绝大部分演说稿就是在入夜后开始酝酿的[②]。

180

---

① Demosthenes(公元前 384—前 322),古雅典雄辩家、民主派政治家。——译者注

② T. G. Tucker, *Life in Ancient Athens* (London: Macmillan, 1906); A. H. M. Jones, *The Greek City from Alexander to Justinian* (oxford: Clarenon Press, 1940).

帝国时代的罗马是一个矛盾集合体。公元 2 世纪时,罗马城的人口数量已经超过百万[①]。一方面,数量如此庞大的居民们的生活环境十分恶劣;而另一方面,公共建筑却极尽富丽堂皇之能事。美轮美奂的纪念碑在城中星罗棋布,而周边便是由昏暗狭窄的小巷和牲口棚一样简陋的民房密密麻麻拼凑成的街区。按现代的思路设计,有纪念意义的建筑应该沿着宽阔的街道排成赏心悦目的景象。可是在罗马,虽然路边的建筑也久负盛名,但没有哪条街能够既满足交通的需求又与纪念物的体量相匹配。在密密匝匝的路网之中,也就只有老共和墙[②]里面的两条路的宽度能让两辆马车并肩行驶,这两条路由此而得名"*via*"[③]。

从罗马通往意大利[④]的道路,例如亚壁古道(Via Appia)和拉蒂纳古道(Via Latina),宽度从 5 米到 6 米多不等。一般的城市街道要比这窄得多,有一些路仅仅算得上是一条小径而已。路两边高耸的房屋遮住了大部分的阳光,让道路显得越发狭窄,就像昏暗的隧道一般。这些小径曲曲折折,在这座七丘之城[⑤]上面起起伏伏,或许能让这座城市更加灵动活泼,但着实也增添了许多不便。

---

① 这段关于罗马的文字依据 Jérôme Carcopino, *Daily Life in Ancient Rome*, trans. E. O. Lorimer (New Haven: Yale University Press, 1940)。

② Republican Wall,正式名为塞维安城墙(Servian Wall)。据估计得名于第六位罗马国王塞尔维乌斯·图利乌斯(Servius Tullius)。虽然它的外沿部分可以追溯到公元前 6 世纪,但是目前现存的城墙很可能是建于公元前 4 世纪。——译者注

③ via 这个词在英文中有"通过"之意。——译者注

④ 意大利这个名词从前只用来称呼现在亚平宁半岛南部的部分地区。直到罗马人征服整个半岛以后,意大利才适用于整个亚平宁半岛。——译者注

⑤ 古罗马中心是沿着台伯河河岸发展起来的,河岸边有七座山丘,罗马因此也被称为"七丘之城"。——译者注

步行街或者人行步道非常罕见。与同时期的庞贝(Pompeii)不同的是,罗马城的道路基本上都不是由石头铺成的。路边房屋里抛 181 洒出的污秽之物日复一日地沾染在上面。在没有月光的夜里,这些道路就会充满黑暗和危险。人们纷纷赶着回到家,把门顶住。但是与雅典不一样,罗马的道路在晚间可能会相当热闹。这要归因于凯撒大帝。为了缓解交通拥堵的弊病,他宣布每天从日出起,任何马车都不能在街上通行,直到傍晚才能上路。这就意味着夜幕降临之时,各式的马车就充斥着城市,在街道上吵吵闹闹地行驶。据尤维纳利斯(Juvenal)的记述,夜间交通造成的无休止的喧嚣让一部分敏感的罗马市民陷入永恒的不眠之夜。

过度的拥挤使得街道越发显得狭窄,而房屋越发显得高大。罗马的住宅基本上分成两种:一种属于富人,受古希腊建筑理念影响,房屋在平面上铺展开;另一种属于穷人,是向上盖起来的公寓房。富家宅邸临街的一侧都是厚厚的墙壁,而公寓房都是大门朝着街道。公寓房与豪宅的比例是 26∶1,所以街道边的元素主要都是高耸却又破败的房屋;它们虽有五六层高,但经常是摇摇欲坠的。房屋自行倾倒的声音,或者是正在被推倒的声音,映衬出剩下那些相比起来还算像样子的,也点缀着这座城市里永不停歇的喧嚣。火灾永远是个威胁,一视同仁地困扰着富人和穷人。

高高的房子上面,窗户又大又多,不过所带来的效用并没有多少。我们透过玻璃,可以自如地观察世界,从而大大增强了我们掌控世界的能力——我们对玻璃带来的这种好处似乎已经习以为常了。当年百叶窗的用途是遮风挡雨、防寒避暑,当然也就遮挡了大部分光线——舒适就是要以排斥世界为代价的。公寓房尽管从街上看像模像样的,但它们的内部窄小、昏暗,让人难受而且也不干净。到了 20 世纪初,一个罗马人走在街上,会觉得街道变宽了,哪怕街两边都是公寓房,也显得很亲切;建筑物华美的外立面,即便是在不太富裕的街区里也能见到。公寓房朝向街道的那一面风格显得比较统一。它们的门和窗都比近代的房屋要大一些。在宽度足够的大街两侧,公寓房的外立面要美观得多——下层有门廊,上层会有阳台或者敞廊,柱子和栏杆都攀附着植物。条件更好一些的公寓房,其底层可以单独作为出租之用,环境基本上可以与私人宅院媲美。条件差一些的公寓房,底层可以分割成几个面朝街道的货摊或者小店。

抛开罗马的城市规模、社会阶层的状况、贫富之间的矛盾先不谈,这座城市缺乏基于社会角色和职业角色上的区域划分。在帝国时代的罗马,"成熟社区"的概念并不存在,贵族和平民到处混杂在一起。甚至于手工业和制造业也是分散在各处。工人们散居在城市里的各个角落。破败的公寓房和豪华的宅院中间,间杂着仓库、工棚和车间,显得毫无章法。工具碰撞丁丁作响,加上人们劳作时的乒乒乓乓、吵吵嚷嚷,让这座城市里的喧闹更加凸显出来。在日落之后,罗马的街上变得车水马龙,货摊和小店也在开门营业,这些景象在卡考皮诺[1]的作品里有着生动的描述:

182

在这里,剃头匠们在马路中间就给顾客们刮上了脸;在那里,从特兰斯提贝利那[2]来的小贩串来串去,用一包包硫黄火

① J. Carcopino(1881—1970),法国历史学家、作家。——译者注

② Transtiberina,古罗马城里面的一个地区,人群杂居,治安混乱。——译者注

> 柴换成玻璃制品；在别处，小吃摊主嘴里声嘶力竭地吆喝着，手上端着的锅里摆着香肠；还有学校的教员率领着小学生们，在大街上吵吵嚷嚷的。在街的一边，一个兑换货币的掮客……在脏兮兮的桌上把硬币摆弄得叮当响；在另一边，一个金匠挥舞着闪闪发光的锤子，砸在久经岁月的石板上。在路口，一群无所事事的闲人围着一个舞蛇者；修补匠们锤击金属的声音在四处回荡；乞丐们用颤巍巍的话语声祈求着神灵，或者叨念着自己的历险和不幸以期能够打动过往的行人。[1]

黄昏不一定能带来平静，因为日落时分正是车辆开始在街上大行其道的时候。那么，罗马人在何时何地才能找到获得僻静和安宁的方式？富人们可以到郊外去兴建自己的宅邸和花园，这种做法在公元2世纪甚至成就了环绕中心城的一条绿廊。普通人想要得偿所愿，只能在罗马市中心里面寻找相对安静的地方，例如听证会举行完毕之后的城市广场和大会堂，还有向公众开放的皇室园林。在战神广场，大理石围墙、庄严神圣的大厅和柱廊能挡住太阳光，也能遮风避雨，即便是最穷困潦倒的人也能在一片艺术氛围中享受到一丝惬意。无论穷富，人们在浴室里都能得到放松和各式各样的愉悦。在公元1世纪，浴室的数量就已经达到一千余家。那些更为豪华的私人宅邸，可以拥有各式各样的浴室、小商店、封闭的花园和游廊、健身房、按摩房，甚至于图书馆和博物馆。而大量城市居民则在贫困线上挣扎，他们的居住环境和工作环境都脏乱不堪。但是相比于农民们面对的高强度工作和乏味的生活，罗

① Carcopino，*Ancient Rome*，pp. 48-49.

马城的居民们还是能找到城里独有的、各式各样的乐子和兴奋点。即便是最让人瞧不起的军校低级学员们，也能感受到体育场里的活力、浴室里的温暖、公共宴会上的欢乐、富人们的施舍以及公共建筑带来的视觉享受①。

中世纪的城市

183 在重要的、大型的中世纪城镇里，街道间的生活气氛与古罗马属于同一种类型：同样的拥挤、忙乱、吵闹、臭气烘烘，还有那些如今在非洲和远东一些城市才能见到的、一般被认为是公害的、色彩斑斓的光。对公共庆典活动的喜爱也是共同点之一。当然，中世纪的城镇不可能在场面上与帝国时代的罗马城相媲美，但是它们能够充分利用每一次活动，无论是神圣的还是世俗的，来大肆欢愉一番。很多这样的活动一直延续到今天。比如说在伦敦，为市长就职而进行的庆典，其盛况一遍又一遍地在复活节、圣神降临周、仲夏日和圣徒纪念日上演。皇室莅临自然需要大排场，但即便是犯人从一所监狱移送至另一所这种事居然也成了搞个盛典的理由②。大教堂经常会是庆祝活动和游行活动的中心。除了在宽度和高度上极其显眼之外，中世纪的教堂，就像古希腊的神殿一样，因其白色而引人注目。这种白色与涂上明亮颜色的石刻和雕塑相

---

① J. P. V. D. Balsdon, *Life and Leisure in Ancient Rome* (New York: Mcgraw-Hill, 1969).

② Chales Pendrill, *London Life in the 14th Century* (London: Allen & Unwin, 1925), pp. 47-68.

对比，更加显得突出。一般的建筑和民居，无论是内部还是外部的装潢，通常都泛着俗气的色调——这条评价放在男人女人的穿着上也一样适用。在喜庆场合，中世纪的街道上可以说是群情激昂，其热烈程度挑战着现代人想象力的极限。

与长安、杭州、罗马或者巴格达这样的城市相比，在公元8世纪，中世纪的城镇体量很小。中世纪的德国乐观地说有差不多3000座城镇(也就是那些由君主赋予“城市地位”的定居点)，但其中2800座的人口数量不足一千，只有15座的人口数量超过一万。在1400年左右，德国最大的城市分别是有30000人的科隆和有25000人的吕贝克(Lübeck)。在英国的城镇中间，只有伦敦人口数过万，到黑死病爆发前达到50000。巴黎或许要大一些，但是欧洲中世纪的城镇没有哪个能赶得上古时代的大城市，也赶不上同时代的东方城市。它们也有共同之处，那就是由人口和土地利用的过于集中而肇生出的、喧嚣热闹的、五光十色的生活方式[①]。

中世纪的居民点彼此之间都有比较明显的区别，但它们也会在形态上和建筑格局上有一些共同点。比如说，军事要塞一般来讲都会奠定城市外观的基调，在欧洲内陆国家尤其如此。当外乡人前往一座城市的时候，他们远远地就能看到一座座尖塔和角楼的轮廓；再走近一些，面前就会是一条壕沟、一堵厚厚的壁垒和上面等距分布、赫然耸立的瞭望塔。就算是那些大城市，城墙也曾经显得很简单，这种情况一直持续到进入12世纪很长的一段时间。 184

① Fritz Rörig, *The Medieval Town* (Berkeley and Los Angeles: University of California Press, 1961), p. 112.

随着时间推移,城墙被修建得越来越复杂、越来越高,高度可达八九米。城门倒是不多,因为每座城门都得配备一组人手①。到了15世纪和16世纪,城墙和城门已经基本上失去了防卫作用,而成为了有象征意义的东西。诸多城镇彼此在城门的艺术造诣上面互争短长,只是为了给来访的社会显要人物留下更深刻的印象。在城帷之内,教堂、堡垒,以及(有些地方后来才出现的)市政厅代表了城市的面貌。在乔叟时代的伦敦,教堂的尖顶如松林一般指向城市的天空——在一堵墙围起来的教区里,面积不足2.6平方千米,竟然耸立着99座教堂②。由于功能的拓展,市政厅的地位越来越重要。直到13世纪之前,为男子服务的裁缝店是城市里最重要的非宗教公共建筑。随着市民权利的不断增加,市政厅、交易大厅以及其他公共建筑如粮仓、军械库和桥梁,在建筑上的地位也越来越显赫。

在中世纪的城镇里,密集的人流很多时候都与开阔的空间联系在一起。那些城墙范围刚刚扩大的城镇,可能会把葡萄园、樱桃园、菜园和花园也囊括到城墙附近。在中世纪的伦敦,街道两侧满都是民房和商铺。一些房屋开间仅有3米左右宽,进深却达到5米多。即便这样,房后还经常有一个小庭院;或者是在商铺一间挨一间的地段,有一个小庭院来满足所有房屋的需求。中世纪城镇的中心会有大片开敞空间分布在教堂的周围。那些地方除了举办各种典礼之外,也供贸易之用。伦敦的教区面积多为一公亩到

① D. C. Munro and G. C. Dellery, *Medieval Civilization: Selected Studies from European Author* (New York: The Century Co., 1910), pp. 358-361.

② D. W. Robertson, Jr., *Chaucer's London* (New York: Wiley, 1968), p. 21.

一公亩半，因此每个教区基本上都会有相对开敞的空地。主干道很窄，比一般小巷宽不到哪里去。即便是像巴黎这样的大城市，最重要的一些大街也只有 5 米多宽，余下的街道宽度也就如前者的一半。话说回来，也不是所有中世纪早期的街道都那么狭窄。伦敦的齐普赛街直到亨利八世[①]的时候宽度还足以供骑士们举行比武。不过，从 13 世纪往后，街道就变得越来越窄了，因为有越来越多的商人在蚕食着道边的空间。

总体来说，中世纪的街道狭窄崎岖、脏乱不堪。在伦敦，石头铺的路面仅限于长度很短的小支路。直到 15 世纪，一些重要的城镇如格洛斯特、埃克塞特、坎特伯雷、南安普顿和布里斯托尔，才开始用石头来铺路面[②]。大雨会让道路变得一团泥泞，为了能顺利通过，很多人不得不穿上木屐，或是底下带铁掌的木底鞋。街两侧也没有人行步道。路面上，凡是铺着东西的，都铺的是小石子，一 185 条明沟在路中间延伸出去。在宽一些的街道上，就有两条平行的沟把路面切成了三条。在这些沟里翻滚的是各种垃圾，(有的街道上)甚至于还有屠宰作坊里倒出来的血和秽物。屠户们大量的屠宰工作是在露天进行的。大小屠宰场可以说一年到头困扰着伦敦这座城市。被屠宰的牲畜的内脏和污物都被运到弗利特去处理。运输车辆到处遗撒，把沿途弄得臭烘烘的，使路边的居民不胜其苦。居民们的抗议也没有收到效果。可以散养、可以取食于垃圾的猪和鸡到处跑，给中世纪已经脏乱不堪的街道又添上了重重

① HenryⅧ(1491—1547)，英国都铎王朝第二任国王。——译者注

② J. J. Bagley, *Life in Medieval England* (London: B. T. Batsford, 1950), p. 48.

一笔[1]。

在现代城市里，巨大的广告牌会让街道边乱糟糟的，阻隔人们的视线，也会分散驾驶员的注意力而造成公共安全问题。伦敦，即便是处于中世纪，就已经不得不去应对日益猖獗的街边广告问题了。由于那个时候街边的店铺不计其数，很多店主都悬挂招牌来惹人注目。招牌挂在门外的竿子上，竿子长到影子可以投射到街对面。激烈的商业竞争让招牌异乎寻常地扩大，加上原来店铺的侵占，使得道路变成了一条条长廊。直到 1375 年，法令才规定招牌的长度不准超过 7 英尺[2]。

从黎明到黄昏，噪音都弥漫在中世纪城镇里的每个角落。每天，洪亮的钟声都会唤醒佛罗伦萨，让市民们加入到一早的熙熙攘攘之中。到处都是沿街叫卖的人，一天到晚地忙碌着他们的生意。在 13 世纪的巴黎，一大早就有人"宣示着浴室开放、水温正好，接下来就有其他各色人等吆喝着卖鱼、肉、蜂蜜、洋葱、奶酪、估衣、鲜花、胡椒、木炭和其他日用杂货。化缘的修士以及其他教会团体的成员们到处走动，寻求着布施。公务人员们公布着死亡名单和最新的消息"[3]。各种工业也投身到这嘈杂之中。有人写道，在耶拿，"有的锔桶匠半夜就起床，把铁环锔在桶上，弄出叮叮当当的声响，使得邻居们长年晚间无法入眠而体质下降"。需要读书的学生们怨声遍地，有些时候，他们也的确能把吵闹的铁匠或者织工赶到

① Robertson, *Chaucer's London*, pp. 23-24.

② Pendrill, *London Life*, p. 11.

③ D. C. Munro and R. J. Sontag, *The Middle Ages* (New York: The Century Co., 1928), p. 345.

屋外去[①]。但是噪音给城市增添了生气。对于那些从城郊到城里来探亲的人来说,高强度的城市生活让人既厌恶又向往。 186

乔治王朝时期[②]和维多利亚时期的街景

从中世纪的晚期,一直到 18 世纪末,城市生活的质量的确发生了改变;不过在世俗名利的大潮中,其本质并没有多大变化。最重要的革新就是商店橱窗上的玻璃板,以及街道上的灯光。这两项变革都显著地拓展了城市居民的视野。另一项重大的变化是分道行驶的出现,这让街道上有了用栏杆隔开的人行步道。在中世纪,人们用四轮马车等车辆把货物运送到市场里去,这些车辆,哪怕是手推车,也基本上不会指望在城市中心里面闯开一条通路。各色人士不分尊卑贵贱都挤在道路和广场上。不过从 17 世纪往后,鱼龙混杂的机会变少了。马车随时都能载着富人们行驶在道路中央,而其余的众多市民们都走在路两边。徒步走在路上曾经被认为于身心皆无益处。就像约翰·维尔尼(John Verney)在 1685 年所写到的:“伦敦里的买卖吵吵闹闹、人们推推搡搡忙前忙后,让人腰酸背痛、头昏眼花。”

到了 18 世纪,伦敦的街道就已经铺上了石头,这算是从中世纪走来的一大进步。大约在 1800 年的时候,高等级的道路上会铺

① Marjorie Rawling, *Everyday Life in Medieval Times* (London: B. T. Batsford, 1968), pp. 68-69.

② 乔治王朝时期英国国王乔治一世到乔治四世统治时期,即 18 世纪一直到 19 世纪 30 年代。——译者注

设一层石板，而一般的小窄道还是古时候那样的石子路。宽阔的大街上，两边有由木桩隔开的人行步道；但是低等级的道路上就没有木桩了，行人们时刻要冒着被车撞倒的风险。像中世纪时候一样，路中间还是有一条水沟，里面有时候就是一汪臭水，有时候是一股肮脏的急流，时常会在马车经过时溅在有身份的人士的衣襟上面。管道清洁工们大体上保持着水沟的畅通，但是他们并不会去处理那些随意堆在伦敦城里城外空地上的垃圾。猪在这些垃圾堆里面随意翻着，最后剩下的东西偶尔会被卖给园丁或其他一些人[1]。

在繁华的街道上，行人既不能急匆匆地赶路，也不能慢悠悠地徜徉。他们必须保持警惕，留意路边房屋的台阶有没有伸到路上，留意木桩会不会绊着脚，留意铺设的小石子到处乱滚，剩下的一个小坑里可能满是泥浆和秽物。他们得防着一不小心跌进地窖里，因为几乎街边每家都有地窖，门还经常敞开着，准备接收煤炭或者货物。商铺门前还可能会搭着棚子，上面摆着一盆盆的花。棚子给大街增添了色彩，但它们挤掉了人行道上的空间，让行人们不得不绕着它们走。很多店铺的老板沿袭了古老的习俗，让一个小男187 孩站在门口吆喝揽客。这些孩子们不得不与那些沿街叫卖的流动商贩们争抢客人。

卖苹果或者卖馅饼的女人们相中一个地方就摆起了摊；

卖纸盒的男人肩膀上扛着一根棒子，棒子上挂着纸盒子。他

① Walter Besant, *London in the Eighteenth Century* (London: Adam & Charles Black, 1903).

> 们占据了原本就狭窄的街道。修理风箱的人、修理桌椅的人，在人行步道上就开工了。男女小贩们一边走，一边叫卖着他们的绸缎、砂砖粉、擦鞋垫、野菜、辣味姜饼、鲜嫩水果等各色货品。耍狗熊的人牵着自己可怜的动物，缓慢而笨拙地沿着街走过来。他一般都会找个街角开始表演，不仅堵了路，还会惊吓到过往的马匹。耍木偶戏的人也会前来，找一个能聚拢人气的地方搭台演出，让人们看看木偶的表演和小丑的滑稽。①

让街道更加拥挤、也更加绚丽的，要算是各家商铺的招牌了。到了18世纪50年代，它们的体形已经变得巨大，伸出店铺的门脸很远，以至于金属件都很难承受住其重量。每当刮风的时候，它们慢悠悠地摇摆着，发出一阵阵噪音，让平日里的喧嚣又多一份恼人②。频发的违法活动制造了另一种不稳定因素，无疑也给城市生活增加了更多的不确定性。塞缪尔·约翰逊先生喜爱伦敦，哪怕街上是一幅乱糟糟的景象。他经常带着一根粗木棍在街上逛。很多市民上街的时候都会携带武器，慎重的人士很少在夜间外出。

在18世纪里，路灯慢慢地发展起来。在1716年，伦敦规定每一户面朝马路或者小巷的家庭，夜间都必须在家门口悬挂蜡烛，其燃烧时间要从晚6点一直到晚11点。过了11点之后，城市就陷入一片黑暗当中。晚上点蜡烛仅限于每年米迦勒节（9月29日）到次年的天使报喜节（3月25日）。实际上每年街上点蜡烛的时

---

① Rosamond Bayne-Powell, *Eighteenth-Century London Life* (London: John Murray, 1937), p. 14.

② Besant, *London in the Eighteenth Century*, p. 89.

间共计不超过600小时，也就是说在剩下的247天里面伦敦的夜晚都没有光亮。到了1736年，油灯替代了蜡烛，每年有光亮的时间也从600小时延长到了5000小时。不过油灯的亮度比起蜡烛来也强不了多少。一片黢黑中，每隔几十米，就有那么一点微弱的光透出来。赶夜路的人，无论是步行还是坐马车，依然要找一个人拿着火把走在旁边。即便如此，对于一些外来人而言，伦敦也已经算是照明条件相当不错了。1780年，来自于伯明翰的威廉·哈顿(William Hutton)在记述他到大英国首都的经历时，就提到过街上灯火通明，不仅每隔一段距离就有油灯，而且商铺的窗户里也透出蜡烛的光芒[1]。在1775年，乔治·克里斯托弗·利希滕贝格(Georg Christoph Lichtenberg)满怀热情地描绘了伦敦齐普赛街和舰队街在入夜后的景象。高大的房子，配上正面的玻璃窗，排列在街道的两边。“下层一般都是商铺，看起来就像是整体用玻璃打造的一般。成百上千只蜡烛，把各色店铺照得亮堂堂的，有银器店、雕刻品店、书店、钟表店、玻璃店、锡器店、油画店、女性服饰店、金店、宝石店、钢具店等，还有数不尽的咖啡馆和博彩铺子。整条街就像是为了什么节庆活动特意把灯都点起来似的。[2]”毫无疑问，这种景象描写出于作者的过分喜爱，而且也只能代表城里的极小一块地方。乔治王朝时期的伦敦在日落之后是个黑暗而且危机

① Conrad Gill, *History of Birmingham*, I (London: Oxford University Press, 1952), p. 156.

② Georg Christoph Lichtenberg, *Visits to England* (January 10, 1775), 转引自 Hugh and Pauline Massingham, *The London Anthology* (London: Phoenix House, 1950), p. 445.

四伏的地方。基本上每家店铺都会在窗边和柜台上各摆一两支蜡烛。小饭馆的每张桌子上都会摆一支蜡烛,但光照条件依然很差。一旦到了冬季,笼罩在城市上的黑暗让人感到煎熬,其程度一点也不亚于寒冷的漫漫长夜。在维多利亚时代早期,煤气灯的应用大大改善了城市的照明条件。它们最早于 1807 年出现在伦敦街头。到了 1933 年,伦敦已经拥有了大约 3.95 万盏煤气灯,超过 340 千米长的街道被它们照亮。[1]

到了 18 世纪下半叶,以及后来的维多利亚时代,文献里对街景的记录往往会提到车辆的密度。那时的街道并不像现代城市街道一样挤满车辆,文员和技术工人们在那时住得离市中心并不远,每天步行上班。但那时的人们经常被车来车往的景象所打动。一方面,在 19 世纪的时候,带轮子的车辆从某种程度上说还算是新鲜事物,尤其是每隔十几二十年可能会出现一种新的样式。路上几乎没有什么交通规则可言,所以在伦敦的十字路口,由车辆引发的混乱大大超出了它们在通勤量上的比重。噪音是另一项让人难以忍受的问题。如果说现代都市里的居民不得不忍受大量的噪音,那么刨去摩托车和飞机制造出来的以外,由道路车辆制造的噪音很可能和那时候几乎不相上下。1913 年,50 岁的斯蒂芬·柯尔律治(Stephen Coleridge)曾经写道:

> "与我幼年时相比,伦敦发生了翻天覆地的变化。主要的大街上,路面都已经铺上了石头但当时还没有产自印度的橡胶轮胎,所以噪音震耳欲聋。站在摄政公园或者海德公园的

① Besant, *London in the Eighteenth Century*, pp. 91-94.

中间，你能听到周围全都是道路上嘈杂的响声，呈一个圈把你包围起来。在牛津街上的任何一家店铺里，除非关上门，否则谁都听不到别人说话。”①

在17世纪，伦敦就已经出现了载客用的马车（即汽车时代之189 前的出租车）。这种马车并不受到商人们的欢迎，因为坐在里面不方便浏览街边店铺的橱窗，也让顾客们很容易就逃脱了店铺学徒的拦路推销。它们也因石子路而制造了很大的声响。早期的出租马车相当笨重，窗子上也有打了孔的铁片可以作为挡板。后来挡板被淘汰了，改成了玻璃窗。安了玻璃的车厢当然更加富有吸引力。到了1771年，据乐观估计伦敦有近1000辆出租马车，而到了1862年，取得牌照穿行于街上的出租马车就已经超过6000辆。在1855年，伦敦街头大概有八百辆马拉的公交车，时速大概在八九千米。到了1857年七月，公交线路就已经有96条。维多利亚时代开启的前夕，每天上午八点半之前，公交车会把48000多人运进伦敦的中心城区。②

汽车之城：洛杉矶

在工业化时代之前的城市里，凡是街道，除去在居民区里的或是名胜古迹，全都挤满了人。从17世纪以后，路上的车辆越来越

---

① John Betjeman, *Victorian and Edwardian London* (London: B. T. Bastford, 1969), pp. ix-xi.

② Sekon, *Locomotion in Victorian England*, pp. 35-37.

多。但是直到 20 世纪初，车辆才取代了步行成为最主要的通勤方式；街道上景象也有了很大改观，从乱糟糟的车来车往变成了有节律感的红绿灯控制。

汽车改变了城市的面貌，也改变了人与城市之间的关系。洛杉矶是一个超级汽车都市。自从二战结束以后，有很多较小规模的美国城市，尽管其历史沿革并不一致，但都复制了洛杉矶在空间格局上的一些特点。与其他城市的社区相比(截止到 1930 年)，洛杉矶的居民区分布的地域更广，商业活动也更为离散化，电气化铁路的衰退速度更快，私家车占有城市通勤工具的比例更高[①]。

相比于其他城市，洛杉矶的高速路网显得尤其发达。在 1938 年，基于一个专项交通调查，洛杉矶所在的州以立法方式确立了无停顿的道路，也就是后来为人们所知的高速公路。很多高速路都修建得要比普通公路高，这让驾驶员们有了更为宽广的视野来观察城市，无论是在节点处怠速的时候还是在跑起来时速一百多千米的时候。开在高速公路上有时会让人迷失方向。比如说，目标建筑明明在驾驶员的右侧方向，但路上的标识却指示他并入最左侧的车道。190 无论如何，相比于直观的感受，驾驶员还是必须要服从于标识[②]。

汽车时代里自然肇生出来的一个产物就是又长又直的商业街。文图拉大街顺着圣费尔南多谷[③]的南侧绵延 24 千米。威尔

① Robert M. Fogelson, *The Fragmented Metropolis*: *Los Angeles 1950-1930* (Cambridge, Mass.: Havard University Press, 1967), p. 2.

② Reyner, Banham, *Los Angeles*: *The Architecture of Four Ecologies* (London: Penguin, 1971), p. 219.

③ San Fernando Valley，美国加利福尼亚州南部的一个城市化的谷地，包含了洛杉矶市一半以上的土地面积。——译者注

希尔大街(Wilshire Boulevard)与前者长度不相上下,它从洛杉矶市中心一直向西通往海边。在1949年的时候,它是附近11个社区所共享的最主要的街道,汇集了临近的二百多条大街小巷。随着汽车的出现,道路的长度也有了新的理解:过去这条街上每两个路口间的一段有自己的名字,后来这些标签都统一换成了一个名字,彰显着曾经杂乱的土地利用形式如今得到了整合①。

随着时间的推移,商业街的特质也在发生着变化。早年间的一个特点是相比于街道的长度,商业建筑的密度是比较低的。文图拉大街在1954年有24千米长,但各色商铺仅有约1420家②。1949年的维尔雪大街,空闲的门面房比利用起来的还要多。另外一个特点是,停车场、加油站、汽车修理厂、汽车店,以及汽车旅馆、酒店、各式各样的餐厅等经营性场所,都在很大程度上满足了来自于有车一族和外地的顾客的需求。各色的办公场所显得很突出,当然,与房地产相关的办公场所要远远多于其他行业的。有车一族大都来自于城郊,不太关心这些东西——为了吸引这部分人前来,商人们不遗余力地打广告。他们不仅设置巨大的广告牌,而且还利用光鲜亮丽的建筑物来推广自己的产品。比如,“奶品皇后”的店就像一个巨大的冰激凌锥筒,而快餐店的外观就设计成一只热狗的样子。在维尔雪大街上,一些空置的店面和低矮建筑的屋顶都被用来放广告牌,每年的收入可达三万至五万美元。很多广

① Ralph Hancock, *Fabulous Boulevard* (New York: Funk & Wagnalls, 1949).

② Gerald J. Foster and Howard J. Nelson, *Ventura Boulevard: A String Type Shopping Street* (Los Angeles: Bureau of Bussiness and Economics Research, University of California, 1958).

告牌设在篱笆围起来的草坪里,其本身就是一道不错的风景。后来,广告牌让位于商业建筑,而后者中仍然有相当一部分充当了自己产品的广告。其重要意义不再是向本地人卖出商品,而是要通过在维尔雪大街上占据一个显赫位置、做上昂贵的内部装潢,来彰显自己的商业品质。

在洛杉矶这样被汽车统治的城市里,行人所受到的关注是极少的。甚至于到了 20 世纪 70 年代,一些街道还都没有人行步道;还有很多大街非常长,与汽车的速度倒是能匹配起来,在一些路段上行人要冒着被当作闲逛的流浪汉而抓走的风险。街道上也十分嘈杂。行人们的耳朵里面充斥着小汽车行驶的低沉声、重型卡车 191 的隆隆声、摩托车的轰鸣声、警察的嘶喊声,以及出现交通事故时急救车的响笛声。人发出的声音倒是没有多少。实际上,街道上没有多少人。如果你早晚都要路经维尔雪大街最繁华的商业路段,即所谓的"奇迹一英里",就能看到奇特的景象:店铺里面人潮涌动,但是相比起来,进出店门的人没有多少。从购物活动和店内装潢的角度讲,本该发生在店铺后面的事实际上发生在了店铺前面。在那里,汽车排成长龙,购物者从车上下来,由服务生把车开走停放在停车场里①。

① Hancock, *Fabulous Boulevard*, p. 163.

13. 美国城市:象征主义、形象化与认知

192 在一个大都市区里面,一个人很难了解城市的全貌,只能了解其中的一个小区块而已,当然他也没有必要在头脑里建立起整个城市的地图或者印象,毕竟他只生活在世界的一隅里。不过,城市居民们似乎都有一种心理上的需求,想要了解整个城市环境,以便给自己居住的社区找到定位。不同的人对城市建立起的理解是有巨大差异性的。绝大多数人给自己定位的方式是找出城市尺度的两个极端,也就是城市的名字和自己所住街道的名字。而中间的尺度则不被人注意,比如,能不假思索地说出自己所住城区名或社区名的人就少之又少。尺度上的这两个极端似乎显示出人们有一种普遍的倾向,即生活在两个距离很远的思想境界中——高度抽象化的思维和具体的答案。就高度抽象化的思维来说,城市复杂的背景或许都包裹在它本身的名字里,例如罗马古城;或许也可以由一幢纪念性建筑来代表(如埃菲尔铁塔);也可以由一个轮廓来代表,如闻名遐迩的纽约市天际线;也可以由一个标语或昵称来代表,如"西部女王城"(即辛辛那提)。就具体的答案而言,人们可以在日常生活里、在与他们密切接触的环境中获取丰富的图景和思想。

在第 11 和第 12 两章里,我首先从理想的角度论述城市,而后 193 从日常商贸活动的角度解读城市。城市理想中的特质,或是具有象征意义的特质,为我们所知晓的途径可以是文学作品,也可以是城市的空间格局和建筑风格,因为空间格局和建筑风格体现着人们的宗教信仰或者世界观。其实,人们从城市环境中所看到的,以及由此所做出的反应,我们很难直接了解到——对于过去的城市自然是如此,因为调查、访谈、深入观察等研究手段当时还不存在,哪怕对于当今世界中一团团的大都市区也是一样。不过,通过研究当时的物质条件以及肇生于其中的各类生活方式,我们还是可以窥见一斑。在最后一章里我会做出总结。现在,我们着眼于美国的城市。研究的方法是类似的:我们从城市理想中的概念出发,也就是市民们心中已经建立起来的象征和比喻义,过渡到人们因日常居住和生活习惯而形成的对特定社区的态度。

象征和隐喻

美国主流的精神是非城市化。或者说,一般是反城市化——新大陆里面天堂般的图景完全是站在欧洲世故和腐化的对立面的。后来,新大陆自己的价值观自发地产生出来,它饱含强有力的、富有民主气息的西方色彩,与当时东方没落的、专制的、拜金的气质截然不同。对美国人来说,最重要的空间代表物是花园、西方、待开垦的土地以及荒郊野地,这在 19 世纪里表现得尤其明显。反过来,至于城市,则代表着世上所有诱惑和不公。知识分子们虽然大都有城市生活的背景,但从杰斐逊开始,便坚定地为平均地权论奔走疾呼，而不惜牺牲那些让他们学业有成和举止优雅的环境。农民们当然因此而欣喜不已。普通的美国民众总是不假思索地与农民和知识分子保持一致，认为城市是奢靡的，是欲望的滋生之池，是对上帝不敬的、反美国的、没人情味的、有破坏性的。

对于像圣城新耶路撒冷这样的城市来说，它们本身所具有的纪念意义和无上荣誉已经让它们成为了世界性的社会焦点和神学象征，那么它们的城市形象会受到什么样的影响？在旧世界里，我们已经看到，城市作为一种先进理念的象征而具有非常重要的意义。这种思想确实也在美国生根，但当它试图成长起来的时候，甚至一直到今天，就被无处不在的农业思想压制住了。在19世纪，美国的小城镇们既获得了大都市般的实际地位，也拥有着国际化的特点；而在那个时代，欧洲早已不把城市看作出众、卓越的象征，启蒙运动中的代表性人物如伏尔泰[①]、亚当·斯密[②]和费希特[③]等人所倡导的城市化的热情也早已消退。欧洲的浪漫主义艺术展示给人们的，一边是哥特式城市所造成的恐怖，另一边是洒满阳光的乡间美景，这就是为知识分子所普遍接受的理念。其实，与欧洲相比，美国的浪漫主义对城市价值的认可程度还要高得多。

194

美国对城市的憧憬源自于旧世界的思想，特别是《圣经》；此外

---

① Voltaire(1694—1778)，法国启蒙时代思想家、哲学家、文学家，启蒙运动的领袖和导师。——译者注

② Adam Smith，Adam Smith(1723—1790)，经济学的主要创立者，著有《国富论》。——译者注

③ Johann Gottlieb Fichte(1762—1814)，德国哲学家。——译者注

也受到奥古斯丁[①]、但丁[②]和班扬[③]等人的影响。对于清教徒来说,城市是对理想居住地的一种隐喻,即新耶路撒冷。如约翰·温斯罗普[④]所说:“作为山上面的一座城,我们要懂得该做些什么,因为我们上面还有人们的目光。”清教徒认为城市不仅是居住地的模范,受千万人瞩目,还认为城市也是圣人们可以俯视普通大众的地方;也就是说建立城市不仅是为世界树立一个榜样,也是为世界提供了一个视角[⑤]。不过,清教徒的城市不追求天人合一的象征意义,它不致力于去模仿天启之下的新耶路撒冷所拥有的几何形状和纯净物质条件。就古时代天人合一的城市来说,它们秉承的天人合一理念与乡村是一致的;但是在城市里面,这种理念从有纪念意义的建筑物上、从皇家祭祀典礼上得到了淋漓尽致的体现。可是早期清教徒并不具有这样的抱负,他们的后裔在19世纪设计城市时也没有这样的预想。从一开始,清教徒们所谓的“山上之城”就有着与农夫同样的价值观、认同农夫所拥有的世界观,把这些理念转化成城市的生活方式和物质条件完全不符合清教徒的原意。

不过,一贯地把美国城市的图景都想得很坏也是不对的。城市也宣扬了人类所取得的伟大成就,就这一点来说新世界的城市

---

① St. Aurelius Augustine(354—430),早期西方基督教神学家、哲学家。——译者注

② Dante Alighieri(1265—1321),意大利诗人,欧洲文艺复兴时期的重要人物。——译者注

③ John Bunyan(1628—1688),英国英格兰基督教作家、布道家。——译者注

④ John Winthrop(1588—1649),英属北美时期马萨诸塞湾殖民地的重要人物、社会活动家。——译者注

⑤ Michael S. Cowan, *City of the West: Emerson, America, and Urban Metaphor* (New Haven: Yale University Press, 1967), pp. 73-74.

所做的并不比旧世界城市要少。也不是所有的知识分子都对城市进行过指责。有一些诗人和学者也赞美过城市的生命力和创造力。此外,美国的城市还承载了很狂热的振兴主义(boosterism),尤其表现在19世纪中叶,辛辛那提、圣路易斯和芝加哥互相争夺定居者,而且各自都有着极快的发展[①]。

不管城市在人们心目中是怎样一番景象,它们都在美国的发展历程中起到了重大的作用——从这个国家一诞生开始。正如历史学家康斯坦斯·格林(Constance Green)所写到的:"人们唯恐东部沿海城市里的商人们制造的贸易战摧毁新生的国度,于是才起草出联邦宪法、才建立起联邦合众国[②]。"早在17世纪,城市中心就已经有了雏形,人们在那里不仅交换货物,也交流思想。美国大革命本身以及13州联盟的兴起都是建立在城市的基础上的。那时候的城市还很小,城市人口的比重也不超过3%。不过到了19世纪,非农业的定居点如雨后春笋般地出现。仅仅在19世纪的10年代和20年代,农业和非农业的人口增长率还算能够持平。1880年到1890年间,城市人口的增速达到乡村人口的四倍。城市的重要性在西部显得尤其突出,因为那里的城市经济和政治影响力几乎完全压制住了各州孱弱的精神特质。举例来说,在1880年,丹佛已经变成一个大都市区,其地域之广已经超过了科罗拉多

① Frank Freidel, Boosters, Intellectuals, and the American City, in Oscar Handlin and John Burchard (eds.), *The Historian and the City* (Cambridge: M. I. T. Press, 1966), pp. 115-120; Arthur N. Schlesinger, The City in American History, *Mississippi Valley Historical Review*, 27 (June 1940), pp. 43-66.

② Constance M. Green, *American Cities in the Growth of the Nation* (London: Athlone Press, 1957), p. 1.

州。在方圆800千米以内,没有其他同等规模的城市能与之抗衡。它强大的主导权宣示着城市才是这个国家发展的关键,而不是各州。

各州曾经是公民效忠的对象,但是在南北战争后,这种情感所占的分量明显下降了。这主要出于两个原因。第一,战争让人民对美国是一个统一国家这个理念产生了强烈的认同感;第二,19世纪晚期的几十年里城市的力量变得越来越强大。对于在南北战争之前成年的美国人来说,在过去他们首先是各州的公民,例如南卡罗来纳、马萨诸塞或者俄亥俄,其次才是美国的公民。但是到了19世纪80年代和90年代,他们首先认为自己是美国公民,然后认为自己是波士顿人、费城人,或是辛辛那提人、查尔斯顿[1]人、芝加哥人;这也是他们第一次把自己打上城市的标签。到19世纪中叶时,查尔斯顿在实质上几乎已经取代了南卡罗来纳州;以至于一个世纪之后,州政府的官员们对查尔斯顿的老居民们讲,他们的汽车只悬挂查尔斯顿的牌照还不够,还必须申领南卡罗来纳州的执照,有时候还要颇费一番口舌[2]。

有不少一流的学者会经常指摘城市的不是。这样的例子很容易找,例如霍桑[3]就曾写道:"无论经历一场大火还是自然腐烂,一个城镇在50年之后就应该能被夷除得干干净净。"惠特曼[4]也控

① Charleston,位于美国南卡罗来纳州,始建于1670年。到1800年,它成为当时仅次于费城、纽约、波士顿、魁北克的北美第五大城市。——译者注

② Green, *American Cities*, pp. 19-142.

③ Nathaniel Hawthorne(1804—1864),19世纪美国小说家。——译者注

④ Walt Whitman(1819—1892),美国诗人、散文家、新闻工作者。——译者注

诉纽约和布鲁克林“从某种意义上讲，与贫瘠不毛的撒哈拉沙漠类似”。但实际上诗人们对城市的态度也是矛盾的。比如说惠特曼有时候也把城市写作时尚大全，但他更出名的一些诗篇里又把它196们描写成幻景，像“空中楼阁”。曼哈顿在他的笔下基本上就是一个诡谲般消逝的景象(“……天上的云朵用轻纱拢住我的城市……”)。他的批评声和颂扬声也几乎一样高。同样是纽约和布鲁克林，一会儿与撒哈拉联系起来，一会儿又在另一首诗里面歌颂道：“这些大城市的规模壮丽又宏伟，如奔涌的波涛一般宽广”，在里面必将拥有“清明而英雄般的生活”(参见其著作 *Democratic Vistas*)。与田园诗人们不同，惠特曼无论在描写人与自然的关系还是人与城市的关系时，都倾注了热烈的情感。纽约和居住在里面的万千居民便如同宽广的海潮一般(参见其著作 *Specimen Days*)。霍桑对城市与自然的感受与之类似。“你如果能够全面、深入地体验一次街道上的生活，就会感受到那种难以忘怀的魅力，就像曾经生活在丛林里或者天堂中一样”。即使是梭罗[①]也曾经写到过(尽管有些不可思议)，“……尽管城市对我来说一向没有什么吸引力，但我也觉得它们与从前相比，变得更像最阴郁的沼泽”[②]。

美国梦本身就包含着深刻的矛盾，甚至是相互抵触的元素。它的两面性最突出的体现，就是在 19 世纪，想要把城市的统治性与一个农业国家这两个对立面统一起来。艾默生[③]在 1844 年发

① Henry David Thoreau(1817—1862)，美国作家、哲学家。——译者注

② 参见 David R. Weimer, *The City as Metaphor* (New York: Random House, 1966).

③ Ralph Waldo Emerson(1803—1882)，美国作家、诗人。——译者注

出的痛惜之情集中体现了对美国人思想中弊病的担忧。他写道:"我希望为我的子孙保留下农业的活力和对农业的信仰……同时我也向往城市的设施齐全、外表光鲜。鱼和熊掌不可兼得,这令我十分懊丧。"尽管如此,艾默生还是坚持不懈地寻找着能把高度的物质文明与保护自然、花园世界的理念结合起来的方法。他的理想国是把这两个对立事物各自最好的一面结合在一起。不过,在他较大的理想国里,城市依然占据着核心的象征地位,而非大自然。即便在年轻的时候,艾默生就已经意识到,那些住在康涅狄格州丛林里面的所谓居士们并不尊重丛林,反而经常是城里人会陶醉在田园中。多年之后,他表示比起"林木的拥有者"来说,"城里的孩子"普遍都会有"更美好的体验"。要把农村与城市结合起来的冲动并非来自于某些"高贵的野蛮人",反而是来自于西方的世界主义者。艾默生所提出最重要的隐喻就是所谓"西部城市",即城市与西部特质的结合体。与清教徒具有排他主义的"山上之城"不同,艾默生的城市是开放的,既提倡根本上的人人平等,也给神祇留下了无尽的空间。"上帝之城啊! 它的大门永远向所有人敞开……"

对于清教徒来说,同时也对于艾默生来说,"城市"这个词主要的意思是人们生活的环境的质量,其物质架构倒是位居其次。在艾默生心中,城市的物质架构应当是宏大、开阔的,与西部自身广袤的空间相一致。宽阔的腹地给了城市很大的发展余地,不仅使其疆域可以拓展,内部各组成部分的体量也可以扩大。巡回演讲的生涯让艾默生造访了许多新兴的、高速发展的内陆城市。圣路易斯"宽阔的广场和敞亮的房屋"曾经留给他很深的印象。他也曾

197

用“美轮美奂”赞美过费城和辛辛那提的宾馆酒店，目睹过华盛顿富丽堂皇的建筑和宽阔的街道。让他感到欣慰的是城市巨大的空间体量所能代表的美国精神。当他抱怨“几千米长、一眼望不到头的开阔地”时，他所指摘的并不是空间大，而是人相对渺小[①]。惠特曼也赞美过人力之大，感慨过个人之渺小。他去纽约的经历让他意识到“就空间的自由性和开放度来说，大自然并不是唯一伟大的东西……人造的东西同样称得起伟大”。他既有这样的感觉，同时也提出这个让人烦心的问题：“人，真的配得上这个名字吗？”

城市的标志

一座城市本身就可能是一座富有纪念意义的丰碑。波斯波利斯[②]、巴格达的圆城[③]、帕利塔纳[④]和北京都是如此。无论是空间布局，还是几何形状以及等级方面的设定。都是在用建筑的语言来表达对宇宙和人类社会的理解。在美国，华盛顿哥伦比亚特区的设计构想就是要体现出一种理念。这种理念并非源于宇宙，而是要以国家的伟大作为它设计和建造的灵感来源。它的设计师皮埃尔·朗方[⑤]当年致力于建设出一个充满美感的、壮丽的城市。他

① Cowan, *City of the West*, p. 215.

② Persepolis，曾经是波斯帝国的首都，兴盛于约公元前550—前330年，遗址位于伊朗境内。——译者注

③ Round City of Bagdad，约在公元762—767年建成，是今巴格达市的发源之地。——译者注

④ Palitana，是印度古吉拉特邦(Gujarat)巴夫那加县(Bhavnagar)的一个城镇，是耆那教的圣地。——译者注

⑤ Pierre Charles L'Enfant(1754—1825)，美国建筑师、城市规划师。——译者注

在1791年拿出的方案里面就强调了纪念意义和象征意义,其中包括五组大型喷泉和三座主要的纪念碑。三座纪念碑里,第一座是乔治·华盛顿的骑像,立在从国会山所在横线和白宫所在纵线的路口正中央;第二座是海军征程纪念柱,位于一片空地之上,俯瞰着波多马克河;第三座是一个极具历史意义纪念碑,全国的里程将由此处开始计算[①]。如此张扬的设计理念给人们的感觉是想要极力展现一个独裁帝王的辉煌。史学家们经常抨击说,这是对建立在民主制度上的国家的一种讽刺;但很显然这种讽刺没有得到这个年轻国家的领导人们的认同,因为这些人体验到的是这个共和国的伟大之处。即便是杰斐逊总统也没有表示反对。他的平均地权理念和民主思想似乎与他对于首都的雄心壮志并不冲突。华盛顿哥伦比亚特区的城市规模很大程度上要归功于杰斐逊。"是他指定本杰明·亨利·拉特罗布(Benjamin Latrobe)这位建国初期的伟大设计师主持修建了那些公共建筑;是他雇用了吉塞佩·弗朗佐尼(Giuseppi Franzoni)这位意大利雕塑家负责装饰国会山;也是他说服国会拨款提高华盛顿的建设水平,其中三分之一的钱花在了模仿巴黎的一条大道来铺设宾夕法尼亚大街的工程上。"[②] 198

华盛顿可以说是个特例。美国的绝大多数城市的形态都是网格状,方便交通线两侧的经济发展。在城镇景观中,也间断地分布着具有宗教和民族色彩的建筑元素。一直到19世纪的最后二十

① John W. Reps, *Monumental Washington* (Princeton, N. J.: Princeton University Press, 1967), pp. 18-20.

② Christopher Tunnard and H. H. Reed, *American Skyline* (New York: New American Library, 1956), p. 28.

几年，教堂的尖顶一直都是天际线上引人瞩目的要素，即使不是统治性的，也是比较突出的，甚至在最大型的城市里也是如此。三一教堂(Trinity Church)坐落在曼哈顿南部，它的房顶一直到19世纪90年代才被华尔街口耸立起来的摩天大楼悄然超越。属于上帝的房子在纽约数量极多，以至于整个布鲁克林区被称为“教堂区”。在19世纪30年代辛辛那提有24座教堂，费城有96座，纽约有百余座，都是按每一千人配一座教堂的标准来兴建的。就纽约的教堂，詹姆斯·费尼莫·库珀[①]曾经写道：“我曾看到十几个教堂同时在施工中，凡是比较主要的街道上基本上都会有教堂。[②]”一直到20世纪40年代，教堂的尖顶都控制着查尔斯顿的天际线；甚至到了20世纪的下半叶，对于全美国的小型社区来说，教堂一般都是当地最凸显的建筑元素。

除了教堂之外，美国城市还拥有一个标志性建筑，它体现了这个国家与经济增长无关的另一种抱负，它们就是“政府的殿堂”。政府建筑沿用公共殿堂的形制，一般体量很大，采用美国改良后的罗马式风格。当然，华盛顿哥伦比亚特区拥有最为美轮美奂的公共殿堂，但在各州的首府也能找到雄伟壮丽的典范，甚至在一些县里还有具体而微的佳作。两位建筑史学家曾经这样评价：

> “美国人想要表达对建筑美学的诉求，很大程度上是通过这些公共殿堂来实现的。来到我们城市里的游客必会前往议

---

① James Fenimore Cooper(1789—1851)，美国小说家。——译者注

② 引自 Christopher Tunnard, *The City of Man* (New York: Scribner's, 1953), p. 13.

会大楼、邮局、法院去找寻那些在别处难得一见的壁画、雕塑和装饰物。如果不是因为政府对艺术的资助(尽管这些资助零星而又不常有),我们的社区必然远远无法满足我们对民族和国家的自豪感,而这种自豪感是共和者所需要的,也是我们一直需要的,丝毫不亚于国王和教皇对国家的热爱程度。"[1]

199

城镇的象征性标志可以是功能性的,比如一座桥,也可以是非功能性的大型建筑物,比如圣路易斯的大拱门,或者就是一块地方,比如说波士顿公园[2]。桥梁既是一个实用性的建筑,也象征着从此处到彼处、从一个世界到另一个世界的联系或者通途。在拉丁文中,Pons 是一个与桥梁和牧师相关的词根。在美国的诸多桥梁中,最有名的或许是布鲁克林大桥[3]。从一开始,它对民众的吸引力就不止于仅仅提供交通便利这样的功能。它的体量给它增添了不少传奇色彩。它全长 1825 米,被一条条优雅的钢缆吊起,仿佛在公然挑战地心引力。直到 19 世纪 90 年代一座座摩天大楼在曼哈顿出现之前,它的哥特式桥头堡一直是天际线上的标志。从建成开始,它的通行量就非常大,这也在某种程度上反映出了民众的观念。在它正式通车的 1883 年,他所连接的两座城市每一座人口都在一百万左右。它的设计师约翰·罗布林也充满了传奇色彩。它既是一位工程师也是一位黑格尔派的哲学家。他认为自己的作品是美国西进运动的思想和联络东西方世界理念的具象化。

① Tunnard and Reed, *American Skyline*, p. 29.

② Boston Common,位于美国波士顿市中心,始建于 1634 年,是美国最古老的城市公园之一。——译者注

③ Brooklyn Bridge,位于美国纽约,建成于 1883 年。——译者注

联合太平洋铁路公司(Union Pacific Railroad)被誉为从哥伦布向西到印度新大路的最后一环链条,而布鲁克林大桥也得到了类似的赞誉。大桥通车仪式就像全民节日一样,由美国总统出席,要反映出领袖与民众团结在一起自豪地庆祝这个伟大成就。对于很多美国人来说,大桥在1883年的通车也象征着国家从内战的伤痛中平复,重新步入由大自然实施和平治理的正轨。对于这个建筑的情感宣泄并没有随着通车仪式的结束而终止。在这座大桥上通行和受它气氛感染的人的心目中,在记者和建筑史学家们的文字中,在画家和诗人这些幻想家的作品中,人们仍旧不停地把它从物质抽象成符号。在1964年,布鲁克林大桥被美国认定为国家纪念物[①]。

一座桥其实不一定要能转化为符号,但是一座纪念碑,就是为了塑造出一个符号而建,为内在的美树立一个外在的表象——比如说圣路易斯的大拱门,是为了纪念这座城市作为美国西部发展的门户的历史地位。在1933年,为了庆祝路易斯安那购地[②]将美国的版图从密西西比河西扩至太平洋,已经计划将原有的圣路易斯从小村庄改建为公园。杜鲁门总统在1950年选定了地址,但是作为这个纪念仪式的核心标志的大拱门,直到1965年才落成。这个熠熠生辉的拱门由不锈钢制成,外观呈优雅的抛物线状,高度达

200

① Alan Trachtenberg, *Brooklyn Bridge: Fact and Symbol* (New York: Oxford University Press, 1965), pp. 8-9.

② Louisiana Purchase,是美国于1803年以大约每英亩三美分向法国购买超过529 911 680英亩(2 144 476平方千米)土地的交易案,该交易的总价为1500万美元或相当于8000万法郎,所涉土地面积是今日美国国土的22.3%,与当时美国原有国土面积大致相当。——译者注

到192米,比华盛顿纪念碑还要高出22米多,因而经常被导游和当地居民所津津乐道。拱门的寓意来源于一个古老的传统:就像穹顶象征天空一样,其底端自然地把目光引领到顶端的弧线上;同时它也象征着一座城市、一座宫殿的入口,将来宾们盛情迎接进人间乐园。从历史上讲,前往新疆土的起点就是圣路易斯。这座城市最初的贸易主要内容就是向西去的旅客提供枪支、马鞍、货车、工具、建材、药品和食物等补给,以及外销掉山里人送来的动物皮毛。如今官方会建议游客们沿着圣达菲和俄勒冈铁路线继续向西行进,去体验一下前辈们当年所处的环境或者说吃过的苦。美国国家公园管理局(National Park Service)为了规范这个形象的使用,提醒民众"作为国家纪念物之一,它从寓意到美感都毫不亚于其他成员,而且已经成为圣路易斯的象征,所以它在被用于广告、宣传品和卡通片等等的时候应该受到一定限制"。就这个拱门的用途,可能有的人会问:"建造它的最初目的是不是毫无意义、华而不实?……它的体量与其他建筑相比是不是妥当?按说它的体量不应该次于其他建筑,因为它不仅仅是那些纪念意义的最重要的实体表象,也是圣路易斯市最重要的实体表象。[①]"其实很明确,这个圣路易斯市的卓越代表符号并不像伊斯大桥[②]和老法院[③]一样,它建造的时候就没有被赋予任何实际功能性,这被当地人所认可,

---

① From a mimeographed sheet of the United States Department of the Interior, National Park Service, Jefferson National Expansion Memorial, May 25, 1970.

② Eads Bridge,建成于1874年,是横跨密西西比河的一座公路铁路桥,连结圣路易斯市和东面的东圣路易斯市。——译者注

③ Old Courthouse,建成于1864年,是联邦法院和密苏里州法院在圣路易斯市的办公机构。它在1864年至1894年间是圣路易斯市最高的建筑。——译者注

后来也被全美国所认可。

大拱门的设计理念就是要捕捉到被人们广泛认同的历史感。它的成功不仅依赖于这个形象本身的亲切度，而且在很大程度上归因于能够抓住公众从这个新颖的、精致的造型中所想象到的内容。华盛顿哥伦比亚特区也有一片绿色区域承载着一些最伟大的国家纪念物，这些纪念物被刻意地塑造成了圣堂。这类东西都是在某种程度上依赖于某些伟大成就才可以产生意义，而波士顿公园本身并不附会在任何固有的实质性成就上，而是代表和象征了广大人民群众所拥有的纯粹的历史感。沃特尔·费雷(Walter 201 Firey)就曾经清晰地论述过，波士顿公园的象征意义对波士顿市的其余部分的生态结构产生了巨大的影响。这个公园占地约20公顷，嵌在商务区的核心位置，把商务区弄得相当局促。

> "与大多数城市里宽敞明亮的商铺不同，波士顿的商铺经常是挤成一团，想要伸展的话，只能是很不体面地向后面或两侧的建筑里蠕动。波士顿下城里的交通状况也真是达到了饱和态……美国公路建设协会(American Road Builders' Association)曾经估算，波士顿每天因交通拥堵而造成的损失大约有8.1万美元。"①

有很多人提议修一条贯穿波士顿公园的主干道来缓解拥堵，但是，与那些有影响力的波士顿人和全体美国人附会在这片土地上的情感价值相比，经济上的合理性就只能甘拜下风了。这个公

① Walter Firey, *Land Use in Central Boston* (Cambridge, Mass: Harvard University Press, 1947), p. 151.

园已经变成了一片“圣地”。它的完整性有好几项法律提供保障。波士顿城市宪章里面禁止改变公园的用途，哪怕只是一部分。马萨诸塞州法律进一步规定波士顿不能在公园内开展建设，必要的建设要遵从严格的规定。

形象树立的推进器——城市别名

民众的自豪感和经济竞争力经常结合在一起，赋予城市一个标签（别名或者绰号），来反映出这个城市最独特的地方。这个别名有可能在视觉效果之外给一个补充，比如佛罗伦萨不仅被称为“Duomo”①、“Pizza della Signoria”②，也可以叫作“*la Fiorente*”；纽约因其天际线而驰名，但也有十几个诸如“帝国城”这样常见的绰号。

美国的城市别名尤其多。别名泛滥的原因在于很多相对年轻的定居点彼此竞争，都想要向对手宣示出自己的个性和特点。有很多商会、民众领袖、商人、记者和艺人们都致力于塑造一些富有感染力的形象来给自己的家乡增光添彩。仅仅是语言上的称颂，偶尔还是会让从竞争对手那里前来拜访的艺人和游客们大失所望，从而引来一片指摘之声。其结果就是相互矛盾的形象混杂在一起，即便有时候它们出自同一个正面的来源，也会引发让人难以预料的冲突和讽刺。比如说沃思堡③，也被称为“牛城”“黑豹城”

① Duomo，百花大教堂。——译者注

② Pizza della Signoria，领主广场。——译者注

③ Fort Worth，美国得克萨斯州第六大城市。——译者注

202

以及“民主火药库”[①]。纽约可以说是矛盾标签的大荟萃，包括“大苹果”“美国办事大厅”“假日城市”“巴比伦疯人院”“世界之都”等。当城市的性质发生变化时，别名也随之改变。芝加哥曾经被誉为“花园城市”，别名展现出了一片苍翠的美，但这仅仅是在那场大火之前还能勉强算作贴切。后来人口的增长和经济的繁荣把芝加哥变成了“巨擘之城”和“犯罪之都”。

随着时间的推移，城市林林总总的别名越来越多，这成为了大都市区复杂性最好的注脚。在任何大型的中心城市，都会有很多种价值取向同时存在，每一种都希望为自己的诉求贴上一个标签。从世俗中得来的诨号可能不如诗人们精炼的比喻那样贴切，却比路人们的闲言碎语来得更加真实。约瑟夫·凯恩[②]和杰拉德·亚历山大(Gerard Alexander)曾经给美国的城市以及它们的别名做了一个汇总。尽管这份汇总算不上系统、也称不上齐全，但它提供了足够多的信息，展示出了在人们拥戴下的城市的标签的地理学现象[③]。

所有的大城市都有很多别名，相似的城市所获得的别名也大

---

① 牛城、黑豹城、民主军火库，沃思堡当年以养牛业闻名。1875年，《达拉斯先驱报》(*Dallas Herald*)发表了一位曾经居住在沃思堡的律师的评论文章。评论称，由于经济不景气和1873年冬季的自然灾害，沃思堡的养牛业步履艰难，再加上城外铁路工程的延误，使得整个城市毫无生气，以至于作者看到一只黑豹在法院旁边的路上酣睡。尽管黑豹之事为杜撰，但名声流传开来。后由于养牛业的复兴、经济的繁荣，很多不法之徒的出现让这里动荡不安，《沃思堡民主党人报》(*Fort Worth Democrat*)曾多次刊文抨击。——译者注

② Joseph Kane(1894—1975)，美国电影导演、制片人。——译者注

③ 这些城市别名摘自 J. N. Kane and G. L. Alexander, *Nicknames of Cities and State of the United States* (New York: Scarecrow Press, 1965)。

多千篇一律,但是区域间的差别还是可见一斑。就四个拥有别名最多的城市来说,纽约的各类名字主要是颂扬其在全球的地位,华盛顿的主旨则是至高无上的政权,芝加哥则是要展现出阳刚之气,旧金山要体现出优雅之风。芝加哥和旧金山的意象之间的共同点和差异性都十分显著。它们都会表达出在地理位置上的"西部"概念,芝加哥叫作"西部大都市",旧金山称为"西部女王城"。它们也都会体现出城市在基本地理环境上的差别。芝加哥可以是"湖滨城""草原上的宝石";旧金山可以是"海湾城""百山之城"。旧金山还要宣扬自己的国际化理念和美感,叫作"女王城""美国的巴黎"和"世界之城";而旧金山则要强调自己的富足和对于这个国家的中心地位,叫作"猪城""玉米城""美国商贸枢纽"和"国家铁路中心"。尽管芝加哥"花园城市"和"草原上的宝石"的名头很响,反映出它一开始追求风雅的,但后来它的形象转变为一个人们努力工作、诸事皆可成功的很有冲劲的城市。芝加哥并未刻意强调它的优雅,实际上"巨擘之城"并不可能期待自己也同时成为"女王城"。

地理环境如果很有独特性、容易被人发现,那么就会在城市的标签上有所体现。像新墨西哥州的卡尔斯巴德这样一个小地方, 203 溶洞是它唯一可以引以为傲的元素,于是它就成为了"洞窟之城"。就那些大地方来说,地形上的特点其实并不那么重要。一些城市知道自己拥有"小丘""湖泊""悬崖"或者"高山"。旧金山自然而然地成为了"海湾城",休斯顿也顺理成章地成为"河口城"。但如果自然条件不惹人喜欢,那么就被忽略掉了。在凯恩和亚历山大搜集的美国城市别名列表里,"沙漠"一词仅仅出现过六次。加州的棕榈泉和印地欧是例外,因为它们以自己的沙漠为荣。印地欧自称为“沙漠天堂”或者“南加州沙漠游乐园”。棕榈泉自称为“美国第一沙漠胜地”或者“沙漠绿洲”。如果我们相信城市自我表达的意象，那么内华达州和亚利桑那州并没有值得一提的水源问题。(在凯恩和亚历山大的列表中的)每个州只有一个城市的别名中会出现“沙漠”字眼，其余的不外乎是溢美之词。拉斯维加斯被称为“沙漠百老汇”，但是任何稀缺性因素都没有得到体现，毕竟它还是“每时每刻无所不有之城”和“四季皆宜之城”。

城市的别名能反映出、甚至是夸张地反映出美国的基本价值观和精神。在这个崇尚工业制造能力的国家里，有很多地方追求对其产业和产品的宣扬也就不足为奇了。我们知道有汽车城、啤酒城、收银机城、椒盐卷饼城、保险城、鞋城等。此外，还存在着以植物和田园为风格的别名(尽管其数量远远少于上面一类)，例如在名字里加入山茶花、草坪、橡树、树荫、棕榈、梧桐等。西进运动是美国历史上的重要一页。在凯恩和亚历山大的列表中，至少有183个城市被冠以“门户”或者“关卡”这样的称谓。还有一些并不直接使用“门户”这样的字眼，但也强调了其作为必经之地的地位。比如说加州的莫德斯托，号称“两小时到山或到海”。有一些小城镇用“门户”这个词仅仅是为了表明它靠近一个景点，比如说明尼苏达州的大波蒂奇，就被称作“通往皇家岛国家公园的门户”。“西进门户”一共有九个，“南下门户”一共有四个，但是没有向东和向北的。当然了，如果一个人向西走得足够远，他也就走到最东端了。所以旧金山也就成了“远东之门户”。比“金门”更远的地方还有自称为“天堂”的夏威夷。但是帝国的方向不再指向西方。像泰特斯维尔这样的地方只能寄希望于未来，把自己称为“星际之门”。

我们一般都会把城市当作百川归海之所。但是对于那些开着汽车穿行在整个大陆上的人来说,城市不一定就是归宿,而可能仅仅是加油、打尖、过夜的地方。即便是当地人,也会自豪地宣称自己的家乡是“门户”,仿佛它就应该是旅途中的一站而已。不过,在一定程度上,市民们也想要宣称自己的家乡是世界的中心,这时候可就来不得半点谦虚了。所以,既然有 183 个“门户”,那么就至少有 240 个各式各样的别名包含“都城”,如果再加上“枢纽”“家园”“中央”“心脏”“摇篮”“中枢”和“发祥地”这些词汇,总量还要翻上几倍。有很多城市不仅标榜它们的“中心”地位——这个名号既能体现它们的成就,也能体现它们的地理优越性;也强调它们作为“门户”的区位,这代表了未来。比如圣路易斯就既是“美国内陆交通枢纽”,同时也是“西进门户”。 204

想象力空间

振兴主义的主要意图是画出空中楼阁的美好图景,而不太考虑实际情况。但如果想达到目的,这幅图景还是要有些现实基础。其中一个重要的特质就是狂热地为完整的人性而摇旗呐喊。但说起具体情况,就我们所见到的,无论是在城市之内还是在城市之间,不但千差万别,而且不同群体出于各自的目的,都会设法把公众的注意力吸引到某个特定的地方。一句口号或者一个标题,都能构建出意象。不过,就算它极力地形象化,也很难让人们获得一个清晰、明确的视觉印象,“花园之城”“桥梁之城”“风之城”“沙漠百老汇”等名称的设计都难逃这个规律。很多时候别名的设计更趋抽象化,比如说“西部女王城”。虽然手段不同,但这些做法的目的都是为了用一个特定的场景或者图像来代表这个地方的特质。

我们可以再次拿出曼哈顿天际线出色地塑造了纽约的形象这件事当作例子。安塞尔姆·施特劳斯(Anselm Strauss)曾经写道,如果一部电影想要体现其设定场景是在纽约,只需让摩天大楼的身影在荧幕前闪现一秒钟即可[①]。很多欧洲城市也拥有代表性极强的象征符号。一看到皮卡迪利广场或者泰晤士河畔的议会大厦就知道是伦敦,一看到塞纳河边的小报亭就知道是巴黎,一看到冬天的红场就知道是莫斯科。美国的城市其实缺乏这种视觉上的辨识度。纽约、旧金山、新奥尔良这几个极端的特例实际上提醒了我们,美国绝大多数大都市在视觉上都是灰暗的。即便是小城市,也会售卖明信片,标榜着自己的中心街道、公园和纪念碑的价值。明信片上所展示出的,都是被人们认为会给城市增光添彩的元素。个别时候是典型的街景,但多数时候强调的是惊鸿一瞥,也就是蓦然回首时的灯火阑珊,是那些给人以想象力空间的东西。

205 明信片在一定程度上为我们诠释了想象力空间。它们或许体现出了当地商贾们的价值观。在1960年之前,也就是凯文·林奇(Kevin Lynch)的《城市意象》还没有出版的时候,人们对城市居民的意象地图(mental map)还知之甚少。林奇向我们展现出了三个城市中心区的公众意象,分别是波士顿、泽西城和洛杉矶[②]。为了研究需要,所挑选的“公众”都是具备一定职业技能或者管理技

① Anselm L. Strauss, *Images of the American City* (New York: Free Press, 1961), p. 9.

② Kevin Lynch, *The Image of the City* (Cambridge: M. I. T. Press, 1964).

能的人士。在波士顿和泽西城,所抽取的、进行访谈的样本都定居在中心城区;而在洛杉矶,居住在中心区的中产阶层人数实在是太少,所以样本必须是在下城里工作、但是在其他地方居住的人士。对这几个城市略知一二的人,在谈到它们的时候,会认为波士顿的视觉特点相对比较鲜明,洛杉矶的特点就不那么突出,而泽西城没什么特色。这种印象也得到了当地居民的印证。这些人的认识就会比较具体,即便是泽西城,也会比在普通游客的心目中要更加丰富多彩,而且也必然是宜居的。

对于接受了林奇访谈的大多数人来说,波士顿是一个有历史积淀的城市,也是一个脏兮兮的城市,有很多特点鲜明的地段、红砖垒起的建筑和蜿蜒难认的道路。人们最喜欢的角度是在远处眺望城市全景,这让他们一览水域和空间带来的美感。借助于查尔斯河所划定的清晰的边界,还有旁边后湾区里面相互平行、向东一直通往公园和商业区的道路,市民们可以鲜明地感知到波士顿开敞的空间结构。远离河岸边的地方,城市就越发变得模糊。相比于其他地方形状各异的街区,后湾区的街道网格很齐整,这算是又一个视觉特点,也是美国城市里常见的情况。让人们尤其感觉到生机盎然的地方,包括波士顿公园、比肯山、查尔斯河以及联邦大道。这些地方构成了很多人脑中对波士顿中心区形成的意象。

泽西城位于纽瓦克和纽约城之间,市域里铁路线和高架快速路纵横交错。这种竞争已经弱化了这座城市的核心职能。穿行的功能好像远大于居住的功能。“在所有美国城市的衰败区域里混乱的空间和结构层次上，又添加了街道系统的无序和不协调”[1]。居民们能够想起一些地标，但他们对泽西城形成的意象地图是破碎的，有大片的空白。如果要他们指出最有代表意义的符号，他们的回答会是河对岸纽约市的天际线，而不是自己城市里的东西。在人们的心目中，泽西城仅仅是其他地方的边缘。一位居民说他给泽西城选定了两个地标，一个是纽约的天际线，另一个在泽西城的另一侧，也就是纽瓦克的普拉斯基大桥。市民们对自己城市的建筑环境漠不关心。如果不赶时间，那么就随便走哪条路，因为所有的路看上去都差不多。

206

作为大都市区的心脏，洛杉矶的中心区里面充满了想象力和行动力。它拥有很多雄伟壮丽的建筑，街道格局也比较规则。在洛杉矶市寻找到自己的位置并不难，因为一侧是高山和小丘，另一侧的汪洋大海；此外可以成为参照物的有圣费尔南多谷和贝弗里山，有高速公路和宽阔的大街，还有在一环一环向外扩张过程中形成的、能够一眼就看出来的建筑风格和建筑格局的变化。洛杉矶市中心区的植被状况也有其独特性。不过洛杉矶的意象不如波士顿鲜明。这一方面是因为在洛杉矶，“下城”一词所指代的地方很大程度上是出于习惯或者敬意，其实有很多核心区在商业的密度和各类事业的总量上都能与之匹敌；另一方面是因为中心区的职能在空间上发生了扩散和转移，所以影响力有所稀释。但洛杉矶的中心区依然让泽西城难以望其项背。洛杉矶所形成的意象地图更为精准、更为细化。它们复合而成的景象，反映出两条商业街，

[1] Lynch, *The Image of the City*, p. 25.

即百老汇街和第七街,所形成的锯齿状地段,潘兴广场坐落在这个"臂弯"里。另外一些重要的元素,包括百老汇大街尽头的市民活动中心,以及奥弗拉广场街上的一些名胜古迹。受访者会想到一些地标建筑物,但其中只有两座被提及细节:一座是乌金色的里奇菲尔德大厦,另一座是尖顶形似金字塔的市政大楼。让人感到意外的是,市民们对古迹的认同度,尤其是对奥弗拉广场街上的古迹,是非常高的。根据一些访谈的结果,这种认同度甚至高于守旧的波士顿人对他们城市里古迹的感情。林奇在洛杉矶访谈过的中产阶层人士每天都在市内通勤。这些人对自己居住的地段都能形成鲜活的印象,他们开车出家门之后,对途经的街道、豪华民居和花园都会格外留意;但是随着他们逐渐接近下城地区,他们对物质环境的关注度在下降,于是这些人脑子里的意象地图就是灰色背景上一个个高光的视觉岛。这项研究的一个有益结论就是开车通勤未必能促进城市意象的形成[①]。无论是日常通勤的人还是偶尔路过的人,他们对可视目标的反应是大致相同的。

意象、经验和社会阶层

查尔斯河在波士顿比较富裕的人眼中是一个重要的视觉元素,但是对于那些居住在西区的低收入人群来说,虽然他们经过查尔斯河岸边的机会要多得多,但很少有人会提及这条河。所以我 207

① Stephen Carr and Dale Schissler, The City as a Trip, *Environment and Behavior*, 1, No. 1 (1969), p. 24.

们应该再次言明，林奇的著作中的城市意象属于特定的社会阶层，样本也取自于活跃的成年人群体。这部分人对城市生活所施加的影响力要远远超过他们所占人口数量的比例。相比于那些赤贫的人、豪富的人、收入尚可但是受教育程度较低的人，他们在城市里的活动范围也可能会更大。作为活跃的成年人群体，他们的活动空间自然也远大于那些黄发垂髫。如果想在大城市里搜集到比较丰富的城市意象和态度，我们需要去参考一些不大符合正经八百的社会科学著作标准的文献。斯塔德斯·特克尔（Studs Terkel）的《分化的街道》（*Division Street：America*）就是这样一本书[①]。他在芝加哥的不同地方以闲聊的方式采访了形形色色的人，包括出租车司机、警察、酒吧服务员、教师、女房东、修女、佣人、清洁工、公司副总裁、女资本家等等，这些人通常都不大会通过写作来表达自己的观点。像大学老师这样平时笔耕不辍的人都没有被列入访谈对象中，因为这些人的观点相对来说已经广为人知而且易于获得。接受特克尔采访的人似乎很愿意在他和他的录音机前面直言不讳地表达自己。其结果就是采访者获得了大量关于这座中西部大都市的素材，包括人们的感受、态度、愿望等。从这些零零散散的记录中，我们可以提炼出很多关于城市的意象，无视那些草率的分类方法。

在所有的大都市区里面，不同收入和社会阶层的人都会分居在不同地段。富人们很少有机会前往穷人聚居的地区，除非是开

① Studs Terkel, *Division Street: America* (New York Avon Book-Random House, 1968).

着豪车吹着空调偶尔到贫民区里转转。这些人脑中可能会存有清晰的城市意象地图,但很大程度上是抽象性的。人们对自己居住的地段认识最清楚,富人们住在环境优雅与世隔绝的地方,正如穷人们也住在贫民窟和少数族群聚居区里。穷人们对大都市区也没有多少体验——除了自己居住的地段以外。这些地段都是城中村,承受着各种城市病却享受不到城市带来的便利。不过穷人也有认识外部世界的“后门”。得病的时候,他们可能要跑很远才能得到廉价的医疗服务;触犯法律的时候,他们也要到离家很远的管教所或者监狱去服刑。于是穷人们每次看到陌生的场所就会心存 208 顾虑,即使设立这个场所(比如说医院)的初衷是善意的。这种情况警示我们,非自主性地接触外部世界可能会提高人们对自己所居住的地段的感知程度。拿日常工作来说,贫困的女性们由于到有钱人家去做女仆,就对富足的世界有了一个认识角度,而她们的角度与雇主的角度是截然不同的。在女仆眼里的整洁、规范,在雇主眼里实在不足为奇。宾客们都可以从前门进入宅邸,而社会边缘人物,比如说仆人们、送货员们和儿童们,就只能走后门。在中产阶层和上层人士的商务世界里,门卫和保洁员所认知和工作的环境,显然和那些精英人士及其随行的衣冠楚楚的助手们所处的环境有所差别。穿工作服的杂工们最清楚通往办公楼后面的小门开在什么地方;他们的眼睛、鼻子所感知到的都是大楼“脏腑”里的环境,比如地下室和热力间;他们最熟悉的是那些粗笨的转运系统，即那些用来运输清洗设备、舞台道具甚至是他们自己的工具[1]。

美国白人中的中产阶层和上层人士居住在绿树环绕的城郊，工作在下城里面由钢铁和玻璃构成的大厦。他们每天的通勤路径都会穿过比较高档的居住区和商务区。就个体来说，他们所感知到的城市组成部分，无论是路径还是节点，在本质上都具有同质性。商务旅行会让他们前往别的城市，但他们所到之处在物质环境和社会性质上也都基本一致。去欧洲度假或许会让他们见识一下不同的城市环境，但如果他们依然处于同样的社会经济层面，他们所感知到的差别也就浮于表面。真正的改变总是刺眼的，甚至会让人吃苦头；而舒适的度假旅程最好还是按照自己熟悉的方式，少掺杂冒险的元素。在富人身上适用的法则，恐怕在不那么富有的中产阶层和下层人士身上也能应验，这些人对城市的感知也限定在社会性质较为相近的区域里，哪怕物质环境差别很大。造访比自己身份层次更低的地段的机会不是很多，除非是去买一些特殊的商品或者去品尝一下异族风味。我们在这里想要表达的重点是，大多数城市居民所获得的城市体验幅度都是比较狭窄的。当一个家庭新迁入一座城市的时候，一般都会有一小段时间去探寻城市整体的氛围，寻找购物的场所，寻找从家到工作单位最佳的通勤路线。但是不久之后，一条相对固化的路径就确定下来了，每周和每周之间不会有太大变化。

209 或许那些有专业技能的中产阶层人士，例如医生、律师和记

① Erving Goffman, *The Presentation of Self in Everyday Life* (Garden City, N. Y.: Doubleday, 1959), pp. 123-124.

者,相比于更富有和更贫困的人,有更多机会去接触更宽广的环境和文化。威廉·斯特林费洛[1]就曾经为行动自由所带来的这类好处而惊讶。据他记述,在年纪轻轻就从哈佛大学法学院毕业之后,他住在纽约哈莱姆区,职业是律师,也参与社区政治事务,同时也作为地方教堂的一名平信徒。虽然住在贫民区,但是作为一个受过高等教育的白人,他对于环境并没有紧密的依赖性。如果在教区,他可能就已经全盘接纳了当地的习气;但是在哈莱姆区,他可以按照自己的意愿,突破那些别人要遵循的条条框框。在他的一天里,可能上午是陪一位瘾君子在法庭度过,然后跟一位哥伦比亚大学的法学教授共进午餐,下午回到100街面见客户,而后与哈莱姆区的几个社区领袖在125街的酒吧里小酌,再跟一些神职人员和教友们在市中心的餐厅吃晚饭,而后与一帮修习神学的学生们闲扯,或者整晚都和哈莱姆区的几个朋友们聊天。或者他也可能会"回到下处读书写作,更普遍的情况是,花点时间收拾一下屋子,出去采采风,在大街上跟人们攀谈"[2]。

克莱尔·德雷克(St. Clair Drake)和霍拉斯·凯顿(Horace Cayton)曾经对芝加哥的黑人贫民区做过研究,研究表明"高层黑"(upper shadies)们的生活涉及面也十分广阔。"高层黑"指的是一部分有钱的黑人,他们作为当地人的头目,靠从事非法勾当(例如控制彩票业和赌博业)而获取了财富和社会地位。他们在黑人区里也从事合法生意,一方面是作为掩护,另一方面也是为了得

---

① William Stringfellow(1928—1985),美国神学家。——译者注

② William Stringfellow, *My People in the Enemy* (Garden City, N. Y.: Doubleday, 1966).

到达官贵人们的支持。身为黑人不可避免地会受到白人群体的排挤,所以"高层黑"们能得到贫苦黑人们出于感性的拥戴,而成为"种族达人",也就是黑人的绝对支持者。作为"黑",他们熟悉底层社会;作为"高层",他们的生活又具有典型的富人特质,比如参加诸如正式晚宴、赛跑、骑马这种社会交际活动。"高层黑"们喜欢旅游,经常往返于芝加哥和纽约。他们也去拜访家住美国西海岸的朋友,也在密歇根州和伊利诺伊州北部的湖区里拥有可以避暑的别墅,也会去欧洲度假,所以他们生活和工作的环境很宽广,会打破很多社会壁垒。只有在二战之前的一段时间,种族主义壁垒曾经限制过他们的活动能力①。

城市社区

含义

210 "邻里"或者"社区"的概念被城市规划专家们和社会工作者们普遍认可。这些概念让我们可以把城市这个复杂的人类生态系统划分为可以处理的区块;它们同时也是一种社会思想,其前提是健康的社会依赖于一贯性的睦邻友好以及较高的公众参与性。不过,苏珊娜·凯勒指出,社区的概念并不这么简单②。城市规划师

① St. Clair Drake and Horace R. Cayton, *Black Metropolis*, Ⅱ (New York: Harper & Row, 1962), p. 547.

② Suzanne Keller, *The Urban Neighborhood* (New York: Random House, 1968).

对社区的理解跟普通市民是不一样的。无论物质环境被设计得多么好,这个社区都有可能不切合当地居民的实际情况,哪怕它在城市规划图上有一个十分光彩的名字。"社区"或者"城区"对于外来者而言,能让他们脑中形成一个简略的几何图形,但其实决定了社区性质的邻里活动可能会极为复杂,甚至在相距很近的小规模人群之间都会有极大的差异性。此外,人们所感知到的社区的外延,与这个社区的沟通联系范围,并不一定是重合的。"社区"就像是脑子里构想出来的事物而与邻里生活的本质没什么关系,它的认知和认同依赖于外部世界的知识。这种矛盾性也可以换一种方式表述:住在一个社区里面的居民不会感到这个地方有什么独特之处,除非他们去接触周边的区域;但如果他们过多地接触和了解外部地区,他们体验自己的世界、自己的社区的机会就会变少,从而这个地方也就不再能成为一个真正的社区了。

有自己特色的社区会有清晰的界限,把它与城市生活中的主流区分开。它们的独特性基于经济、社会和文化因素。在城市的网格中有几类社区一眼就能识别出来,比如说极富裕的社区、极贫困的社区、与外界交流甚少的城郊社区和贫民窟、由少数种族人群或者移民们组成的棚户区,等等。不过,居住在这种地方的人并没有在同样程度上认识到自己社区的独特性。特别富裕的人群非常重视自己领域的边界——"我们要保证纯净"。住在城郊的中间阶层相比前者有过之而无不及,他们也非常重视自己领域的完整性,因为相比于富人,他们的领土更容易被"不懂规矩"的外来人入侵。棚户区里的有色人种被迫建立起一种关于家园的警惕性,因为只要不在家的附近,他们就能感受到明显的敌意。而住在贫民窟里

211 面的白人(例如近年来从欧洲来的移民聚居在某些地段)就不会太在意自己是否占据了某个具有特定边界、带有特定性质的地区。我们来进一步观察一下这些地方。

波士顿的比肯山是一个远近闻名的上层人士聚居区。在很长的一段时间里,它都是一个"独立王国",无论从传统上,还是从文化、社会地位和经济实力上,都与周边地区泾渭分明。从自觉性上来说,从保留社区的文化和传统来说,比肯山或许与其他少数民族社区有几分相似,但是心理上的落差是巨大的,前者是刻意要维持隔绝状态以保证自己的高档次,而后者却不得不把维持隔绝状态作为应对威胁的最佳方式。城郊新兴的中间阶层社区想要效仿比肯山的一些排外性,但由于没有历史和传统筑起的藩篱,它们想要排拒不良因素,只能通过经济壁垒或者种族歧视。当然,比肯山也是从城郊社区发展而来。在独立战争之后,一些上流社会家庭来到比肯山地区,当时这里还是偏僻的农村。此外,比肯山并不是发展起来的,它一开始的定位就是有钱有势的人聚居的时尚社区。此后,虽然一个劳工阶层的社区(波士顿西区,the West End)在它旁边兴起,吸纳了接下来贫苦移民浪潮的冲击,但是比肯山依然保持着高高在上的状态。它能独善其身并不只是靠着经济壁垒,只要背景足够,穷亲戚和穷学生们也能在里面居住,但是日进斗金的商业建筑和富丽堂皇的公寓式酒店却不受欢迎。随着时间推移,比肯山已经早就从一大片房地产这样的简单概念中超脱出来,成为一个有醇厚积淀的世界的象征,代表着旧式家族的血缘、地位显赫的居民、承载历史的房屋、正宗的民俗习惯以及经久不衰的传统。正是由于它具有这样的符号意义,在20世纪中期,它还依然能够吸引来、挽留住特定的上层人士家庭。比肯山里面的很多房子都属于名门望族，延续着他们的美名。这些房子散发着历久弥新的光辉，能让现今的居住者的品位瞬间得到提升。

比肯山的居民们非常在意自己社区的纯粹性。这片地方有丰富的文学遗产，一些单独作品中的精华可能已经汇集成册。比肯山的居民们已经写出了大量的篇章和集册，称颂自己家园的魅力和圣洁。新型的社区或许也想用类似的方式来推销自己，但由于它们没有深厚的历史积淀来支撑，说起话来也就显得底气不足。比肯山的历史积淀并不只是供学者们探寻的对象，而更多的是融化在居民们头脑中的思想。此外，还有两类组织机构维系着社区的团结稳定，一类是正式的，另一类是非正式的。就正式的组织机构来说，比肯山联合会代表着全体居民的共同利益。它宣称自己的目标是“不让不良的经济和生活方式靠近社区一步”。这个联合会成立于 1922 年 12 月 5 日，它的出现表明，非正式的方法并不足以维系这个社区的特质。不过，正是那些非正式的组织机构奠定了这个社区的基石。它们主要是围绕着亲缘关系和人情往来而建立起来的。它们每年都会在比肯山上举行典礼，借以体现彼此间依然过从甚密。最隆重的典礼放在平安夜举行，包括唱平安颂歌和点燃烛光的仪式。这是一个古老的传统，虽然曾经在美国内战期间日渐式微，但到了 20 世纪又得到复兴。后来这个典礼受到全城人的瞩目，每到平安夜就会有很多人从外面涌入比肯山来一睹盛况或者亲身参与。在 1939 年，据称有约 7500 人齐唱平安颂歌，比肯山上的几乎所有的男女老少每个人都秉起了烛火。这样的活

212

动巩固了当地的自我认同度、丰富了社区的公共意象①。

本地人和外来人都倾向于认同地域的特质和界限，比肯山社区算是一个绝好的例子。定居者本身就已经充当了以外界眼光观察社区的外来人。在意象背后起到支撑作用的，是社区本身历史的延续性和文化的独立性，无论组织形式是正式的还是非正式的。如果用比肯山作为社区的标杆，那么没有几个社区能够在全方位上与之匹敌。一般来说内部和外部的意象做不到浑然一体——居住者自以为其居住地是一个社区，但在外人看来，这地方不过就是同质性的社会空间中的一个断片而已。在对费城西部做的一项研究中，研究者们发现，对社工和消息灵通人士来说耳熟能详的地区名，反而不太为居住者所知，后者中的大部分（七成）都把这些地方当作费城西部的一部分而已。名头叫不响可能只是社区难以形成的因素之一，因为在费城的种族混居区里，如果周边某个社区的名头更为响亮，那么居民们就很可能会开始用那个名字②。对于美国南方的城市来说，社区的概念看起来也是个虚无飘渺的空间理念。受访者里认为"此地有自己独特的地域特征和界限"的比例不足十分之一；但他们之中有29%在回答"如果有人在问你住在格林斯伯勒的什么地方时你会怎么说"这个问题时，能至少将就着说出一个社区名。也有差不多数量的人能说出一个街道名，但是一

213

① Firey, *Land Use In Central Boston*, pp. 45-48, pp. 87-88, p. 96.

② Mary W. Herman, *Comparative Studies of Identification Areas in Philadelphia* (City of Philadelphia Community Renewal Program, Technical Report No. 9, April 1964, mimeographed)，转引自 Keller, *Urban Neighborhood*, p. 98.

旦追问他们社区的名字,他们就说不上来了[1]。

在波士顿的西区,社区的风格丰富多彩,同时也展现出积极进取的理念。波士顿西区的居民都是工薪阶层,原先主要是爱尔兰人和犹太人,如今多为意大利裔,后者都是第一代或第二代移民。由于美国联邦的社区更新改造项目,西区经历过重建;在重建之前,无论是建筑风格还是人们的生活方式,它都与旁边高端社区的代表比肯山形成鲜明的对比。从经济、社会、文化等各个方面来看,西区和比肯山无疑都是概念明确的社区。但是比肯山的居民们对自己的文化和地理特质有着高度的认同感,相比而言西区在这方面就差得远。即便是受过相关训练的人对西区所提供的描述,乍一看都会让人觉得自相矛盾。弗莱德(Fried)和格雷彻(Gleicher)就曾经说"人们有一种感觉,即西区是一个地方性的区域、是一个空间认同度超出了(或许也包含着)其所囊括的社会关系的区域,这种感觉很普遍。"在回答"你是否认为自己的家是西区这个社区的一部分"这个问题时,有81%的受访者给出了肯定的答案[2]。反过来,赫伯特·甘斯又曾经写道:"西区是一个社区,这个概念对于西区的定居者而言是陌生的。尽管西区这个名字已经叫了很多年,但是居民们把它细分成了很多小区块,划分的依据有时候就是街道一边的租户有没有机会或动机去利用街道另一边的

---

① Robert L. Wilson, Liveability of the City: Attitudes and Urban Development, in F. Stuart Chapin, Jr. and Shirley F. Weiss (eds.), *Urban Growth Dynamics in a Regional Cluster of Cities* (New York: Wiley, 1962), p. 380.

② Marc Fried and Peggy Gleicher, Some Sources of Residential Satisfaction in an Urban Slum, *Journal of the American Institute of Planners*, 27, No. 4 (1961), p. 308.

地方。[1]"工薪阶层聚居区的居民们以前从来不会用到"社区"(neighborhood)这个词,直到他们面临着房屋被拆迁、区域要重建的时候,西区作为一个"社区"的概念才对他们产生了些许意义。无论作为一个物质性的还是社会性的单元,他们对它都不感兴趣。对它的评价也鲜有发自肺腑、感情充沛之辞。重建之事迫在眉睫,这才使得很多居民关心起西区作为空间和社会文化载体的存亡问题,但也没有几个人对重建表达反对意见。有些人颇有信心地认为直到西区整体上搬迁的那最后一天,他们所住的街道才会被拆平[2]。

空间体验和空间参与的程度

214 显然,西区居民对社区的态度是矛盾的;但如果我们能够理解空间体验和空间参与的程度,那么这种现象就不足为奇了。中间阶层人士对他们自有的房屋有一种亲密的体验;同时,他们对社区也有一种既抽象又强烈的认知,因为社区作为一片房地产,其品质直接影响到自己房子的市场价值。除了经济上的考量以外,房主们珍视社区、保卫社区的完整性还因为社区代表了他们所追求的一种生活方式。与这些中间阶层人士一样,艺人们和学者们也会对社区的特质非常敏感,会尽量加以保护让它不受到侵蚀。但是他们不大会买很多房子,仅仅是出于审美上或者情感上的因素来

① Herbert J. Gans, *The Urban Villagers* (New York: Free Press, 1962), p. 11.

② 同上,p. 104。

给社区附加上更多价值而已。赫伯特·甘斯曾经见到过,在拯救西区的运动中,付诸行动的意大利裔美国人仅限于少数几个艺人和学者[1]。尽管艺人和学者和与他们处于同一年龄段、同一族群里的其他人会采取很多相同的行动,但是才华上和行业上的不同还是把这两类人与普通大众从心理上区分开来。他们通过了解更广阔的世界,能够从整体上观察西区并找到它最有价值的特质。

西区的居民绝大多数都是工薪阶层。他们对社区的体验看起来是同心圆状的,因为他们对不同地带的体验从类型上和强度上都是不一样的。体验的中心是自己家和它所在的街道(或者是街道中的一段)。在这个极小的地段里,西区的工薪阶层们从事着非正式但极为频繁的社会化活动,随时能制造出在大的工薪阶层社区里所难以觅得的一股股暖意。除了家附近之外,他们可能会对其他一些低点也有很强的认同感,这些地点一般都离家不远,步行即可到达。这些地点包括他们最钟爱的休闲娱乐区域、酒吧、或许还有社区服务中心。这种依恋既不新奇也难以用言语表达,但是它确确实实存在,而且弥漫在这些彼此间有着千丝万缕联系的地段里、在这些彼此连结的道路中。相比而言,城市里中间阶层人士在对空间的利用方面有高度的选择性,他们所熟悉的地域范围也要大得多。另一个区别在于他们对家的感觉有着非常明确的界限。对于中间阶层人士来说,家的范围延伸到草坪或者花园为止,也就是他们缴房产税的范围,在那之外就不是个人的天地了。哪怕踏在街上一步,他们都会感觉是走进了大竞技场,毫无归属感可

① Herbert J. Gans, *The Urban Villagers* (New York: Free Press, 1962), p. 107.

言。对于工薪阶层的人而言，住所和紧邻的环境之间是互相渗透的。住所和环境之间的通道，比如说打开的窗户、关着的窗户、走廊、甚至于墙壁和地板，都是沟通内外的纽带。一位观察家曾经写道：

215 “在居民楼和街道之间，社会生活一成不变地在进行着：父母让孩子们到街上来玩；有些女人们倚着窗户向外望，算是参与到街上的事务当中；另一些女人们‘走上街’去和朋友们闲谈；男人们和小男孩们晚间在街角处碰头；天气暖和的日子里，晚间时分一家子人坐在台阶上和邻居们聊天。”①

在波士顿西区，对自己领域的界限，不同人有着不同的认识。绝大多数人认为属于自己的领域面积很小。住所和街道之间的界限或许会非常模糊，但没有几个人会贸然把公共领域划到自己私人的范围里来。街道作为一个普遍存在的元素，承载着社区的情感。政客们都明白，在他们竞选的过程中，演讲的时候会经常提及各条街道，以调动听众的情绪。这里要说明一点，人们理解中的社区规模与整个西区的庞大的亲缘网络和友情网络没有多大的关系。结论似乎是这样的：尽管对一个地方的情感很大程度上受到人际关系存续和满意程度的影响，但它并不完全依赖于社会关系网。

社区是一个让人能体会到家的感觉的地方；人们都很了解它，既可以通过直接的经验，也可以通过道听途说。西区的大多数受访者都声称自己熟悉西区的大部分地区，还有很多人觉得自己对

① Fried and Gleicher, Residential Satisfaction, p. 312.

西区周边的地区也有所了解。有四分之一的人说自己对波士顿地区内其他远一些的地方也很熟悉。换句话说,居民们很重视西区内的小世界,觉得它被外面有些陌生和危险的大世界包围着。我们不能指望着西区居民能在地图上准确地圈出西区的范围,当然他们所看重的小世界就更难以刻画了。他们亲身体验过自己世界和外面世界的差别。而且,他们料想外面的世界是不仅是富有、强大、冷酷和孤独的,而且还是危机重重的。这些想法强化了对这些内外世界差别的认知。在 20 世纪 50 年代中期,社区重建工作开始了,以前无端的猜想成为了现实。在那段时间里,西区居民们对自己社区的特质给予了前所未有的关注,但是(就像上文中所说的)除了一些学术工作者和艺人以外,他们对西区存亡的关心也就只能转化为一些支离破碎的抗议活动。

社区满意度

大体而言,人们对自己居住的地方还都是满意的。对于那些在一个地方居住了多年的人来说,熟悉会演变成认同甚至于依赖。216 刚搬来住的人大多会在各方面心有怨怼,但从另一方面讲,他们还是会把真实想法放在一边,而对新家附近的环境给出满意的评价,因为他们多是为了能有更好的收入才搬来的,这实际上是自欺欺人,要让他们承认这一点不是件容易的事。高收入的人群一般都会表示满意,这毫不稀奇,毕竟这个地段是他们自己挑选的,而且他们还有把社区建设得更好的手段。越是收入低的人,对社区的情感越单薄;若要问他们为什么喜欢自己的社区,他们的答案一般都比较笼统和抽象，而不喜欢这个社区的理由倒是具体而确凿的。因而“满意”听起来是个比较将就的词汇，基本上也就意味着没有什么特别的不满而已。

如果有人提到“联系”或“依存”这样的字眼，其实我们很难去解读。即便一个人与某个区域有“联系”，他也未必住在里面，甚至于可能都不会光顾它的服务设施和服务场所。凯勒曾经写道：

> “在费城的一个混居区里，无论是白人还是黑人，都能享受到社区的清洁、宁静和便利，能享受到长年状况良好的房产，甚至能享受到彼此这些安居乐业的人。不过，白人们购物、休闲娱乐都是在这个区域之外，也不会参加社区的组织，因而人虽然在社区里，心却不在。”[①]

“满意”也不意味着依存度很强。在对费城西区居民的研究中，受访者大都认为该区域住着“还不错”，但却有四分之三的人惦记着住在别的地方。在波士顿西区改造之前，居民里有75%的人声称喜欢这个区域甚至于非常喜欢，而且有71%的人在回答自己家在哪的时候会说是在西区。但是对于很多人来说，西区作为家的存在，不过是出门打拼之后能返回的一个安身之所。对于他们来说，他们更看重的是这个家相对于别的家交通更为便利，而不是更看重这里作为家本身所带来的意义[②]。尽管很多西区人说自己和这个社区相联系，包括它里面密布的房屋以及视觉上和听觉上所带来的亲切感，但是他们也觉得如果满足两个前提，自己更愿意

---

① Keller, *Urban Neighborhood*, p. 110.

② Fried and Gleicher, Residential Satisfaction, p. 307.

在城郊安个新家:一是在波士顿周边找一个比较早形成的区块,二是最好集体搬迁,以便让社会关系网和原有的社会环境得以存续。

城市居民们特别看重自己社区的品质,相比而言,他们对城市 217 的便利程度和家庭的质量就看得不那么重了。有学者研究了两座南方城市(达勒姆和北卡罗来纳州的格林斯伯勒)里的居民,发现他们中的绝大部分,无论住在市中心还是城郊,无论收入高低,都表示自己的城市是宜居的,而且他们对城市的态度与他们对社区的态度基本上是一致的。但是人们也时常会指摘社区的种种不是,所用的言辞要比用在评价城市整体环境上的尖锐得多。当话题围绕城市展开时,居民们谈论最多的是道路、出行的方面的问题。但如果让他们在"品质优良但交通不便的社区"和"品质较低但交通便利的社区"中二选一,选前者的人数是选后者的三倍——也就是说,去社区以外的地方容易不容易并不那么重要。无论是在达勒姆还是在格林斯伯勒,人们都更加看重社区的品质而不是住房本身的品质。如果让他们在"在品质较差社区里的好房子"和"好社区里的品质较差的房子"二者之间做选择,选后者的人数是选前者的六倍[1]。中产阶层人士都想要个好房子,但他们中的绝大多数都愿意为了能住在一个条件好、声望好的社区里而在房子的品质上做出牺牲。工薪阶层也认为社区品质要比房屋品质重要,但他们的理由不太一样。首先,低收入群体对房子的品质高低没有多少选择余地,而且他们也不太在意住在城郊所带来的象征性意义,不像中低收入人群那样还时刻惦记着提升自己。工薪阶

① Wilson, Liveability of the City, pp. 380-381.

层的偏好与他们所表达的不满经常呈一种反向关系。对于工薪阶层来说，对居住条件的不满并不一定意味着对社区的不满。比如说，纽约市里面的波多黎各裔居民有一半对所居住的地区不满意，但表示对社区不满的只有26%[①]。类似的态度在工薪阶层中经常能观察到：他们不像中产阶层那样把自己的社会活动限制在居住区附近，也不会把私人空间与公共空间区分得很明确。

比起物质环境，居民们对社区的满足感更多地来自于对邻里的满意度，即邻居们态度友好、举止体面。对居住条件有限、街面上安全的抱怨往往会转为对邻居们的生活习惯和品位的指摘。社会关系似乎能够决定人们对居住条件和生活设施有限的状态做何218 反应，他们是想要留下还是搬走，以及他们如何应对交通拥堵等其他方面的不便。我们上文提到过，波士顿西区的人们就愿意搬走，只要能保留下原有的社会氛围。他们喜欢自己的社区，因为他们喜欢那里密切的人际关系。他们并不认为自己住在贫民窟里，对城市给这地方打上贫民窟的标签也很有意见。在北卡的格林斯伯勒，对城市生活的满意程度与参与宗教活动的积极程度成正相关。在满意度最高的人群中，喜欢去教堂的男士比不大去教堂的男士多12%，对于女士来说是多20%。达勒姆的情况也差不多，持不满意态度的人群都会抱怨购物条件和交通条件比较差，但是区分满意与不满意的关键并不在于经济因素，而是在于社会关系。不满意的人群抱怨自己和朋友们、和教堂以及和那些必须要联系的

---

① N. Glazer and D. McIntire, *Studies in Housing and Minority Groups* (Berkeley and Los Angeles, University of California Press, 1960), p. 163.

人们沟通交流不够,而持满意态度的人群的沟通交流频度至少是前者的两倍。相比于男性,女士们对友情和邻里情谊看得尤其重要。她们对社区的依存度更高,表现得更加难以割舍。无论对于男人还是女人来讲,总体上的满意度取决于他们的预期是不是能得到满足。高中以下学历的人本来也没什么雄心壮志,于是也就没什么抱怨。受过高等教育的人志向远大,但是他们通过自己的努力能实现很大一部分,于是也就对社区无所怨怼。抱怨最多的人是那些将将高中毕业的人,他们相对来说眼光比较高但是又没有一展宏图的手段①。

社会底层的视角

从社会底层的视角来看,世界是狭窄、凄凉、危机四伏的。那些精力充沛的人,或者说很多年轻人,都试图付诸空想或者暴力手段,以此来获得解脱。相比于富人的生活,穷苦人的生活方式同样是千姿百态的,只不过后者的劳动面临着严酷的经济制约。对于富人们来说,国际化生活方式是光鲜亮丽的,足以掩盖本乡本土的独特之处。而穷人们会在很大程度上受到排他性的、属于少数群体的文化的影响,同时也受到自己在其中打拼的特定社会经济环

① J. Gulick et al., Newcomer Accumulation in the City: Attitudes and Participation, in Chapin and Weiss, *Urban Growth Dynamics*, pp. 324-327.

境的影响。像中国城、黑人区、史奇洛区[①]等地方都是城市中相对独立的地段，它们彼此间的相似之处只有贫穷和很低的社会地位。在这一节里我将会介绍纽约哈莱姆区和史奇洛区的居民的典型心理。就哈莱姆区而言，讨论对象主要是年轻人。家庭的存在，无论它们是不是已经破裂，是哈莱姆区区别于史奇洛区的重要标志。这两个区域里的人都挣扎在贫困和衰败的环境里，但是这两个区各有各的生活方式。外界打造的藩篱把史奇洛区里孤独的人们囚禁在了一起，似乎达到了与世隔绝的极致——因为史奇洛区的居民和黑人区里的居民不一样，他们找不到让精神解脱的渠道，无论是年轻人狂野的心，还是女人天性中的慈爱，甚至于幻想和暴力，都对他们毫无帮助。

219

对于外界的人而言，黑人区(比如说 20 世纪 50 年代的哈莱姆区)里最让人感到不可思议的就是它的丑陋——肮脏和麻木。“很多商店的墙从来不粉刷、窗户从来不擦、服务差得要命，货品也不齐全。公园破破烂烂的没人照管。马路上的人密密麻麻，都走在垃圾堆的旁边。[②]”不一致的因素也存在：哈莱姆区虽然依然脏乱差，但是有很多产业还是希望变得美观、整洁一些。如果你走在哈莱姆区核心地段，街边理发店、美容院和保洁公司的生意兴隆会给你留下深刻的印象。人们普遍缺乏食物，但是与吃喝相关的产业

---

① Skid Row，亦称 Skid Road，美国对城市里贫民窟的一种称谓。其起源地有争议，多认为起源于西雅图或温哥华，在 19 世纪中叶这个词逐渐泛用。美国西雅图、洛杉矶、旧金山、纽约、芝加哥、费城等大城市里都有类似的贫民窟。下文中的纽约市史奇洛区原名 Bowery Lane，起源于 1807 年，位于曼哈顿，原是高档社区，在南北战争后沦为贫民区，娼妓、暴力盛行；在 21 世纪初得到部分复兴。——译者注

② Kenneth B. Clark, *Dark Ghetto* (New York: Harper & Row, 1967), p. 27.

(面包房、饭馆、小卖部、快餐店、酒吧、小饭馆)十分兴旺,成为街边的一道风景线。在周日的上午,哈莱姆区的居民们梳洗打扮好去饭馆吃午餐——这幅景象似乎是蛮端庄的,只不过街上到处是呕吐物和血迹,那是周六晚间的狂暴和颓废所留下的印记。街边任何一座高楼大厦里都没有博物馆、美术馆或者艺术院校,仅存的只有"黑人"所代表的那一丝艺术气息。五座图书馆承载着仅有的精神食粮,相比而言酒吧有好几百家,临街的小教堂也有好几百家,巫医神棍还有数十位,它们成为了精神的寄托、幻想的源泉。20 世纪 50 年代,哈莱姆区的殡仪馆有 93 家之多,它们昭示着那些贫贱的、毫无前途可言的生命稍纵即逝;但是反过来,类似的生命依然在诞生,体现出人们即使身在鬼门关处还做着奄奄一息的幻梦。

哈莱姆的街道是丑陋、危险的,但是在每年夏天,它们还是比人们凌乱不堪、空气污浊的家要好些,一个 35 岁的男士如此说:

> "……那个警察说:'所有人不许在街上逗留,要不就进屋去!'现在那么热,房间里又基本上都没有空调,不让我们在街上,我们能去哪儿?我们没法进屋去,那儿简直要把人憋死。所以我们只能坐在马路牙子上,或者站在便道上、台阶上,一直到天快亮的时候。"①

家是什么?在中产阶层的脑海里,家一般是一幢房子,坐落在草坪中间,与人来人往的街道分离。克劳德·布朗(Claude Brown)在他的自传体小说中写道:"我一直把哈莱姆区当做自己 220

① Kenneth B. Clark, *Dark Ghetto* (New York: Harper & Row, 1967), p. 5.

的家，但是我从来不觉得哈莱姆的房子是我的家。对于我来说，家其实就在大街上。我觉得有不少人的想法和我是一样的。”尤其对于孩子们来说，家里总是了无生气的，大街上就会有意思得多。“在我小时候，我总是坐在门廊那。妈妈让我和卡罗尔坐在门廊那，不要离开大门口，我现在还能记起当时的情境。即便到了吃饭的时间，我都不愿意起来，还得让卡罗尔使劲拽着我才肯走，因为街上可看的东西太多了。[①]”

孩子们对环境里污浊的东西会十分留意，但比起物质上的衰败，他们更能感受到人们百无聊赖或者沉溺于毒品的生存状态所带来的威胁。大街上或许是令人兴奋的，但是兴奋和恐惧之间只隔着一条极细的界线。布朗回忆道：“我这辈子活在哈莱姆区里总是提心吊胆的。即便大家都觉得我什么事都干得出来——他们觉得我天不怕地不怕——但其实我对每样东西都觉得恐惧。[②]”有人曾经让哈莱姆区一所小学里的六年级学生们描述一下他们所在的街区，典型的答案是“我住的地方又脏又乱”，“我住的街区很脏、气味儿很难闻……垃圾桶就翻倒在路边，吃的全扔在地上”，“我住的地方，不像外面的公园一样，街边上没有树……”如果问他们怎样才能改变社区的面貌，这些十一二岁的孩子们说要赶走那些吸毒者和混混们，建“每天”都有热水的房子，种树，把流浪汉和停着的车都弄走然后建游乐场[③]。一般认为，中产阶层人士尤其看重隐

① Claude Brown, *Manchild in the Promited Land* (New York: New American Library), p. 428.

② 同上, p. 201.

③ Herbert Kohl, *36 Children* (New York: New American Library), pp. 47-49.

私权。工薪阶层更能适应人口密度很大的环境，甚至于有些人还喜欢亲戚朋友之间保持一种亲密无间的关系。但是，一定程度上的隐私权是人们必须拥有的东西，而这种权利在哈莱姆区拥挤的房屋里经常被破坏殆尽。就算是孩子们，也会对在自己的家里却没有隐私权这种事非常敏感。比如说，赫伯特·科尔[1]曾经带着自己的六个孩子去哈佛，他们一起住在了布拉特尔旅馆。很快这些小家伙们就对哈佛兴趣索然，他们想要回家，享受安静的、有自己隐私的大床[2]。

在哈莱姆区，几岁到十几岁的孩子们几乎对外面的世界一无所知。对世界的幻想让位于对现实的幻灭。十几岁的孩子们只能凭着自己的臆想，有些人打扮得像小流氓，有些人打扮得像大学生。他们在懒散和绝望之中胡作非为，时而还诉诸暴力。下面这段对话发生在 20 世纪 90 年代，对话双方是一个社区义工和一个十几岁的少年，它显示出那时年轻人的典型心态： 221

——你觉得这地方环境怎么样？

——我不知道啊。

——不知道是什么意思？你天天都在这。

——我只要能活着就行，我管别人干嘛。

——就在这大街上，活着很难吗？

——嗯，如果你不留神的话，不想办法活着，那是挺

① Herbert Kohl，生于 1937 年，美国教育家。——译者注

② *36 Children*，p. 60.

难的。[①]

他们对哈莱姆区之外的纽约知之甚少。赫伯特·科尔班里的孩子们根本不知道哥伦比亚大学的存在,即便他们从教室窗户那就能望到。只要一走出哈莱姆区,他们就晕头转向。当这些孩子们从公园大道的地铁口涌出来的时候,他们所看到的公园大道上是豪华的住宅、时髦的门童、干净的人行道,与他们心目中的街道完全对不上号,不由得要问"铁轨在哪?垃圾桶在哪?"克劳德·布朗在他的自传体小说中描写了他第一次见到纽约弗拉特布什大街时的情景。(当时他的工作是送货员,这让他到了他一辈子都没想过要去的地方。)"我之前从来没想过会去弗拉特布什。我从来都不知道纽约还有这么漂亮的地方。等到了春天,那里到处都会是盛开的鲜花,我一定会再去那看看。我喜欢待在一个四下都干干净净的地方,那里能让我感受到我自己。[②]"

在西方社会的层次里,史奇洛区占据着最低的位置。平时遭到人们白眼最多的,就是那些所谓的"波威里鬼佬"。当然,没有谁生下来就应该承受那种生活方式所带来的苦痛,只要有人把家搬到了那个地方,就自然而然地矮人一头。走下坡路的话,应该说到那地方也就到头了。作为流离失所之人的容身地,史奇洛区最早出现在美国大城市里是在 19 世纪 70 年代初。在 19 世纪末 20 世纪初的时候,它扩展得非常快。又过了 30 年左右,来到了大萧条时期,据估计那时至少有 150 万人无家可归,史奇洛区的扩张也达

① Clark, *Dark Ghetto*, pp. 89-90.

② Brown, *Manchild in the Promited Land*, p. 229.

到了顶峰。在二战开始之后,史奇洛区的人口数量锐减。据估计 222
1950 年全美城市里史奇洛居民数量在 10 万左右。

从外貌上看,你是不会认不出史奇洛区的。在几乎每个大城市里,中央商务区或者交通枢纽附近都会有一片地区布满了条件很差的小旅馆、出租房、大排档、二手商品店、典当行,会有不少机构招揽工人做一些没有技术含量的工作,只给极其微薄的工资和一顿饱饭。经常有无精打采的人们三五成群聚在一起,在空场、垃圾桶旁边或站立或闲逛。他们的生活方式在常人看来简直不可思议,以至于规模大一些的史奇洛区会吸引游客前往。有些人会觉得这也是一种超脱的、无忧无虑的生活,但更多人认为这就是一种极端的堕落。追寻奇人异事的记者会愿意陪着博士们造访史奇洛区,社会学家们会设想是不是家庭破裂的酗酒者外加环境因素导致了这一切[①]。研究结论打碎了所有浪漫的幻想。博格(Bogue)认为以下这两幅景象最能体现史奇洛区的生活是个什么样子:

> “第一个,是一个中年或者年纪更大些的人,坐在一家小旅馆的门厅里,眼睛直勾勾地不知在看哪里,仿佛在等一个永远不会出现的人。第二个,是一个打工仔醉醺醺地趴在吧台上,挣来的钱都花光了,为了不被警察带走,得挣扎着回到自己简陋的下处去。”[②]

街上的生活虽然丰富,却是灰暗的。在拂晓时分,城市里其他

---

① Samuel E. Wallace, *Skid Row As a Way of Life* (New York: Harper & Row, 1968).

② Donald J. Bogue, *Skid Row in American Cities* (Chicago: University of Chicago Press, 1963), p. 117.

地方还没有苏醒过来，这里就已经有人走上街头了。人潮的涌动要持续到晚上九十点钟，然后慢慢平复下来。每到周六和周日，便道上就挤满了行人和游手好闲的人，他们的目的分别是逛大街和混社会。人们会花很长时间盯着橱窗里的东西看，拿着菜单点菜恐怕是这一天做的最重要的决定了。旅店门口、街角、酒馆附近，会三三两两地聚集着一些彼此相熟的人。这种相聚一般都会发展成同去酒馆叙谈。史奇洛区最不缺的就是时间，而就像所有巨大的财富一样，太多了就变成了负担。入夜之后最佳的活动就是看电视，其次是在酒馆里喝酒。在北方的城市里，冬天是一个不易生存的季节，也是让人们彼此隔绝的原因之一。冷风和冰雪扫过街223 道，把在温暖季节里人们用来消磨时间的活动都赶跑了。在天寒地冻的日子里，电视机成了人们身体和心灵最佳的归宿。史奇洛区的人们也青睐着图书馆阅览室里的暖意，在绝望的时候，他们甚至会到救济所去暖和几个小时顺便领一顿免费的饭食，让自己的灵魂得到些许救赎。除了食物以外，如何找到一个能睡觉的地方是流浪汉们最大的问题。对于正经人来说。睡觉仅仅需要一间卧室，最不济有一张长椅或者一个睡袋也能解决。但是对于史奇洛区的游民来说，栖身之所有一百种可能，包括锅炉房、运棉花的车、楼梯间、垃圾箱、活动板房、旅馆里的卫生间、游乐场、教堂、卸货站，等等[1]。

这时候还有恋地情结可言吗？在芝加哥的史奇洛区，大部分

[1] James P. Spradley, *You Owe Yourself a Drunk: An Ethnography of Urban Nomads* (Boston: Little, Brown, 1970), pp. 99-109.

居民都对生存环境表示厌恶,但也有相当一部分人,大约四分之一,说自己喜欢那里。不过,“喜欢者”中的绝大多数只不过是适应了当地的条件而已——史奇洛区确实提供了一些好处,比如与世隔绝、生活成本低、离福利院和救济所比较近,等等。还有一些人对当地的条件持更加肯定的态度,因为那里“更有家的感觉”,“生活有乐趣、有激情”,或者能随心所欲地“想干什么就干什么”。就史奇洛区居民们而言,相比于物质条件,他们更加厌恶那里的人,厌恶他们的浑浑噩噩和自甘堕落[①]。

小　　结

在这一章里我们看到了城市价值观的多样性有多么强。从抽象的层面看,城市可能会拿出一个招牌式的象征物,企图通过它吸引他人的注意力,比如说香肠、阳光等;这象征着人们的贪婪、堕落,但同时也代表了人类的最高成就。在实际的居住体验层面,旧式贵族气质的社区有自己的环境态度,而中层、中低层社区里面活跃躁动的年轻人也有自己的环境态度,这些态度彼此间几乎是格格不入的。对于忙忙碌碌的上班族、贫民窟里那些在门廊前闲逛的孩子们,以及除了时间以外什么都不富余的流浪汉们来说,城市的意象化过程必然有很大的差别。我们又能总结出哪些共同点呢?有四点是值得一提的。第一,社区是一个很难明确界定的概念。让人感到亲切的区域总是比较有限,即便对于上班族来说这

① Bogue, *Skid Row*, pp. 134-138.

类区域会比住在城郊的高端人士们心目中的要宽一些。在前一类人看来，感到亲切的区域可以是一段路、一个街角或者一个小花园——这便是社区的感觉了。住在城郊的中产阶层认为给人亲切 224 感的区域不会超出自己的房子和草坪。尽管如此，社区作为一个概念，其外延在白领阶层的头脑里要比在蓝领阶层的头脑里宽泛得多。第二，所有人，无论其处于哪个经济阶层或文化阶层，他们在评判社区的品质时，更为看重的是邻居们认为好的那些东西，而不是社区的物质条件本身。第三，城市的意象度，也就是意象在人头脑里存在的清晰度和丰富度，并没有随着人的经验增多而相应提高。第四，大城市一般有两个认知层面，一个高度抽象化，另一个非常具象化。所以在一个极端上，城市是一个符号或者一幅意象（就像明信片或者宣传画上展示的那样），人们可以通过它找寻自己的位置；而在另一个极端上，城市又意味着在社区里面的切身体验。

14. 郊区和新城:对环境的探求

郊区生活是一种理想。对于西方发达国家的中产阶层人士而言,这个词代表了一整套生活方式,这种方式把城市生活和乡村生活里最好的东西组合在一起,而避免了这两者的短处。不过,近些年流行起来的"城乡结合部"的叫法,似乎对这种理想不屑一顾。受教育程度很高、社会经历丰富的人群对郊区生活的态度有着显著的分歧——一位业界精英可能会羞于承认自己在偏僻地方有所房子,因为草木、山水或许更宜于家庭妇女和孩子,就像羞于承认自己每天晚上都要追着看一部言情电视剧一样。 225

有很多专著和文章都论述过郊区的"迷思和现实"。城郊容纳了三分之一的美国人,但它经常让人觉得捉摸不定。城市并不存在这个问题,无论我们怎么解读城市,它都是实实在在的。反浪漫主义在某种程度上解释了这个现象:当我们与城市中心发生联系的时候,那些难以把控的、难以企及的、物欲的、笨重的特质很容易被我们识别出来,让我们感受到世界的真实。另一个因素在于城市体验有它的先行性。在城市意象建立起来之后,郊区的意象才作为对立面而形成。当城市作为一个天人合一的典范,或者一个讲求民权、崇尚自由的中心时,住在离它比较远的地方——郊区,可以算是身居蛮荒之地、不食人间烟火,于是作为一个人也就没有

226 获得完整的人生意义。反过来讲，当城市被描述为人间地狱、罪孽难息时，郊区又变成了好地方，即便不是王道乐土，也是个清净之所。

郊区：城墙之外

前文介绍过，传统的城市多秉承了天人合一的理念。它们是“中央”思想的象征，用城墙围起一片神圣的、有秩序的地域，把这片地域与外面蛮荒的世界区分开。当年，中世纪的市民们曾经声称“城市里有让我们自由的空气”；他们已经意识到，在城墙之外，自由会打很多折扣——卑微的小生意人们在城门口挤成一团，农民和农奴们在地主的监督下像牛马一般劳作。中世纪的学者阿兰·因苏里斯[①]曾经把宇宙比作一座城市：在最高天[②]的中心，有一座城堡，上帝就坐在那里统领一切。他的大天使护卫们住在低一层的天堂里；而人类属于低等生物，只能住在天国的城墙之外。因苏里斯原本认为人类的罪行并不至于被放逐在远地，但他在宇宙图景里把人类划到天国的郊区，这相当于把人类仅有的一点点尊严也给抹杀掉了，刘易斯[③]曾经就这种轻蔑的情绪发表过议论[④]。直到现代社会，城市的“核心”地位依然能在很多法国小城市的路标

---

① Alain de Lille（亦作 Alanus ab Insulis，1128—1202/1203），法国神学家、诗人。——译者注

② Empyrean，早期基督教认为该处是上帝的家园。——译者注

③ Clive Staples Lewis（1898—1963），英国文学家、神学家。——译者注

④ C. S. Lewis，*The Discarded Image* (Cambridge：Cambridge University Press，1964)，p. 58.

上体现出来——这些路通向城外的尽头,路标上会写着"*Centre-ville et toutes directions*"。

城市代表着文明。"文明"(civilization)这个词首次出现在18世纪中叶,一开始仅仅是指在一群城市居民身上能反映出的城市生活气息。郊区人不见得就是粗俗的乡下人,但是从字面上理解,比起城里人,他们不那么文雅、不那么有素质、不那么文明、不那么"有城市气息"。实际上这种观念是有背景的:在郊区,发达的机会并不多也不好,种种社会因素也没有优势,流民们把自己排除在传统的城市之外。在1386年成书的《坎特伯雷故事集》[1]的一段对话里,作者向我们展示了当时人们对于郊区的一些看法:

> "你们住在哪里,是不是可以讲给我们听一听?"
>
> "在一个城外,"他道,"躲藏在一些角落里、陋巷里,这班鸡鸣狗盗之徒往往不敢明目张胆地出现,老是畏畏缩缩住在见不得人的地方。"[2]

郊区的概念最早出现在英格兰,与它们出现在大陆上一样,起 227 初都是城外面的一些定居点,居民们从各个方面判别都属于城市社会之外。到了16世纪,法国开始有了自己的"faubourg",如果仅从字面上看,可以解读为"先城"。这些地方有一些共同的特质。比如说处在城市的边界之外,都有小旅店,有娱乐场所,有一些低端的产业,还有一些让人恶心的工业,比如生产肥皂和鞣制皮

① *The Canterbury Tales*,作者杰弗雷·乔叟(Geoffrey Chaucer,1343—1400)。——译者注

② 译文引自《坎特伯雷故事》,上海译文出版社,1983年版,第352页。——译者注

革[①]。对郊区趋之若鹜的有英格兰当地的穷人们，还有就是外国移民，后者在那里经营一些产业，与城市里面的正统产业分庭抗礼。在都铎王朝时代，法律和秩序的影响力很难抵达伦敦的郊区。在法国，“faubourg”里面的“fau”其实也继承了俗语词汇里“faux”的意思，即“伪”或“仿”。尽管如今“faubourg”这个词失去了早期“贫困之地”的意义，但是由它派生出的“faubourien”一词（意为“城郊居民”）依然保留了自己的含义。

城市从一个高高在上的中心向外呈梯度性的衰减，这种概念曾经在米底王国的首都埃克巴坦那有所体现。直到20世纪，在众多大都市圈，我们依然能看到价值呈梯度向外递减的现象。理查德·桑内特[②]曾经说：“城市的格局就是按照社会经济财富所划分的圈层，工厂分布在城市周边，工厂的旁边是工人们所住的区域，然后越靠近城市中心，就是越富有的居住带。[③]”在城市中心，行政、贸易、艺术等活动聚集在那些充满历史意义的建筑里。一直到第二次世界大战的时候，都灵、维也纳和巴黎这些欧洲城市依然保持着这样的格局。在巴黎，最好的居住区位于戴高乐广场和布洛涅森林之间。富人可以凭借着自己的财富一直住在市中心；与之相伴的是，从19世纪70年代起，穷人们逐渐被迫把家搬到城郊地区。传统的欧洲人喜欢住得离市中心近一些，方便享受到文化气

① 《坎特伯雷故事》，上海译文出版社，1983年版，第34页。——译者注

② Richard Sennett，社会学家，1943年生于芝加哥，现任伦敦政治经济学院教授。——译者注

③ Richard Sennett, *The Uses of Disorder: Personal Identity and City Life* (New York: Knopf, 1970), p. 68.

息。在20世纪50年代,有人对维也纳的市民做调查,结果显示82%的受访者愿意住在城镇的中心。即便是美国,在20世纪初的时候,纽约、波士顿、芝加哥这样的大都市圈依然还大体上保留着传统的城市格局。

只要城市中心区依然保有着较为富有的人群和较高的文化地位,郊区就会一直处在城墙以外,哪怕城墙已不复存在,在比喻意义上也依然是如此。但是在工业革命之后,随着时间的推移,社会经济上的地域梯度已经变得越来越模糊,甚至发生反转。在欧洲, 228 很多新兴城市已经不再拥有强大的文化机构,而是以商业和制造业为基础;其中心拥挤不堪、污染严重,只有图上班方便的穷人们才住在城里,富人开始向中心城市的周边地区转移。在美国,特别是在那些有一定历史的中等城市,能够很明显地看出中心城区在衰落,同时郊区和城市周边的商业中心汇聚了越来越多的财富和光彩。如果你想找到便宜的旅店、饭馆,以及在里面消费的潦倒的顾客,那最好就是去下城,到靠近老火车站的地方看看。装修时尚亮丽的餐厅和快捷酒店都分布在城市的外围地段。郊区人坐在自己豪华的房子里统领一切,而城市中心区,包括市政厅和其他行政机构,正在逐渐陷落。

郊区与城市的互动

在公元前5世纪,雅典是个拥挤、肮脏的城市,城里遍布着羊肠小道,以及窄小、昏暗、通风不畅的房屋。雅典人十分看重这座城市开放、开明的品格,以及城里面那些赋予这座城市意义的公共空间。自家的房屋、家庭生活和身体上的舒适都可以被放在次要的位置上。不过这只是事情的一个方面,因为很多市民在郊外有自己的田地,于是他们在每年的某一个时间段里,可以远离城市生活的局促、喧闹和艰辛。乡村的优势在于肃静,于是体育场和高等学府才会修建在城墙之外。到了罗马帝国,开敞、宏大的公共建筑依然被密集的破败房屋和狭窄街道所包围。城里面,名门望族和市井小民混居在一起,所以为了逃脱那令人窒息的肮脏空气,富人们在郊区建起了庄园。罗马贵族崇尚富丽堂皇的大房子:起居室高出地面很多,让人站在房间里就能眺望到大海,庭院里还有好多游泳池。难怪有人说"罗马在帝国时代的早期有点像加利福尼亚的某些地方"[①]。

城市的中心是百业俱兴之地。抛开压力不讲,城市生活能够给乐于奋斗的人带来很多回馈。此外,那些有钱人们还可以按照时令决定自己的住所。如果要找出一个时间段,让城市里的恶劣环境完全压倒其所提供的诸多便利,那一定要数工业革命初期的一段时间。那时候人们纷纷逃往郊区,顺便带动了交通运输业的发展,同时,19世纪下半叶财富的普遍增加也为此提供了条件。这种逃离可以看做是对城市中心区质量变差的一种回应,变差的原因包括毫无节制的工业排放,以及大量产业工人、闲散劳动力和他们的家人造就的遍及城内的贫民窟。狄更斯笔下的焦煤镇给读者们留下了鲜明的印象。官方正式媒体上的报道也同样让人印象深刻,仅仅通过平铺直叙就能勾勒出一幅地狱般的景象。警方的一位督查曾经用这样的话描写过格拉斯哥的贫民区:

229

① Gilbert Highet, *Poets in a Landscape* (New York: Knopf, 1957), p. 153.

> “(穷人住的)那些房子的环境甚至还不如猪圈。每间屋子里都混居着男人、女人和孩子,秽物遍地、臭不可闻。绝大多数房子里都没有通风设备,房子外面垃圾成山,排水设施严重不足导致各种脏东西日复一日地在累积。被城市遗弃的子民畜生般地苟活在这些泥淖里,每天都有可能感染疫病,并且向整个城市输出罪恶的、令人厌恶的行径。[①]”

根据刘易斯·芒福德[②]的说法,这种环境就是城市的残骸,如同遇难海船的残骸一般,会引发人们大声疾呼“让妇女和儿童先走”。“在高度工业化和商业化的新城市环境里,人们的生活实际上充满危机。因此趁着你还没有被同化和污染的时候,三十六计走为上,就像罗得举家逃离邪恶之城所多玛和蛾摩拉[③]一样。”[④]不幸的是,只有那些有钱的、有一技之长的中产阶层才有条件逃离。他们所远离的,是城市里肮脏的环境和疾病的威胁,以及一位作家在1850年提到的,穷人们本身所带来的“不干不净的生活条件”。

除此之外,城市还有什么性质不招人喜欢?恐怕是局促和拥

---

① 引自 William Ashworth, *The Genesis of Modern British Town Planning* (LondonL Routledge & Kegan Paul, 1954), p. 49.

② Lewis Mumford(1895—1990),美国著名城市规划理论家、历史学家。——译者注

③ Sodom and Gomorrah,圣经中的两个城市,因为城里的居民不遵守上帝戒律,充斥着罪恶,被上帝毁灭,后来成为罪恶之城的代名词。耶和华派天使去两城中寻找义人,只寻得罗得一家,天使告诉罗得到山上避难,逃难时切不可回头看;罗得的妻子不遵神谕回头看了一眼,化作盐柱。——译者注

④ Lewis Mumford, *The City in History* (New York: Harcourt Brace Jovanovich, 1961), p. 492.

挤，即便对上流社会和中高层人士来说也是如此。比如说，罗斯福总统出生的地方，也就是纽约市东 20 大街 8 号，就紧紧地和旁边的两幢房子挤在一起。据他本人的讲述，首层靠中间的房间是一个小书斋，“没有窗户，一般只有到夜里才有空地方坐”。城市人也在想方设法摆脱城市社会里面的种种规矩套子。在郊区，他们可以做真正的自己，穿戴得随随便便，享受属于自己的一片天地。这种想法让人感觉是现代社会的产物，但实际上，意大利人阿尔伯蒂[①]在 15 世纪就表达过同样的意思了。不愿意留在城里的另一个原因是想躲开那些新涌入的移民。在美国，从 19 世纪晚期开始，从爱尔兰、东欧和意大利前来定居的移民大量涌入城市，冲淡了从前以盎格鲁美洲为主的人群所造就的城市氛围。在那些“老”城里人看来，“新”城里人在财富上低人一头，生活习惯和行为举止也显得怪异，所以难以接受。而到了 20 世纪末期，波多黎各人和黑人们大量涌入了美国东北部沿海的大都市区。中产阶层的白人们再一次选择了尽可能地敬而远之，他们并没有大肆宣扬自己的 230 动机，当然目前大家普遍认为这种动机的理由也未见得充分。作为新的郊区人民，他们更愿意强调一些积极的、正面的因素，比如说“郊区更有利于孩子们的成长”、“更愿意和与自己类似的人住在一起”等，后者显然更能表达他们的本意。

无论在过去还是现在，人们远离市中心都会出于一个难以言状的理由，那就是唯恐被城市所驾驭，也就是陷入城市生活的千姿

① Leone Battista Alberti(1404—1472)，意大利建筑师、建筑理论家。——译者注

百态、甚至于光怪陆离中。大卫·理思曼[①]描述过他在芝加哥城郊接触过的一些人,这些人非常精明强干,在市中心开律师事务所,生意搞得很火红,却十分享受郊区生活中的平静淡薄和那些点滴琐事。他们似乎钟情于所有小尺度的事情,比如说愿意讨论"遛狗的时候狗是不是该用绳子牵着,主要的商业街边是不是该设停车计时器,还有区划方面的一些细枝末节。这些人已经从大城市、大国家的大问题里面脱身出来,转向了可操作性更大的那些层面。[②]"

郊区的发展

人们眼中典型的郊区图景,是中高层人士和中产阶层所拥有的宜人的居住环境。不过,郊区其实有各种形态,体现出其居民在社会经济层面上的不同之处,也反映着工业(或有工业,或没有工业)在其中所起的作用,还取决于它们所建成的时间,毕竟城郊是农村生活向城市生活转变过程中的一个阶段。为了理解郊区人的价值观和态度,我们有必要了解一下郊区的发展过程。历史的眼光会帮助我们更好地领会"郊区"一词可能具有的含义。

考古学证据表明,早在公元前 20 世纪,就已经有人口外迁到

---

① David Riesman(1909—2002),美国社会学家、教育家。——译者注

② David Riesman,The Suburban Sadness, in William M. Dobriner (ed.), *The Suburban Community* (New York:Putnam's,1958),p. 383

乌尔城[1]的城墙之外。这是现今已知的离心化发展的最早证据之一。如果我们简单地认为郊区只是城市边缘的扩展，那么这种现象就是在反复不断地发生，因为，事实上，城市总是在快速地向农村地区扩张。但是由于远古的城市已经尽归尘土，加上文献记录的缺失，我们很难判断当年"城市"和"城郊"的界限到底是不是很明确。在它们当中矗立的是城墙，这给了我们区分的标识，毕竟城墙的用途就是城市建造者用来标明自己领域的界限。古代中国几乎所有的城市都有城墙。它们的城墙一环套一环，这显示出城市可能一层一层地、循序渐进地把城郊的聚居区吸纳进自己的版图。商人和手工业者们都聚居在城门以外，随着时间推移，他们的人数也就达到了某种门槛，该有一座城墙来提供保护。城郊的发展速度可能非常快。比如说，北京城在15世纪20年代建成之后，数十年的时间里就有超过十万家庭聚居在南大门之外。在那里，全国各地、甚至于世界各地的商贾们开设商铺、兴建住宅。到了16世纪中叶(1552年左右)，一座新的城墙把整个南郊围拢起来，作为新的南城。在古代欧洲这种城墙呈同心圆状拓展的例子也有，比如说巴黎，从中世纪晚期开始城墙就不断地在向外扩张。

231

郊区所容纳的多是相对比较贫穷的人口，例如游商、匠人、小旅店老板以及外国人；不过富人们也能在此找到一席之地。比如说意大利的一些城市，在郊区就有别墅和山庄。离佛罗伦萨5千米之外的地方有个条带状地域，里面全是高档的房屋；威尼斯富人

① Ur，美索不达米亚文明时期的城市，此处指的是乌尔第三王朝的国都。——译者注

们的庄园都位于城西边的布伦塔。按芒福德的说法,郊区"似乎可以算作城市房屋在乡村地段的集合体,或者叫作田园房屋"。郊区的生活方式则是"令人放松、令人愉悦、消费性的城外生活,远离封建堡垒里面剑拔弩张、你争我夺的世界"[①]。

在18世纪初,英格兰出现了每日通勤一族。像埃普索姆这样的地方不再是仅有农产品交易和洗浴业的小集镇,而是摇身一变成为了二十多千米外伦敦城的郊区。商人们把家安在埃普索姆,自己每天往返于小镇和伦敦之间。这给郊区赋予了新的意义。过去只是富人们出于种种原因在郊区拥有自己的房产,到了18世纪就变成了中产阶层的商人们在此永久定居,并且在这里做起了生意。在1700年以前,郊区的生活方式走两个极端,一是穷苦人在这里生存和打拼,二是富人们在夏天来到这里避暑休闲。人们花在路途上的时间是非常少的。随着道路和交通工具的发展,庄园和纳凉别墅可以修建在景致更佳的地方,离城市的远近已经不是最重要的问题了;但是由于容纳着日常通勤一族,郊区凭借着其与贸易中心之间的通达性迅速在城市周边崛起。很快,郊区不仅因其成为居住区而赢得了美名,而且证明了自己的重要性;此外,它还争取到了人们对乡村生活的向往,而这种向往正是威廉·古柏[②]在1782年在一首诗里面反讽过的:

"城郊的庄户,大路旁的房屋,

仿佛畏惧我们开辟的通途;

---

① Mumford, *The City in History*, p. 484.

② William Cowper(1731—1800),英国诗人。——译者注

方正的形状，规整的式样，

忍受着七月炽热的阳光；

乐呵呵的市民们喘着粗气，

呼吸着尘土，还把它叫作乡村气息。”[1]

到了18世纪中叶，伦敦的扩张速度已经十分可观，以至于斯摩莱特[2]的作品里面有一个人物这样说（于1771年）：“伦敦城已经出了圈儿了。”在英格兰较为发达的一些工商业城市周边，也出现了一些富有的郊区。比如说伯肯黑德，在拿破仑战争之后，这里就成为了利物浦富商们的聚居之地。它吸引人们的理由包括“美丽的乡村风光，优雅的河畔美景，让大家从城里的喧嚣忙碌中挣脱出来，在相见的宁静中放松自己”[3]。绍斯波特是利物浦的另一个居住型的飞地，1848年铁路修通之后，它得到了飞跃式的发展。尽管在18世纪和19世纪早期城市的发展速度很快，也比不上维多利亚时代晚期以来大都市圈向乡村地区的“爆发式”扩张速度。交通的两项重大变革让这种扩张成为可能，一是铁路，二是汽车。

232

铁路和大规模运力的发展扩宽了往返于城乡之间的人们的经济基础。中产阶层通过远离城市中心获得了相应的好处。从城市发射出的铁路线也影响到了郊区的发展方向。新的住房最先的成片出现的地方，是在距离城市五到十千米的火车站点附近。这些早期的城郊地域规模比较小，一般都容纳不了一万人，原因在于除

① Dyos, *Victorian Suburb*, p. 23.

② Tobias George Smollett（1721—1771），苏格兰诗人、作家。——译者注

③ Ashworth, *British Town Planning*, p. 40.

非是拥有马匹和马车的富人,否则普通人还是要步行到火车站,规模过大意味着距离过远。中高层人士和中产阶层聚居的郊区就像用线穿起来的珠子一样分布在铁路的沿线,每个区域都被农村的绿色所包围着。居住区里面的房屋都很宽敞,而且都是独栋的住宅。我们可以看出,从1850年往后,无论房屋的设计还是街道的规划,都日益想要避开城市里横平竖直的风格,而契合居民们浪漫的、个性化的风格,让街道呈现流畅、自然的曲线形。有些人批评这些较为富裕的郊区,称它们是为逃避社会责任的人兴建的避风港,但是在环境保护方面它们确实做了很多呼吁。铁路和电车轨道也让工人携家带口搬出了城市中心区,可悲的是,虽然他们放弃 233 了城中心狭小局促的住房,但在城市周边地区为他们修建的房屋在型制上与原来没有什么区别。郊区的空气质量确实要好些,但是工薪阶层的住房密度大、品质低,所以和他们从前挤在城里相比,大自然似乎也并没有离得更近些。即便是卫生条件也没有明显得到改善。人们选择在郊区居住有一个隐含的背景就是追求更健康的环境;但在现实中,一旦离开了城市建成区,乡间空气带来的好处经常抵不上混乱的建筑格局、不利的排水条件、干净水源不充足所带来的不便。

大都市区的扩张始于铁路时代,兴于汽车时代。汽车最初是富人的玩具,但在30年之后就成为了最普遍的交通工具。这与美国的发迹史是一致的。1920年时美国的汽车保有量是900万,1930年达到2650万辆,1950年是近4000万辆。这种情况体现出人们的移动性大幅提升,与之一起显著增长的还有社会财富——尽管美国在20世纪30年代经历过一段时间的大萧条。在英国,维多利亚时代晚期，人们迁移到城郊地区不仅仅因为铁路提供了交通条件，更重要的因素在于他们能在郊区找到稳定的工作，工作时间较短、报酬也较高，换句话说，更多地出于经济因素。与之类似，美国在20世纪也出现了郊区的爆发式扩张，特别是20年代和第二次世界大战结束后的那一段时间，也就是经济迅猛发展的年代。

当代大都市区的扩展最突出的指征是其速度和规模。一片郊区似乎"一夜之间"就出现了，所以人们经常用"潮"这个字眼形容相关的现象。比如说多伦多[①]，在1941年，它的三个卫星城（怡陶碧谷、斯卡布拉格、北约克）总人口数量也就只有66 244，到了1956年变成413 475，又过了5年增长到643 280。原先只有三四户农民的地方，一年之后就会被500到1000户人家所占据。在1961年，大多伦多市约有200万人口，其中将近一半居住在城市周边。按比例计算，在那一年，老城区里每有一个"原住民"，郊区就会有另一个定居时间不超过15年的人。统计数据显示郊区正在飞速发展，这句话已成了家常便饭。实际上哪怕没有统计数据，大家也能看出郊区的蔓延已经成为了普遍的现象。用"蔓延"这个词用来形容郊区的发展可谓恰如其分。相比于规划有序的中高层人士居住区，中低层人士和刚刚富裕起来的工薪阶层人士所住的郊区简直就是一塌糊涂。无章可循的房屋、街道、小区散乱地分布着，一眼望不到边。而富人和高收入的专业人士所聚居的区域，在城市周边广大的郊区范围里，倒像是世外桃源一样。 234

① S. D. Clark, *The Suburban Society* (Toronto: University of Toronto Press, 1965), pp. 9-11.

外观,以及外观的改变

对于住在北美洲对大多数人来说,一旦提到"郊区"这个词,唤起的意象估计会是零零散散的房屋、蜿蜒曲折的小径,路边上扔着小三轮车,整洁的草坪上随意种着几棵树。但是在现实中,各个郊区成因不同,价格、面积和生命力不同,规章制度的复杂性不同,再加上其居民们的收入情况、教育背景和生活方式不同,导致其面貌千变万化。郊区的外观反映了上述这些差别。一些地理要素也在其中起作用,比如说离中心城区有多远,还有地理环境如何,是个长满林木的小丘还是个平坦的农场。就一个郊区来说,既有可能是当年一群城里人迁居过来之后长期占据形成的,也可能是全新创造出来的,也就是一个大开发商用先进的施工技术从一片玉米地里开辟出来的。它可能有比较悠久的历史,离城市很近,在一个相对较小的地段盖起宽敞的房屋,栽上几棵名贵树木,开着几家富有特色、古朴典雅的小店。它也可能是个新兴的中高层人士社区,离城市中心较远,房屋开间超大以至于显得扁平,家家门前的草坪和路边的人行道都整洁宽阔,有大型的商贸中心服务于居民。郊区可能位于长满林木的小丘之上,房子的式样有些单一,只因地段上一些琐碎的细节而略有差别;也可能由开发商建在一大片平地之上,房屋的式样取决于人造的各种景观以及房屋自身的体量与风格。郊区可能是一片片彼此相同的连排房子,也可能是寸土之上矗立起来的高楼大厦。

从总体上讲,郊区是城市化进程中的一个阶段。它们不仅很快地拥有了城市的各种便利条件，也很快继承了城市里的种种不尽如人意之处。比较富裕的郊区居民们对这个过程十分在意。他们拼尽全力保护着自己的社区（那是属于他们的一小片理想国），使其不发生不良的改变。凭借着良好的组织和雄厚的财力，他们取得了斐然的成绩。但对于绝大多数郊区居民来说，改变是不可避免的。在很多情况下，他们必须要刻意求变，因为富人们买得起装修精良、配套设施齐全的房产，而中产阶层一般都只能买刚建成的房子，不完善的基础设施和不成熟周边环境抵消掉了新房的种种好处。一片郊区外观的改变，无论是好是坏，可能在十年之内就完成。这里我想引用威廉·多布里恩（William Dobriner）对纽约长岛上的莱维敦所做的两段生动描绘，一段写的是一宗在 1950 年新建成的房地产，另一段写的是它 12 年之后的样子：

235 “在 1950 年的春天，走在莱维敦的大街上，你会为它的一派崭新面貌而震惊。房子都是松木外墙，新粉刷的油漆。顺着轮胎印看过去，车房里停着 1947 年产的雪佛兰和福特。青草长得日渐茂盛。每家门口都有三四棵树苗，像小哨兵一样立在弯弯曲曲的人行道旁边。自行车、汽车和儿童车的响声交织在一起。家庭主妇们三五成群地坐在草坪上，孩子们在旁边的游戏围栏里玩耍。好几个三四岁的孩子嬉闹着在房门那里跑进跑出。时不时过来一辆送牛奶的卡车。女人们忽然间安静下来，盯着推销员过来的方向，因为他停下车在找 107 号在哪里。抬起头来，就看到一片湛蓝的天空，仿佛大碗一样笼罩着莱维敦的万物。在一个阳光明媚的日子里，被蓝色和绿色点缀的莱维敦仿佛离天空只有咫尺之遥。也只有房子能碰到天空,其余的东西都是年轻的、向上的、接地气的。[1]"

12年之后,绝大部分新的东西都已经褪去了颜色。很多树苗都死掉了。有些街道依然保留着一抹绿色,有些街道的旁边几乎已经看不见树木。作为一个局外人,多布里恩似乎对人们试图改进但徒劳无功的情景不以为意。但是我们从字里行间能够看出些端倪,估计对于居民们来说,这些改变也并非一无是处,相反他们体会到了城市不曾给过他们的创造自由。多布里恩写道:

> "作为一个群体,小酒店们似乎已经疲惫了,不像过去那样古色古香、魅力十足。当初设计莱维敦的艺术家们曾经小心翼翼地调配好整个社区的色彩格局;但是现在,个性、冷淡、漠视,以及好坏不一的品位,已经打破了这里的平衡。房子自己喷涂的油漆,大红的、浅青的、黄绿的、天蓝的、淡粉的。工料粗糙的天窗直挺挺地立在屋顶外面,屋顶的阁楼也显得十分突兀。你会看到盖了半截的车库,用水泥打补丁的墙,破损了的石棉瓦,漆皮剥落、布满污点和手指印的大门,木桩已经倾倒的篱笆墙,枯死的灌木丛,以及到处是泥脚印的草坪……[2]"

居住型的郊区无论从经济上还是文化上都依附于城市而存在。有一些社区曾经致力于让土地利用格局多样化,并建立起文化设施和机构,以此作为争取独立的途径。它们欢迎绿色工业进驻,因为后者可以提供就业机会,也能减轻教育税的负担。明尼阿

① William M. Dobriner, *Class in Suburbia* (Englewood Cliffs, N. J.: Prentice-Hall, 1963), pp. 100-101.

② 同上, p. 105.

波利斯城郊的两个社区，霍普金斯和金谷，曾经声称自己社区内的工业所提供的就业机会超出自己的总人口数[①]。不过就文化而言，无论在哪个层面上，都不容易形成，即便是富裕社区也很难，除非它们能把所有的资源都集中起来。在纽约周边，韦斯特切斯特县拉拢了县南部所有小镇的会员和听众，以支持三个交响乐团的发展。在长岛，一些城郊社区也会彼此之间互通有无，以汇集文化信息、组织经验、甚至于观众[②]。

236

城郊地区改变自己的特质可能出于很多原因，比如说一个社区已经被工业或商业侵蚀，而另一个社区特地找上门来请走这些工商业；或者一个社区不愿意接纳少数族群，而另一个社区欢迎他们；或者一个社区花很大力气保留并推广自己的图书馆和其他文化标志物。所有这些事情都指向更加城市化的生活方式，它们最终还是屈服了，无论是迫不得已还是主动出击，投向了城市的发展潮流和价值观。

郊区的价值观和理念

人们迁往郊区居住可能出于很多种理由，其中最原始的想法，就是寻找到健康的生活环境和恬淡的生活方式。前文中我们已经多次提到，城市生活的压力如何培养出人们对自然和田园的情感。

---

① Scott Donaldson, *The Suburban Myth* (New York: Columbia University Press), p. 84.

② Philip H. Ennis, Leidure in the Suburbs: Research Prolegomenon, in Dobriner (ed.), *The Suburban Community*, p. 265.

城市里的环境既充满诱惑,又足以让人抓狂,既有美好的一面,又有丑陋的一面。有财力或者有手段的人,就会总想着要摆脱这些东西,于是就逃到乡下的居所。西方世界对自然的追求,其巅峰阶段出现在 18 和 19 世纪浪漫主义运动时期。当时有很多人追捧田园生活,原因之一在于认为它有利于健康,但更贴近浪漫主义运动核心价值观的是这种生活的美德意义。不过是农夫们的物质环境和生活方式,反倒被赋予了很多道德意味。城市代表着腐败、代表着穷途末路。人们只有在城市里才能争名夺利,才会深陷于人情世故的泥淖。而乡村代表着生机,生机随处可见,在累累果实、片片沃土中,在满眼的绿色中,在干净的水和空气中,在健康的家庭环境中,在自由的社会政治气氛和风俗习惯中。

郊区也从城市那里继承了一些有价值的东西。郊区生活的理想图景最初只关注于自然和健康,如今人们更多地关注家庭,以及自己选择生活方式的自由度。欧洲和美国一样有浪漫主义的传统,人们对于郊区的价值观也比较接近,但依然有所区别。在英格兰,由于贵族体系的存在,中产阶层里会有一些雄心勃勃的人体现出一些势利的味道。能在某些特殊的郊区地段拥有永久居住权、拥有一幢像上流人士一样的房屋,这种想法对于某些英格兰中产阶层来说,意义之大于是美国同类人群想象不到的。戴奥斯(Dyos)曾经写道,在维多利亚时代早期,伦敦郊区的一些地名"(以贵族姓氏命名,)一提起来就像是在背诵《英国贵族年鉴》一样,比如 Burlington Montague、Addington、Melbourne、Devonshire、Bedford,等等,让人听得腻烦但是含义非常明确。"在郊区居住的中产阶层 237

也想模仿上流人士的建筑式样，至少在房屋装潢上面是这样[①]。美国的情况与之不同，老牌的上层社会聚居的郊区一般都会起个朴实无华的名字，比如 Westport、Shaker Heights、Grosse Pointe、Whitefish Bay 和 Edina，等等。新兴的中产阶层社区起的名字倾向于切合田园生活理念和恋旧情节，典型的名字比如 Pinewood、Golden Valley、Country Village、Codbury Knolls、Sweet Hollow、Fairlawn、Green Mansion、Victorian Woods，等等。

在美国，有一些在历史上与这个国家并不相容的传统和价值观也让郊区意象得到了丰富。比如说杰斐逊为独立的家庭农场宣扬的平均地权论，小镇自治的理念，以及多种思想元素杂糅而形成的观念，包括利己主义、人地关系思想以及邻里互利思想等。这些思潮你方唱罢我登场，你在现代的郊区里很容易找到它们活生生的体现。

郊区像人一样，也会有一些名字比较常见，这些名字能够体现出自然和乡村的一些特质，这或许算是美国人向往田园生活的又一个例证。房前的草坪和房后的花园取代了农田，宠物也取代了禽畜。于是草坪和宠物就变成了这种生活方式标志物，在没有乡间生活经历的城里人看来，这两样东西与其说是乐趣，不如说是负担。特别是草坪和花园，它们是对田园生活的模糊信仰的具象化表现，这种信仰植根于生活经历，是城里人难以理解的——主人需要花大把的时间和精力去打理它们，以向邻居们展示出自己对共同价值观的回护。既然美国的每个农舍都是一个家庭企业，那么

① Dyos, *Victorian Suburb*, p. 171.

家庭就是郊区生活的基本单元。郊区的各项设施都是本着有益于家庭生活而设计建造的。学校、教堂和购物娱乐中心是每片郊区的地标性建筑。就目前的情况来看，人们迁往郊区最主要的原因是愿意在那里抚育下一代。这不仅是因为城里的住房对于一家几口来说过于窄小，还因为城市里面到处都是危险因素。只要孩子们走上街道或者离开视线，家长们就会开始焦虑。与之相比，把家安在郊区就是给青少年搭建了避风港，在家庭的亲切关怀和环境的正面影响下，孩子们必然会健康向上地成长起来。

郊区在一定程度上体现出了"小镇自治"的理念。人们认为大城市的政府系统繁复笨重、腐化不堪。在 19 世纪的最后一二十年，当大量的乡村人口和国外移民涌入美国大城市的时候，这种想法已经成为了民间普遍的共识。由于人口数量的激增，以及人们 238 愿望和需求之间的冲突，城市政府的理论和实践彼此严重脱离，使得历史上的经典理论都成为了笑柄。由于缺乏市民的活力和参与度，小城镇的政治气候也在逐渐变坏，也就只有一些城郊小社区能坚持践行参与式民主的理念。如大卫·理斯曼(David Riesman)所言，事业有成的律师和商人很乐于把自己的才华奉献在小地方政府所做的小事上。城市也很想吸纳郊区，将其作为大都市文化和政府管理职权的一部分，但这种做法遇到了强烈的反对。中上层人士和上层人士非常重视自己社区的合法自治性和清明的政治方针。城郊地区的自治在逐步扩展。据称到 1954 年，纽约有 1071 个小辖区，芝加哥有 960 个，费城 702 个，圣路易斯 420 个；如果算总账，从数量上看，全美国有 14%的地方政府位于大都市区及其周边[1]。

郊区位于大都市扩张的最前沿。它们是正在形成中、正在变化中的社会,最终将融入城市文化里。新兴的郊区最先显露出的特点就是没有建设规矩、社会结构混乱,生活条件也不尽如人意——泥泞的道路、时断时续的供水、不完善的排污和垃圾处理系统、条件很差的学校或者根本没有学校、糟糕的道路交通系统和与世隔绝的感觉[2]。如果一个家庭要搬到一个低收入人群聚居的社区,而这个社区几乎是一夜之间就在郊区屹立起来的,我们就能看出,人们敢于在不成熟的条件下着手做一件事情是非常重要的,而且与这些人情况相似的邻居所选的道路也会造成很大的影响。在较低端的社区,一般都是居民自己动手建造房屋,于是后来的人就要向先来的人取经。中产阶层挑中的一般是已经落成的房子,但是依然有很多工作需要他们自己动手来完成。人们做这样的工作未必是被动的,因为这给了男性一家之主一个额外的表现机会,突出了他供养家庭的高大形象。这个角色是他在城市的公寓楼里无论如何也扮演不了的,因为在那里房屋结构上的一丁点改动都要经过房主的首肯。在郊区,房屋的主人对其周边的环境也做不了什么,但至少还有点可能性,因为自己的工具室里一应俱全。合作是郊区的另一个特色。共通的需求引发了互助。早年间还是农村的时候,大家一起搭建谷仓,如今变成了大家拼车或者彼此照料家

① Robert C. Wood, *Suburb: Its People and Their Politics* (Boston Houghton Mifflin, 1958), p. 83.

② Clark, *Suburban Society*, p. 14.

里的孩子;过去大家共用一台收割机,现在是共用一台剪草机[1]。239
在一些高收入人群聚居的社区以及形成时间较久的社区里,住在郊区与其说是一种现状,不如说是一种理念,这种理念体现在人们可以享受到一定程度的自由自在,比如在为人处世、穿着打扮上都可以随随便便,以及一家之主在屋后烧起炭火把牛排烤得滋滋作响的惬意。

郊区彼此之间的物质环境差别很大,但是人们既然选择居住在郊区,他们对环境的态度和价值观就彼此相近。当然人们迁到郊区居住可能会出于很多不同的理由,其中一些理由与郊区本身的环境条件没有什么关系,比如说就像克拉克(S. D. Clark)所写的,一些年轻人只是想找一个独居而非混居的地方,除了搬到郊区以外他们也没什么别的办法。毕竟他们要考虑的第一因素是自己能买得起,郊区的物质条件相对不那么重要,因为那里就像一大片没有边界、没有中心的房子,也不会给居民带来多少"社区"的归属感。对于新婚燕尔的年轻人来说,离开城市意味着要做出不小的牺牲,但他们感觉城市会让他们失去最重要的一样东西:一幢属于自己的、能容得下整个家庭的房子。相比而言,年纪稍大一些的专业人士和中上层人士可能已经在郊区住过一段时间了,他们如果搬迁,目的会是追求更高的生活品质,以及更切合自身需要、更便利的生活条件。于是他们就不会太在乎独幢的房子,而更在乎住在哪儿以及"生活品质"如何。比如说,位于多伦多的腾县山背就是一个高收入阶层聚居的社区,当其中的一位居民被问及吸引他来到这里的因素有哪

---

① Wood, *Suburb*, p. 131.

些，他基本上不会回答说房屋的建筑质量有多好，而是强调这个社区品位高端，公共生活组织有序，没有闲杂人等出入，能在安全的地方享受田园般的生活，等等[①]。

当人们在一个社区里寻求"生活品质"的时候，他们很可能会抱有很高的期待，以至于心目中所想的景象与人们实际上所做的大相径庭。理查德·桑内特通过一个实例描写了理想对现实所发挥的巨大反作用。这个例子是一个富裕的黑人家庭，他们想要搬到美国某中西部城市周边的一个富人社区。这片郊区有些严重的问题：人口的离婚率是全国平均水平的4倍，青少年的犯罪率几乎达到了旁边城市里最差地区的水平，罹患精神失常以至于需要住院治疗的人也非常多。即便这样，这个社区里的居民依然拒绝接纳黑人家庭，他们声称自己的社区里都是和睦的家庭，而且彼此之间团结一心，营造了一个欢乐祥和的地方[②]。

人们自欺欺人的本领着实不小。他们嘴上说的和实际情况相比经常完全不是一回事。一个家庭买了郊区的房子，就算是欠了240 一身债，举目无亲，住在一个各方面条件都不成熟、不便利的地方，但只要还享受到了一点点有别于过去的好处，比如说住房比原来宽敞些了，就会念着搬到郊区的好处。一个有自觉性、正致力于打造集体意识的社区，会刻意地抹杀掉一些现实性。即便是专门研究城市和郊区生活方式的学者们，也难免会失之于错觉和偏颇。他们曾经批判大城市，说它们泯灭人性、腐化堕落；同时大肆推崇

① Clark, *Suburban Society*, p. 74.

② Sennett, *Use of Disorder*, p. 34.

小城镇和农村生活,说它们给人们真正的归属感和实现自治的能力。但当人们试图在郊区把一些小城镇和农村生活的理念付诸实践的时候,学者们(除了赫伯特·甘斯这样的特例)又对结果很不满意。其中很多人批评说郊区生活是"逃避主义"、"恋旧而陈腐",充其量不过是一种"悲情"或者"妥协"。就像所有的人造物一样,郊区需要面对千夫所指,也有很多批评声音是正当的。但是它毕竟代表了、也正在代表着一种理念,这种理念只有开发商们和房地产中介们能说得天花乱坠。不过,在 1925 年,还是有一位学者在明知郊区的局限性的前提下表达了对它的殷切期待。这位道格拉斯(H. P. Douglass)写道:

> "郊区尽管有很大的局限性,却是城市文明最有发展前景的要素。因为它们能对这种非常复杂的情况提供一种解读方式;因为它们所容纳的是彼此志同道合的人,这些人也认为合作并非难事;因为它们毕竟有空间宽敞这个优势。它们的形成远离了城市的尘嚣,正准备着呼吸自己社区积淀下来的空气,正准备着享受着邻里间的情谊以及平和。它们反映出了城市文明里未经破坏、年轻向上的因素,是城市富有朝气但不存幻想的部分,希望它们既能让人得到物质上的满足,又能让人心怀喜悦、热爱生活。[①]"

① H. P. Douglass, *The Suburban Trend* (New York: The Century Co., 1925), pp. 36-37.

模范村庄和新城

郊区代表了一种追求优质环境的理想。模范村庄和新城则代表了另一种理想。这两种理想之间的区别何在？批评郊区的人一样可以对新城和花园城市恶语相向，说它们都是那些胆小鬼退而求其次才搞出来的东西，说那些人不敢正视城市社会的问题、甚至不敢正视城市社会的富有。那些对规划较好的郊区和新城抱有支持态度的人，是看到了它们追求民主自治、追求闲适的生活方式的努力，而不必经过帕特里克·盖德斯[1]和霍华德[2]所谈到的在政治上的激烈斗争和教育上的巨大努力。郊区并不是一个模子里刻出来的，新城也并无一定之规。如果一个新城出现在大都市旁边，它的建筑格局错落有致、并不密集，在外观和功能上跟一个居住型的郊区差不多，这一点也不稀奇；反之，如果一个自治性的城郊社区能产生出地方文化，并引入一些工业，那么它倒是拥有了新城的一些基本特质。不过，其间的差别是现实存在的，而且产生于人们对于社会和环境的理想主义中；也正是这样的理想主义引发了“模范村庄”和“花园城市”运动。郊区的扩展从根本上是规划不了的，它属于大都市区扩展过程的一部分。人们从中心城区逃离，到城市周边寻找栖身之地。其他的土地利用类型有的会跟进，有的不会跟进。相比而言，规划多运用在新城的中心，规划的内容也不仅限

① Patrick Geddes(1854—1932)，英国哲学家、社会学家、地理学家，城镇规划的先驱之一。——译者注

② Ebenezer Howard(1850—1928)，英国“田园城市”运动的创始人。——译者注

于居住,而是着眼于打造一个富有整体性的环境,让人们在其中生活、工作和休闲。

"花园城市"(一般也称为"新城")的理念的前身,是19世纪中叶出现在英格兰北部的模范村庄。模范村庄建在乡下,远离城市的污染。它们是新近富裕起来的实业家们的理想主义的成果,这些人的良知经常被居住条件简陋的产业工人们所诟病。有的人可能会质疑这些一夜乍富的人哪有什么理想主义可言。不过事实就是这样,为了建立起模范村庄,这些实业家们必须要在生意上做出一定的牺牲。这其中有几个因素在驱动:第一,作为开明士绅,有些人身上承载着强烈的责任感;第二,新教的教义给了他们社会良知;第三,他们对大自然、对中世纪之后的乡村面貌有一种浪漫的信仰。这些因素加起来,让约克夏郡的几位实业家如泰特斯·索尔特、爱德华·雅克罗伊德以及克罗斯利家族,花了大量的时间、精力和金钱去打造他们理想中的居住区。这些居住区有以下一些共同点:它们被有意设计成"自足型"的社区,人们上班和居住都在社区内部;社区里都有教堂、文化设施和医院;都表达了设计师的一种信仰,即良好的环境会强健人们的体魄、净化人们的心灵;还有就是人口规模都比较小①。

英国的花园城市运动始于19世纪末,倡导者主要是艾比尼泽·霍华德。花园城市是什么样子?霍华德在1919年说,这样的城市"在设计的时候就追求健康的生产条件、生活条件;规模以能

① Walter L. Creese, *The Search for Environment: The Garden City Before and After* (New Haven: Yale University Press, 1966), pp. 13-60.

满足社会生活的全部需求为宜,不要扩大,周围是一圈农业带;全部土地应该为大家所公有,或者由整个社区代为行使一切权利。[①]”通过这些定义,我们就能看出新城(或者花园城市)在概念

242 上和模范乡村相比有什么区别,以及和郊区相比有什么区别。它们的共同点在于都主张远离城市、健康生活。花园城市不同于模范村庄,它像一个合作性质的大企业,不是一个大慈善家凭借有钱有势就能实现的梦想。在花园城市理念背后的社会理想比在宗教和中世纪浪漫精神的启迪之下生成的概念要超前一步。花园城市的规模要大得多,人口组成要更复杂,产业也要更为多样化,它就是为中产阶层和上班一族量身打造的。与曾经的模范村庄不同的是,新城的绿化做得更好,地段也更为开阔,让城市景观展现出自然风貌,这在19世纪末广受人们的欢迎。它与郊区也不同,因为它从一开始设计就是要成为一个城市的。规划师们所追求的是土地的综合利用和人口结构的多样化。一座新城要变成一个大社区,不是因为其中的居民拥有相似的社会经济背景,而是因为身处不同行业的人们需要彼此提供产品和服务。每座新城有一个中心,作为公共职能的枢纽。它们彼此之间以绿化带相隔,也就是说,和绝大多数郊区不同,它们都拥有清晰的边界。

自从第一座花园城市莱奇沃斯(Letchworth)建成以来,对新城运动的非议就没有停止过。尽管它明显怀抱着一颗城市的野心,甚至有很高的人口密度(照霍华德所说,能达到每英亩70至

---

① Ebenezer Howard, *Garden Cities of Tomorrow* (first published under this title in 1902), edited with a preface by F. J. Osborn, and an introduction by Lewis Mumford (London: Faber & Faber, 1965), p. 26.

100 人[①]),但依然被郊区所淹没。莱奇沃斯本身也给了批评家们一些把柄,因为它的设计师更多地着眼于优美的景观、宽敞的居住地和每所住宅的建筑质量,而忽视了公共建筑的质量以及全部方案的整体一致性。过于强调"花园"这个特质,使得花园城市里栽种了过多的树木。当这些树木全都长成之后,每到夏天,浓密的枝叶遮天蔽日,挡住了人们的视线,也给人们带来了心理压力——似乎刚从铺着柏油路的丛林里逃出,又一头钻进了一间温室。刘易斯·芒福德曾经长时间地为新城运动摇旗呐喊,但他也承认,莱奇沃斯在设计上并不算成功,如今看起来像"现代化的乡间城镇和正在形成的郊区所杂交而成的产物"[②]。大约 15 年之后建起的韦林花园城的整体性就要好于莱奇沃斯,但是设计的重点依然在于要有充足的绿化,在于要强调私家居住功能,而不强调公共服务功能、集会的场地以及城市结构的紧密性。与这些试验品不同的是,二战之后建起来的新城不再过分醉心于绿化问题,而是更加注重建筑的形制,以展示出城市结构的一体性、避免出现过高的建筑。243 在格拉斯哥附近的坎伯诺尔德充分体现了这种新潮流。

就霍华德理想中的新城,奥斯本(F. J. Osborn)认为,"与其说是由花园组成的城市,不如说是在花园中的城市,因为外面环绕着一圈美丽的乡村"[③]。在 20 世纪中叶之后,设计理念的着眼点从"花园"转向了"城市",从而把新城从原来偏向于郊区的意象转变

① 一英亩约合 4047 平方米。——译者注

② Lewis Mumford, *The Urban Prospect* (New York: Harcourt Brace Jovanovich, 1968), p. 150.

③ Osborn, in his preface to *Garden Cities of Tomorrow*, p. 26.

成更接近于城市。日渐扎实的环境理论基础给规划工作提供了坚强的后盾。其中有两种观点对模范村庄和新城的选址和设计起到了突出的指导性作用,第一种认为接近自然有利于人们的身体健康和道德高尚,第二种认为建筑风格和格局会对人们的社会行为产生影响。在英格兰,较晚出现的一些模范村庄,例如伯恩维尔和阳光港,以及最早期的模范村庄,会强调绿化的作用。其设计师们坚信大自然的力量能够治愈社会的痼疾。20世纪六七十年代的新城也不会忽视大自然的作用,最起码都会设置绿色走廊,但是它们的设计更多地反映出,规划师们相信建筑格局和型制会起到更大的效果。建设一座新城可能出于很多目的,其中之一就在于促进社会的整合。从这一点看,其结果并不尽如人意,因为处于同一社会阶层的人还是最终住到了一起。更加有悖于规划师初衷的是,一些中产阶层人士工作在一座新城,居住在另一座新城,这打破了新城自足型的理念——不同社会经济背景的居民,本应共同在自己的城市里工作、娱乐、供养家庭的。

人们对郊区和新城的环境进行有现代意义的探索,始于一个多世纪以前。最初的驱动力在于城市的衰败和人们对高品质生活的追求。相比于郊区,一个自给自足、绿树环绕的新城作为城市扩展的结果,会让人们更为满意。这种努力最先在英格兰付诸实践[1]。其他国家和地区紧随其后,也获得了不同程度的成功。随着此类定居点越建越多,以及更多的国家引入了花园城市的理念,新城最初的一些想法和目的逐渐失去了存在的价值。最明显的例

---

[1] Frank Schaffer, *The New Town Story* (London: MacGibbon & Kee, 1970).

子是其理想规模的改变。在亚里士多德看来,城市应该有一个最适宜的规模,大到足以容纳所有的功能,但也不要过大令其相互干扰,这种想法被霍华德重新用在了现代城镇上。他主观地认为最佳的人口数应该是3万[①]。于是早期的花园城市,如莱奇沃斯和韦林,在1970年时的人口都不足4.5万。有一些更成功的城镇的规模尤其小,例如赫尔辛基旁边的塔皮奥拉(Tapiola),人口仅有1.6万,面积仅有2.5平方千米。但是,近来的趋势是越变越大。244 比如说在法国,巴黎西南20千米的埃夫里市(Evry),在1975年时设计可容纳人口为30万,最终达到45万。美国的国家城市发展政策委员会(National Committee on Urban Growth Policy)曾经建议新建100个城郊社区,平均人口数为10万,以及10个超大社区,每个至少容纳100万人[②]。

能称之为经典的人居环境理念可谓凤毛麟角。它们是不是每次都改头换面,出现在不同的历史时期?作为理想,新石器时代舒适惬意的村庄算得上天人合一城市的雏形;城市扩展为大都市区导致人们追寻贴近自然的模范村庄和规模较小的新城;而新城,当它们设计能容纳50万到100万人口的时候,似乎又回到了上古时代王权追求天下一统的路子。

---

① Frederic J. Osborn and Arnold Whittick, *The New Towns: The Answer to Megalopolis* (London: Leonard Hall, 1969), p. 26.

② Chester E. Smolski, European New Towns, *Focus*, 22, No. 6 (1972).

总述和结论

245　对关于环境的感知、态度和价值观的研究是极为复杂的一件事。尽管我所论及的范围很广，但或许会有很多读者认为，我所讲的东西没有切中他们最关心的问题。不过，我搭起了一个大的框架，这或许能够帮助读者找出自己感兴趣的内容，并且了解这些内容和其他相关内容有怎样的联系。如果梳理整本书的要点，我认为有以下几个：

第一，人不仅是生物有机体，还是一个社会性的存在，而且是一个与众不同的个体；感知、态度和价值观能够反映这三个层面。人类有健全的生理机能，可以大范围地接受到环境中的各种刺激。我们之中的大多数人终其一生也只用到了感知功能的很小一部分。文化和环境在很大程度上决定了我们身体的哪些官能是最重要的。在现代社会里，视觉被抬到很高的位置，而其他感官则相对受到抑制，尤其是嗅觉和触觉，因为其他感官的分辨能力比较有限、反应速度比较慢，而且也容易激发强烈的情绪。人们对环境的响应方式有很多，其中有一些要基于生理功能，而且要靠特定的文化得以传承。比如说，人们能够感知多大尺度的物体、并且将它们与情感相联系，存在着这样一个范围。时间和空间本来是连续的，
246 但为了便于认知，人们习惯于把它们分割成段，生物分类学其实也

起到了相似的作用;人类也习惯于把事物划分为存在矛盾关系的两面,然后去寻找这两方面的区别和联系;本着自我中心主义和以中心为大的理念去安排空间布局,也是人们普遍的习惯;特定的颜色,尤其是红、黑、白,会代表一些特定的意义,而且在世界各地的文化之间通用。文化的影响力是通过我们每一个个体的传承而实现的。尽管全人类有共同的认知和态度,但我们每个人的世界观都是独一无二的,都是不可忽视的。

第二,一个群体,可以表达并强化其社会性的文化准则,并在很大程度上影响其成员的感知、态度和环境价值观。文化会决定人们能在多大程度上体验到本不存在的东西——它会导致群体性的幻觉。在两性分工不明显的社会里,男人和女人依然会产生不同的环境价值观,并对同一个环境要素做出不同的反应。本地人和外乡人对环境的感知和判别会有很大的差别,因为无论从经验还是从目的上他们都有很大的不同。在同一个自然环境里(比如新墨西哥州的半干旱高原),五个族群的人虽然住得很近,但彼此拥有独立的世界观。人类的任何一种感知方式,或者说所有的感知方式,都不可能认清现实的全部——哪怕那个现实是一种资源,当很多人认识到那是一种资源并且开发它之后,它就面临着枯竭,但即便如此人们也不能说就完全认清了它。随着人们改造自然的能力越来越强以及审美观念的逐渐变化,对环境的态度也在发生改变。在时间的长河中,欧洲人对大山的看法就曾经包括:神居住的地方、大地上丑陋的赘生物、宏伟的大自然、美丽的风景、健康和旅游的圣地。

物质环境也对人们的感知起到反作用。在“刀砍斧剁”的环境里长大的人,相比与那些生长在由自然线条组成的环境里的人,更容易受到情绪的感染。我们很难说某种环境因素必然导致某种特定的认知差异,因为文化在其中发挥着作用。不过,我们可以大致地做出一些间接的判断。基可维族的布须曼人要在旱季学习认识每一种植物,而倥族的布须曼人生活环境相对较好,他们只需要记住植物聚生的地点。具体的生活环境孕育了当地的宇宙观和世界观,比如说古埃及人和苏美尔人在世界观上就是不同的,而且体现出了彼此生活环境的差异。

第三,尽管我花了大量的篇幅讲述人们如何选择居住地,比如说城市、郊区或者农场,以及人们选择到哪去度假,但我们依然没有仔细分析在不同的条件下、不同类型的物质环境如何影响了人们的体验的质量和范围。我们需要威廉·詹姆斯(William James)和他所做的《环境体验的类型研究》(*The Varieties of Environmental* 247 *Experience*)。相比于研究人们对大自然的真情实感,似乎不如求助于统计数据,看看有多少人愿意去国家公园,又有多少人愿意去买度假用的房子,以便更好地把握时代潮流和经济状况。但这样的数据反映不出人们在自然环境中如何利用自己得到的机会,也反映不出他们从身处自然的过程中获得了哪些好处。恋地情结其实有很多种表现形态,包括转瞬即逝的视觉享受,触碰所带来的感官愉悦,进入某种特定环境所带来的欣喜(比如这个环境是你所熟悉的,比如这是你的家、承载着你的历史,比如它能唤起你的自豪感因为你拥有它或者创造了它),以及因为动物们健康活泼而带来的快乐。

某些特定的自然环境,比如说森林、海滨、峡谷或是海岛,在很大程度上决定了人们心目中的理想世界是什么样的。理想的世界，就是现实世界去掉所有缺陷后的样子。地理思维必然会造就这样一种同源性。各种理想中的天堂之所以像人类美好的家园，就是因为严酷的地理要素(比如说过冷、过热、过干、过湿)都被拿掉了，留下的都是对人类有益的动物和植物。这些天堂的图景也彼此不同，有的是富饶的草原，有的是拥有魔力的森林，有的是散发着芳香的海岛，有的是崇山峻岭和深邃的峡谷。

第四，那些没有语言文字和非常古老的社会群体，与那些受到了科学和技术影响(无论直接还是间接)的群体相比，在世界观上的差异是非常大的。有很多学者认为，在没有科学技术的时代，人类服从于自然，而现在是自然服从于人类。更符合实际的差异性或许在于，原始的人类族群生活在一个竖直的、旋回的、有很多象征意义的世界里；而现代人的世界更加宽广化、平面化、低压顶、无旋回、重美学而不重神灵。在欧洲，这种转化从 16 世纪开始慢慢地进行，它不仅影响了科学，也影响了艺术、文学、建筑和景观。

第五，古代的城市是天人合一的象征。在城墙之内，人们遵从的是天堂般的秩序，摆脱了生物性的需求以及自然界的无常，而后二者会增加乡村生活的不安定性。每座城市都会树立起某种或某些象征物，以汇集公众视觉的方式，统一并加强权力和荣耀的意识。在现代大都市里，这些象征物可能是一条大街或者一片广场，也可能是承载着这座城市历史和特性的市政厅或者纪念碑。城市是一个庞大、复杂的实体，但也有些城市会打造出一个清晰的意象，来给自己贴上一个明确的标签，就美国来讲，纽约的天际线和旧金山的有轨电车就是例证。一个建筑单体也会成为一个大都市的标志，而把有历史意义的标记覆盖掉。巴黎的埃菲尔铁塔、多伦多的市政厅和圣路易斯的大拱门就是这样的例子。

248 像手工艺制品一样，城市也会反映出人们生产生活的动机。不过对于大多数生活在大都市的人来讲，相比于生活在大自然里，城市是一个别人给你安排好的环境，满足你日常所需，你没有选择的余地。这里只有一些小块地方是你自己能够把控的——家可以反映出自己的人格，工作的地方也可以，前提是场地不大而且你自己是老板，还有就是社区里的道路，前提是社区没有充分的社会化、没有人去管理。为了搞清楚人们对自己城市的环境有什么样的反应，我们需要知道人们在家里、在工作单位、在休闲场所和在大街上都做些什么。无论在哪个大都市里，人们的生活方式都千差万别。一些人虽然看起来生活在同一个城市，甚至与生活在同一个街区，其实都很可能生活在不同的世界里。城市居民唯一共同之处在于，他们所从事的工作和生产维持生命的食物这两者间关系都很疏远。

第六，人们对野外和乡村的态度，就我们从口述或文献中得知的而言，是对环境的复杂反应，而且与城市有着不解之缘。这些态度一般都认为环境可以被分类，而且人们有一定的自由在这些类型中进行挑选。人们对这三种环境所抱有的态度从一开始就存在着矛盾。荒野既可以代表混沌、代表鬼怪出没，也可以代表纯净。花园和农场代表着质朴平和的生活，但即便是伊甸园里面也有蛇存在，乡间的房子会产生阴郁感，而农场只适合于农夫。城市代表着秩序、自由和荣耀，但也代表着世俗，代表着自然美德的崩坏，还有压迫感。在西方，18 世纪出现了自然浪漫主义，但没过多久工业革命就带来了惊悚,这二者共同引领人们认识到乡下和大自然的种种好处,但代价是一座座城市的拔地而起。意象由此而反转,荒野成为了秩序(自然生态秩序)和自由的象征,而城市中心变成了一片混沌,变成了被社会里的异类所统治的危险丛林。曾经被认为是乞丐和肮脏交易汇聚之地的郊区,如今却获得了比腐朽的城市中心更好的名声。历史上广受认可的"中心"与"边缘"的关系,也发生了倒转。而新城运动就是一种尝试,想要把在郊区生活的优势和"中心"的理念结合在一起。

人类追求理想环境的脚步从没有停止过。理想的环境究竟是什么样,各种不同文化有自己的解读,但从根本上讲它可能会是两种相反的图景:一种是纯净的花园,另一种是宇宙。大地上的产育给我们提供生活的保障,而星空的和谐更增添了几分宏伟。所以我们在这两者之间摇摆——从面包树下的阴凉到天空之下的疗伤圈,从家庭到广场,从郊区到城市,从在海边度假到欣赏繁复的艺术品,只是为了找到本不属于这个世界的那个平衡点。

索　引

（数字系原书页码，在本书中为边码）

B

D

E

H

N

O

R

S

译 后 记

人文主义地理学与恋地情结

人文主义地理学起源于20世纪70年代，根植在理念论、现象学与存在主义方法论的土壤当中。约翰斯顿认为："世界的知识不能独立于知者而存在；相反，它只存在于人关于世界的经验当中，也只有由那个经验的感观分析来鉴赏。"这便构成了人文主义地理学研究方法的精髓，即一定要透过生存于某一地域当中人的经验世界去获取关于某一地域的知识。该知识并非是脱离了人而存在的普遍性知识，而是一种地方性知识(local knowledge)，它能帮助人们达到对某一地域的深度理解。

现象学起源于笛卡儿把自我意识作为哲学出发点的观念。笛卡儿提出的"我思故我在"意指人的思(意识)就是一切存在得以被证明的根基。在胡塞尔那里，"思"演化为了现象学里的"意向性"(intentionality)，简单来说，意向性就是指与某种对象相关联的人的意识，即"意识往往是关于某物的意识"(史普罗语)。而事物对于人的意义，就源起于自我的意识是如何去经验事物的。既如此，那么某个区域对人来说具有怎样的性质，也就是由与该区域发生各种关系的人，在一系列主体性经验过程里所定义的。这就为人文主义地理学从人的经验出发开展地域性研究提供了方法论的基础。后来，地理学者承袭这一方法论，但在很大程度上融入了人类学的主位观(emic)方法，也就是从文化持有者的内部视界去探索一个地方或区域的意义。段义孚对“恋地情结”的研究也正由此向度而出发，或许这能帮助我们理解，为何段义孚一定是从人的感知(senses)出发而展开本书之框架。

立足于从人的经验世界出发探索某个地方之意义的路径，构成了20世纪70年代人文主义地理学当中称为“地方研究”(place studies)的一条脉络。段义孚是其代表人物，另外还有巴蒂默(Anne Buttimer)和雷尔夫(Edward Relph)。“地方研究”通过诠释当地人的经验，达到诠释特定地方(place interpretations)之目的。它依托的载体包括田野调查中的一手资料，以及档案报告、文学作品、照片、影音媒体等二手资料。出版于1990年的《恋地情结》就是这样一本著作，其中包含了大量对文学文本、艺术文本以及人类学研究成果的比较性诠释，以勾勒出各种环境和各种地方经验所构成的现象学轮廓。这本书思考了人类经验与地方、环境的关系。如段义孚在书中所言：“我搭起一个大框架，这或许能够帮助读者找出自己感兴趣的内容，并且了解这些内容和其他相关内容有怎样的联系。”由于这些思考方式是地理学提供给其他学科的独特分析视角，因此美国大学里与景观相关的专业，都要求学生必读此书。

“恋地情结”(topophilia)一词的发明者是美国诗人W. H. Auden。1948年，他撰文推介了英国诗人约翰·贝杰曼(John Betjeman)的诗集“Slick but Not Streamlined”,在文中第一次用到了这个词。后来,法国哲学家巴舍拉(Gaston Bachelard)在他的力作《空间诗学》(*The Poetics of Space*)里面用了这个词,书中应用现象学的理论诠释了建筑设计。在段义孚的书里,这个概念蕴含着人类对环境的依恋是怎样变化的,其中包含着处于不同时空位置的人,对环境施以不同诠释与定义,这导致了景观建造的场所意义与景观本身的形态也在不断发生变化。

例如,人类时空感知的演变(本书第10章)乃是镶嵌在现代化的脉络当中,具体体现为从循环的时间与垂直的空间,朝线性的时间与水平的空间之演变。在前现代时期,人类的感知囿于一个水平方向上狭窄的地域范围内,便形成了垂直、丰富的世界想象,包含着由天堂、大地和地狱构成的基本结构。而人类对地表景观的建造也在空间的层面上体现出对宇宙秩序的普遍回应。同时,循环的时间感是前现代人类所广泛具有的生命体验。而现代化的进程则将人类抛向了一个总体化、秩序化的美好未来,时间的循环感经常被打破,变成单向演进。现代性对地方性的侵蚀,导致垂直的空间感消没,天堂与地狱被祛魅,而水平的空间感知凸显了出来。“地方”或“场所”的意义在世界扁平化的趋势中,从表征超越有限此岸的无限彼岸世界,转向了看似具有无限可能性的此岸世界。于是,人类所建造的城市就不再以头顶上方的宇宙秩序作为其定位的标准,而成为了福柯所言无限水平蔓延状态下“基地”(site)性的存在。城市不再成为宇宙的中心,而是相互竞争着要成为世界的中心。如本书所描述的:“有183个自称为‘门户’的城市……如果再加上‘枢纽’‘家园’‘中央’‘心脏’‘摇篮’‘中枢’和‘发祥地’这些词汇，总量还要翻上几倍。有很多城市标榜它们具有‘中心’地位，这不仅仅是‘中心’的意思，还隐含着城市的成就和地理优越性。”

文艺复兴的时空规划拉开了现代性时空观的序幕，其具体标志是以透视的法则结束了中世纪的空间法则，以总体化的时间之矢代替了相互间隔的时间孤岛。这是文艺复兴的一项基本成就，它将个体的地位凸显了出来，个体成为一切透视的出发点。大卫·哈维说，“透视法学说根据个人‘灵眼’的观点来构想世界。它强调了人按照某种‘真实的感觉去表达所见之物’的光学学科和个人能力，与神话或宗教所附加的真实形成了反差”。这样，透视法就为强调个体地位的人文主义提供了物质层面的方法基础。就像本书第十章所表达的，在建筑中采用透视法可以实现水平空间的视角延伸与远景效果的营造，其目的并非为了荣耀上帝，而是为了荣耀人自己，如法兰西的太阳王所夸耀的：“这正好证明了我们的力量！”因为透视的位置是一个神圣的位置（divine position），是上帝才具有的位置，是“唯有站在一种绝对脱离世界的位置、无限遥远的立足点，才有可能观看到标准透视图里的那种空间构成”的位置，但“文艺复兴的欧洲人却透过这种观看世界的方式，理解自己乃是在一种特殊的位置之上；乃是位在一独立自主、绝对支配者的位置，来观看这个客体世界的”（魏光莒语）。因此，透视法也为人自身权威的树立和现代控制技术的普遍化拉开了帷幕。段义孚并未在书中探讨透视法所带来的社会后果，但却为我们勾勒出在此方法基础之上人类如何步入现代性的现象学轮廓。

我们该如何去理解“恋地情结”这个概念见仁见智。或许，段义孚所搭起的这一庞大概念框架，如同莎翁的《哈姆雷特》或曹雪芹的《红楼梦》，需要后人从多方面去解读。段义孚提出此概念的时间是在批判地理学勃兴的20世纪70年代，将近半个世纪后，其中的思想仍充满了生命力。但愿此概念的丰富内涵能滋养国内人文地理学者的心智，“还地理学一份人情”（唐晓峰语）。

段义孚眼中的城市学和建筑学

城市与建筑是段义孚在这本书里重点关注的对象。段义孚认为，城市在发生学的意义上与其说是经济的产物，不如说是仪式性权力的产物。传统经济学认为，城市诞生于农村剩余产品集中交换地，但研究发现，农业的繁荣与人口密度的增加不一定会导致城市的出现。如“新几内亚高原上的农业生产力达到了足以支撑每平方英里500人的程度，但并没有出现城市生活。事实上，早期的城市可能出现在单产量相对低下的地区。”当人们去追溯城市的雏形时，会发现一个个仪式中心，是“某世界超自然创造的理念”，而不是市场或军事要塞。这些仪式代表了秩序化的生活，表达着精确的、规律的、可以预测的宇宙。因此，城市初期就具有了象征人类对宇宙秩序的追求。同样在现代时期，城市依然代表着比乡村更加秩序和文明的空间。因此城市在人文主义的棱镜下就显现出它们源于人类的自身属性。这似乎呼应了芝加哥学派代表人物帕克的一句话：“城市是一种心理状态……它是自然的产物，尤其是人类属性的产物。”

段义孚以人文主义的城市学与建筑学视角，批判了传统实证主义的思维缺陷。后者强调以空间数据为基础的测量手段，即利用计量方法测算物理空间与实体空间。因此，它将空间的考察抽象化为数学或数字，导致了无人的或理性人的空间规划。这主要产生了三方面的弊端：一是人主体存有的失落，二是意义与价值网络存有空间性的失落，三是生活世界的失落。段义孚主张，以人文主义的视角诠释城市对人类的真正意义所在，其意义带有地方性的深刻烙印。只有深刻理解当地人的精神世界，才能达到对城市的真正理解。这一方面启发了规划师对城市问题的分析，即不能仅采用客位观的视角，同时需采用对当地居民感知、态度与价值观的主位观分析方法；另一方面，它有助于在城市设计与建设过程中考虑人与环境关系的人性化层面，避免造成疏离感与冷漠感，尤其是在内城重建与拆迁过程中，对思考如何保护人与地的情感依附具有很大的启发。

同时，“恋地情结”的城市理念也超越了行为主义对城市的理解。行为主义只是将城市空间转化进入人的范畴之内，不过是将它变成了人的实用对象，“但这个对象并不托付人格，它只能作为人活动的功能背景，而不能作为人的人格隐喻。”(汪民安语)人文主义的城市设计(如凯文·林奇的思想)对20世纪70年代地理学的行为主义造成了很大的影响。但行为主义依然采用数理统计的方法对人的城市感知与社会行动进行大规模的统计，进而寻求普适性的规律。“从本质上，这样的方法与1960年代借助计量方法而兴起的空间分析学派没什么区别……这样的研究也不是义乎的兴趣所在，他总是关心不同的人如何理解某个‘空间’，不同的人群如何赋予他们所在空间特殊的意义，这与统计学方法侧重于多数

人有根本区别。”(周尚意语)

段义孚所考察的各种城市和建筑都是赋予了人格属性的，是人格的延伸和隐喻。在2005年受北京建筑学界邀请参加的一个会议上，段义孚的发言把对城市和建筑的思考引向了对人类超越自身的短暂与流变、渴望获得永恒稳固的心灵层次当中。在他眼里，城市与建筑不仅仅是机械性的物质产品，更是人类自我生命的物质化寄寓；不仅仅是顺应和谐自然的愉悦和感激，更是逃避无序自然的焦虑与恐惧；不仅仅是从地上冉冉升起的集体意志，更是从天国启示下来的永恒之光。人文主义建筑学家斯科特认为：“我们把建筑改写成我们自己的术语，这就是建筑的人文主义。”城市与建筑就是人类把自己的感知与想象投射出去的创造性产物，其艺术性体现为人将自身的心灵与身体进行改写而产生的直观形式。段义孚在本书里所谈及的各种城市与建筑的形式都契合着它们乃人之隐喻的主题。如书中所言，因着人类身体的前后不对称性演化出了聚落空间的前后形式与意义之差异，这让我们体会到城市与建筑同人类生命休戚与共的关系。

而正是立足于该本体性的承诺，人文主义的城市设计与建筑理念才传达出其所具备的强烈批判性。由霍华德、柯布西耶等设计师所倡导的物质建设规划(Physical Planning)之现代主义理念，逐渐在20世纪演变成为精英主导下的“新精英主义”。这样，城市似乎不再是居民诗意栖居的家园，而是精英造园工程下的作品；似乎不再体现为人性的美学，而逐渐被唯理主义的美学所替代，于是，新的社区沦为了单纯的新建筑，人和环境的关系遭到了割裂。与此同时，深具人文关怀的批判之声也不断发出，其中包括凯文·林奇、芒福德与简·雅各布斯等学者的观点。他们都站在城市规划与建筑设计的立场上展开了猛烈的抨击。相比而言,段义孚站在地理学立场上的批评则显得委婉得多,他既鲜有林奇在《总体设计》中那样严厉的表达:“今日美国绝大多数总体设计却是肤浅、草率而丑陋的”,也没有像雅各布斯那样被反对者说成是“江湖骗子”。按照段义孚自己的话来讲:“在这么长的学术生涯中,我已经多次被要求就自己不专长的话题发表意见……在一个国际性的建筑师大会上讲建筑学。在座的专家们互相之间可能都不服气,而他们却如此错爱与我,这让我觉得我成了学术界的某种‘睿智傻瓜’。”其实,段义孚对城市与建筑作为人之隐喻的书写如同一面镜子,照出了现代主义影响之下规划设计对人性价值漠视之问题,其批判之意于心之感而不言表于外,显得含蓄而有力。在段义孚看来,城市与建筑是人类对意义与价值寻求过程中的产物,因此人存在之意义于空间的形式中体现了出来。现代城市中“大量平庸、浅陋环境的出现、形式主义的泛滥、无意义的肆虐以及场所感的普遍消失”之问题的根源在于“我们大量的城市设计活动缺乏应有的价值判断作为自己的取舍准则和行为依据。实际上,它们所遵循的是长官意志,是商业目标和利益原则,是从众心理和流行时尚,是个人喜好和主观臆断,是一切人们可以找出来为其行为作注脚的目的和依据,却偏偏忘了那个最根本的目的和最真实的依据——人的存在和意义。”(董禹语)段义孚恰恰是想面对这些问题。

今日的城市设计普遍丧失了对人类存在意义的关怀,人在资本对空间的生产性重构面前显得格外渺小。《恋地情结》所透视出的人文主义立场似乎是站在了人类弱者的一方,并能深深叩问我们正被物质所异化的心灵。

段义孚 1930 年出生在中国天津,后来一直在海外学习和工作。作为人文主义地理学的奠基人、华人的骄傲,他的著作在世界上享有盛誉,但是在国内的译本还不多。此次商务印书馆决定翻译出版他的代表作《恋地情结》,是一件非常有意义的事情。学术界长期以来对人文主义的典籍和学者保持着一种警惕,毕竟在过去的学术时代里,哲学基础的"唯心"和"唯物"之分是一根高压线。在接触人文主义思潮的早期,我国学者依然会把人文主义与"唯心主义"挂钩(朱春奎语),其影响一直到 21 世纪初。人文主义的哲学基础确实起源于胡塞尔对现象学的开创性工作。胡塞尔本人精通物理学、数学和哲学,他所生活的时间,19 世纪末到 20 世纪初,正是理论物理学得到巨大发展的时期;他工作的地点,哥廷根大学,也是物理学的圣地。相对论的提出和量子物理学的萌芽极大地开阔了他本人的眼界,也引起了他对哲学的深思。薛定谔(Erwin Schrodinger)和魏格纳(Eugene Wigner)的"观测者",以及量子物理的哥本哈根解释,极大地冲击了传统的本体论和认识论,直击人与世界的最根本联系,时至今日仍然困扰着全世界最顶尖的物理学家和哲学家们。如果读者愿意追根溯源,但是感到现象学干涩难懂,不妨先去读一读胡塞尔的《欧洲科学的危机与超越论的现象学》,这本书的中文译本已经于 2001 年由商务印书馆出版发行。所以,人文主义不是唯心论,其哲学本源有着严密的逻辑学、数学和自然科学基础。没有集大成的学科造诣,给一个思潮贴上"心"与"物"的标签然后去否定它,这种做法是不妥的。

争辩某种地理学是“唯心”还是“唯物”目前已经没有实质意义。一套理论的关键,在于它能不能给我们以启迪,指导我们解决当下的问题。如今的世界,自然科学和工程学日新月异,它们能让我们的生活更为便利;而人文社会科学可以指导我们更好地利用自然科学发现和工程技术手段,给人们的生活带来更多幸福感。《恋地情结》一书是人文主义地理学的经典,对规划师、建筑师和景观设计师的培养有着相当大的影响力。目前我国的社会,包括地理格局,正在发生重大而深刻的变革,希望这本书的翻译和出版能给国内相关领域的工作们提供更多的参考,也能进一步推动人文主义在中国的传播。

本书的译者在地理学界和翻译界都资历浅薄,译文中恐多有不当之处,希望诸位读者不吝赐教。

在本书翻译的过程中,段义孚先生和周尚意教授给予了诸多帮助,商务印书馆的编辑孟锴老师为本书的策划和审校付出了大量心血。在此向他们表达由衷的谢意!

图书在版编目(CIP)数据

恋地情结/(美)段义孚著;志丞,刘苏译.—北京:商务印书馆,2018(2024.7重印)
(汉译世界学术名著丛书)
ISBN 978-7-100-15809-1

Ⅰ.①恋… Ⅱ.①段… ②志… ③刘… Ⅲ.①环境保护—研究 Ⅳ.①X

中国版本图书馆CIP数据核字(2018)第022737号

汉译世界学术名著丛书
恋地情结
〔美〕段义孚 著
志丞 刘苏 译

商 务 印 书 馆 出 版
(北京王府井大街36号 邮政编码100710)
商 务 印 书 馆 发 行
北京市艺辉印刷有限公司印刷
ISBN 978-7-100-15809-1

2018年5月第1版　　开本850×1168 1/32
2024年7月北京第6次印刷　　印张13¼

定价:68.00元